Microsoft

Microsoft
Office 2010

精编版

办公专家从入门到精通

华诚科技 编著

机械工业出版社
China Machine Press

本书是指导初学者学习 Office 2010 的入门书籍。书中详细地介绍了初学者学习 Office 2010 必须掌握的基础知识、使用方法和操作技巧,并对初学者在使用 Office 2010 时经常遇到的问题进行了专家级的指导,以免初学者在起步的过程中走弯路。全书共分 17 章,分别介绍了安装与启动 Office 2010 中文版,Word 2010 的基本操作、图文混排、表格、高级排版,Excel 2010 基本操作、数据管理与分析、图表、公式与函数,PowerPoint 2010 演示文稿的制作及放映等内容。

本书附带一张精心制作的专业级多媒体电脑教学光盘,它采用全程语音讲解、情景式教学等方式,紧密结合书中的内容对各个知识点进行了深入的讲解。

本书既适合 Office 2010 中文版初学者阅读,又可以作为大中专院校或者企业的培训教材,同时对有经验的 Office 使用者也有很高的参考价值。

封底无防伪标均为盗版

版权所有,侵权必究

本书法律顾问 北京市展达律师事务所

图书在版编目(CIP)数据

Office 2010办公专家从入门到精通(精编版)/华诚科技编著. —北京:机械工业出版社,2010.5

ISBN 978-7-111-30049-6

Ⅰ. O… Ⅱ. 华… Ⅲ. 办公室-自动化-应用软件,Office 2010 Ⅳ. TP317.1

中国版本图书馆CIP数据核字(2010)第041880号

机械工业出版社(北京市西城区百万庄大街22号 邮政编码 100037)
责任编辑:陈佳媛
北京瑞德印刷有限公司印刷
2010 年 5 月第 1 版第 1 次印刷
188mm×260mm・24.75 印张
标准书号:ISBN 978-7-111-30049-6
        ISBN 978-7-89451-460-8(光盘)
定价:49.80 元(附光盘)

凡购本书,如有缺页、倒页、脱页,由本社发行部调换
客服热线:(010)88378991;88361066
购书热线:(010)68326294;88379649;68995259
投稿热线:(010)88379604
读者信箱:hzjsj@hzbook.com

前 言

    Office 2010 是 Microsoft 公司继 Office 2007 之后最新推出的集成自动化办公软件，可运行于 Windows XP、Windows Vista 和 Windows 7 等环境。与 Office 2007 相比，Office 2010 有了较大的变化，用户可以通过它来分析、以可视化方式呈现以及共享数据。本书全面介绍了 Office 2010 的功能、用法和技巧，内容包括文字处理、电子表格、幻灯片制作和演示等。本书为用户快速地入门 Word 、Excel 和 PowerPoint 提供了一个强有力的跳板，无论从基础知识安排还是实际应用能力的训练，本书都充分地考虑了用户的需求，希望用户边学习边练习，最终达到理论知识与应用能力的同步提高。

本书内容

    本书共 17 章。

    第 1 章主要讲述 Office 2010 的基础知识：Office 2010 概述，文件的创建、打开、保存、关闭和基本编辑操作，Office 2010 的新增功能，以及 Office 2010 的安装过程等。

    第 2~7 章主要讲述 Word 2010 中文档的编排；插图与文档的完美结合；表格的应用；页面布局的规范化以及 Word 2010 的高级应用等。

    第 8~13 章主要讲述 Excel 2007 中表和单元格的基本操作；公式与函数的应用；数据的分析与处理；利用工作表中的数据创建图表；数据透视表与数据透视图的使用以及工作表页面布局的设置与打印等。

    第 14~17 章主要讲述了 PowerPoint 2010 中幻灯片的创建，剪贴画与图形的插入，文本的编辑，动画的设置，声音、影片的插入和幻灯片的后期处理等。

本书特色

    实用性：本书将页面分为两个部分，正文部分为基础知识，而相对于每章的末尾有与之相对应的"同步实践"，实例中应用的技巧都源于实践经验的总结和归纳。

    全面性：本书内容包括应用 Office 2010 系列的 Word、Excel 和 PowerPoint 处理日常事务的各个方面。

    易读性：本书正文中含有"知识点拨"的内容，帮助读者了解正文中没有介绍过的知识点。使读者能够比较全面完整地了解相关的知识点。

    技巧性：正文中为读者提供了"助跑地带"，这个板块主要是针对上面一节基础知识的一些技巧的讲解。

读者对象

    本书既可作为 Office 用户的入门级图书，也可作为大中专院校以及社会各类培训班的首选教材。

目 录 CONTENTS

Chapter 8

Chapter 1

体验Office 2010新面貌

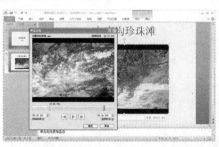

Office 2010是Microsoft 公司推出的新一代产品，它将用户、信息和信息处理结合在一起，使用户更方便地对信息进行有效的处理与管理，以取得更好的效果。比以往的Office 版本新增了图片艺术效果处理、随心截取当前屏幕画面、将演示文稿直接创建为视频等功能，让用户在处理文字、表格、数据、图形或制作多媒体演示文稿的大型系列软件时感觉更简单、更方便。本章将从Office 2010办公软件的基础讲起，带领读者了解Office 2010的基础知识，并对其常用的3个办公组件进行介绍，帮助读者学会简单的操作和运用方法。

1.1 | Office 2010 简介

Office 2010 是 Microsoft 公司新推出的一代产品,它提供了 Office Professional Plus 2010(专业增强版),包括 Word、Excel、PowerPoint、OneNote、InofPath、Access、OutLook、Publisher、Communicator、SharePoint WorkSpace 等几乎所有组件,包括传统的 32 位和首次加入的 64 位两种版本,语言方面则支持简体中文、英语、法语、德语、日语、俄语和西班牙语。下面将向读者简单介绍 Office 2010 办公软件中常用的组件版本及 Office 2010 新增的功能。

1.1.1 Office 2010 版本介绍

在 Office 2010 中用于处理文字的软件是 Word 2010,其功能非常强大,可进行文字处理、表格制作、图表生成、图形绘制、图片处理和版式设置等操作,使办公变得更加简单快捷。用户可以通过它制作出精美的办公文档与专业的信函文件,还可以对文档进行不同的版式设置以满足用户的需要,这些功能大大地方便了用户的使用,如下左图便为运用 Word 2010 制作的精美文档。

Excel 2010 是一款常用的电子表格处理软件,用于数据的处理与分析。它也具有图形绘制、图表制作的功能,但最为突出的功能是对数据的输入、输出、存储、处理、排序等,以及以图形的方式显示数据并分析结果、对数据进行统计、分析和整理、运用公式与函数求解数据等。这些功能都是办公中需要的,大大方便了办公人员的实际工作,满足了办公事务处理的需要。如下右图就是运用 Excel 2010 制作的数据分析表格。

PowerPoint 2010 是一款用于处理和制作精美演示文稿的软件,常用于产品演示、广告宣传、会议流程、销售简报、业绩报告、电子教学等方面电子演示文稿的制作,并以幻灯片的形式播放,使其达到更好的效果。在处理办公事务中合理运用 PowerPoint 制作演示文稿,可以大大地简化事务的说明过程,以简单清晰的幻灯片形式来讲解需要表达的内容。下图为运用 PowerPoint 2010 制作的幻灯片效果。

1.1.2 Office 2010 新特性

Microsoft Office 2010 为了使用户能够更轻松地协作使用和浏览长文档。为了提升影响力，将 Word 2010 的新增功能主要集中于为已完成的文档增色。可以在浏览器和移动电话中利用内容丰富且为人熟悉的 Word 功能。为了使您作出更明智的业务决策，在 Excel 2010 中新增了比以往任何时候都更多的方式来分析、以可视化方式呈现以及共享数据。而在 PowerPoint 2010 中针对视频和图片编辑新增了不少功能，使在演示文稿中处理图片更简便，还可以使用多种方式与他人共享演示文稿。下面将简单介绍 Office 2010 新增的部分功能。

1. 新增屏幕截图功能随时截取当前屏幕画面

屏幕截图是将屏幕上任何未最小化到任务栏中的程序窗口以图片形式插入到 Word 文档中。在截取图片的过程中，包括截取全屏图像和自定义截取图像两种方式。

截取全屏图像，只需单击"屏幕截图"按钮，在展开的下拉列表中，选择要截取的程序窗口图标，程序自会自动执行截取整个屏幕的操作，并且将截取的图像插入到文档的光标所在位置，如下左图所示。

自定义截取图像就是在截取图像时，可以自行决定截取图像的大小范围、比例等，自定义截取的图像内容同样会自动插入到当前文档的光标处，如下右图所示。

2. 新增图片艺术效果处理使图片锦上添花

在 Office 2010 中新增了图片艺术效果让用户能轻松为文档中的图片添加特殊效果，如将图片设置为预设的书法标记、铅笔灰度、铅笔素描、线条图、粉笔素描、画图笔画、画图刷、发光散射、虚化、浅色屏幕、水彩海绵、胶片颗粒、马赛克气泡、玻璃、混凝土、纹理化、十字图案蚀刻、蜡笔平滑、塑封、图样、影印、发光边缘 22 种效果，让文档中的图片呈现不同的风格，如下左图所示为插入文档的原图片效果，如下中图所示为具有"影印"效果的图片，如下右图所示为具有"铅笔灰度"效果的图片。

3. 新增带有图片的 SmartArt 图形使图形可视化

在 Office 2010 中为 SmartArt 图形新增了一种图片布局，可以在这种布局中使用照片阐述案例。创建此类图形非常简单，只需插入 SmartArt 图形图片布局，然后添加照片，并撰写说明性的文本即可，如下图所示为以图片布局的 SmartArt 图形阐述蝉的生长阶段。

4. 新增导航窗格搜索、引导一体化

在 Office Word 2010 中新增了"文档导航"窗格和搜索功能，让您轻松应对长文档。例如，通过拖放各个部分，轻松重组您的文档，也可以使用渐进式搜索功能查找内容，无需做大量复制和粘贴工作。

例如，要重排大型文档的结构，可以在导航窗格中，选取要调整位置的标题，按住鼠标左键拖动，如下左图所示，拖至适当的位置，释放鼠标左键，即可将文档中的标题及其下面的正文文本进行位置调换，即重排了文档结构，如下右图所示。

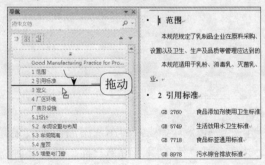

还可以在导航窗格中直接搜索需要的内容，程序会自动将其进行突出显示。例如，在导航窗格中的文本框中输入"设计"，程序会自动将搜索到的内容以突出显示的形式显示出来，如下图所示。

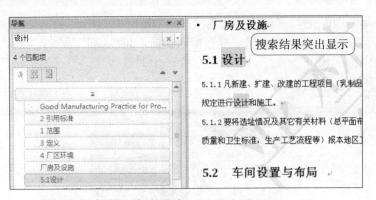

5. 新增 OpenType 功能让文本更加光彩照人

在 Word 2010 提供的高级文本格式设置功能中，新增了 OpenType 功能，它包括一系列连字设置以及样式集与数学格式选择。可以与任何 OpenType 字体配合使用这些新增功能，以便为录制文本增添更多光彩。

6. Excel 新增迷你图，直观形象的数据表现方式

在 Excel 2010 中新增了迷你图功能，它是适用于单元格的微型图表，且以可视化方式汇总趋势和数据。如下图所示，显示了如何通过折线迷你图大致查看一周股票趋势。

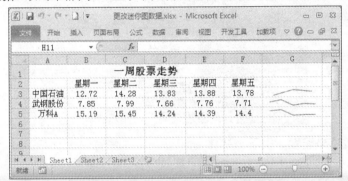

7. Excel 新增切片器、数据透视表的筛选器

切片器是 Excel 2010 中的新增功能，它提供了一种可视性极强的筛选方法以筛选数据透视表中的数据。一旦插入切片器，即可使用多个按钮对数据进行快速分段和筛选，仅显示所需数据。此外，对数据透视表应用多个筛选器之后，就可以不再需要打开列表查看数据所应用的筛选器，这些筛选器会显示在屏幕上的切片器中。还可以随心所欲地设置切片器的格式，使其与工作簿格式设置相符，并且能够在其他数据透视表、数据透视图和多维数据集函数中轻松地重复使用这些切片器。如下图所示，创建了"产品品牌"和"售货员姓名"两个切片器用于统计数量及总价。

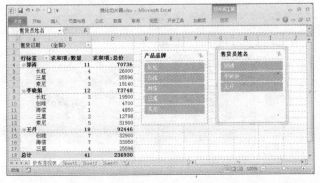

8. PowerPoint 新增视频编辑功能使视频的控制更加得心应手

在 PowerPoint 2010 中新增了视频编辑功能，可以删除与演示文稿内容无关的部分，使视频更加简洁。如下图所示，即为演示文稿中剪裁视频的对话框，可以拖动滑块调整视频播放内容。

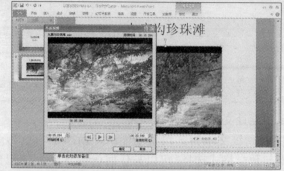

9. 新增将幻灯片组织为逻辑节方便管理大型演示文稿

在 PowerPoint 2010 中新增了将幻灯片组织为逻辑节功能，可以使用多个节来组织大型幻灯片版面，以简化其管理和导航。此外，通过对幻灯片进行标记并将其分为多个节，可以与他人协作创建演示文稿。例如，每个同事可以负责准备单独一节的幻灯片。如下图所示，它以逻辑节来将大型演示文稿的内容分节管理。

10. 在 PowerPoint 中新增广播幻灯片功能，更好地共享演示文稿

在 PowerPoint 2010 中新增了广播幻灯片功能，它是利用您的 Windows Live 账户或组织的 SharePoint 网站，直接向远程观众广播幻灯片放映。在广播幻灯片放映时，您的观众只需要一个浏览器或一部电话即可浏览，而且还不需要 PowerPoint 或网上会议软件（例如 LiveMeeting）。并且，在广播幻灯片时，您可以完全控制幻灯片的进度，观众只需要在浏览器中跟随浏览即可。如下图所示为退出幻灯片放映状态，但未结束广播幻灯片的效果。

1.2 | Office 2010 的安装

在了解 Office 2010 的新特性后，要使用 Office 2010 办公软件首先必须安装。Office 2010 和其他 Office 版本可以同时安装在同一台计算机中，只是在安装时需要选择自定义安装，不能选择升级安装，否则在安装高版本的 Office 软件程序时，会自动将低版本覆盖掉。下面将简单介绍安装 Office 2010 的系统基本要求以及 Office 2010 的安装过程。

1.2.1　Office 2010 的系统要求

为了能够顺畅地安装并使用 Office 2010 应用程序，使其能良好地工作，对于将要安装 Office 2010 的电脑，在硬件环境上必须具备以下最基本的要求。

操作系统版本要求：Windows XP SP3、Windows Vista 或 Windows 7。

硬件要求：无需更换可以运行 Office 2007 的硬件，这些硬件也支持 Office 2010。

处理器：500MHz 或更快的处理器。

内存：不得低于 256MB，内存越大越好，否则运行起来会比较缓慢。

硬盘：1.5GB 以上的可用空间。如果将原始下载软件包从硬盘驱动器上删除，则软件安装后将会释放一部分磁盘空间。

只要满足以上条件，就可以将 Office 2010 正常安装到电脑中。

1.2.2　Office 2010 的安装过程

如果电脑符合硬件要求，那么就可以开始安装 Office 2010 了。在安装 Office 2010 时可以选择升级安装和自定义安装两种方式，升级安装将覆盖以往的 Office 版本，自定义安装则可以保留以往的 Office 版本。下面将向用户介绍如何自定义安装 Office 2010，并保留以往的 Office 版本。

STEP01：**开始安装 Office 2010**。将 Office 2010 安装光盘放入光驱中，系统将自动运行安装程序并打开安装向导，如下左图所示，也可以在指定文件夹下，双击 Office 2010 安装包运行。

STEP02：**阅读软件许可证条款并接受协议**。进入"阅读 Microsoft 软件许可证条款"界面，请仔细阅读软件许可证条款，若要继续，请勾选"我接受此协议的条款"复选框，单击"继续"按钮，如下右图所示。

STEP03：**选择安装类型**。进入"选择所需的安装"界面，若要保留计算机上已有 Office 版本，请单击"自定义"按钮，如下左图所示。

STEP04:选择保留所有早期版本。 在进入界面的"升级"选项卡中,单击"保留所有早期版本"单选按钮,如下右图所示。

STEP05:设置文件位置。 切换至"文件位置"选项卡下,单击文本框后的"浏览"按钮,如下左图所示。

STEP06:选择文件位置。 弹出"浏览文件夹"对话框,在"选择文件位置"列表框中选择Office文件安装的位置,如下右图所示,单击"确定"按钮。

STEP07:设置用户信息。 切换至"用户信息"选项卡下,在"全名"、"缩写"和"公司/组织"文本框中输入相应的信息,如下左图所示,单击"立即安装"按钮。

STEP08:显示安装进度。 系统开始安装选中的Office 2010组件到计算机指定的位置,并显示软件的安装进度如下右图所示,安装完成后,单击"关闭"按钮,即可完成Office 2010安装。

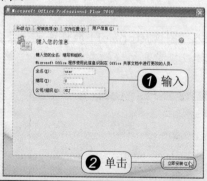 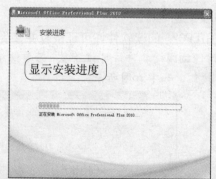

助跑地带——升级安装Office 2010并且覆盖以往的Office版本

在安装Office 2010办公软件时,确认不会再使用以往版本的Office软件,建议选择"升级"安装类型,在安装时,将删除计算机中以往的Office版本,提高磁盘空间的使用。升级安装Office 2010的方法与保留以往Office版本的安装方法相同,只是在"选择所需的安装"时,单击"升级"按钮,如下图所示。然后根据安装向导进行安装即可。

> **知识点拨：选择安装组件选项**
>
> 　　在安装 Office 2010 时，默认安装所有 Office 组件。如果不想安装某个组件，可以单击该组件对应的黑色下三角按钮，在弹出的下拉列表中选择"不可用"选项，即可在安装时不安装该组件。

1.3 | 认识Office 2010的3个组件界面

　　启动应用程序后，即可对软件进行操作。在操作软件之前，首先认识一下 Office 2010 常用 Word、Excel、PowerPoint 3 个组件的工作界面，才能在以后的学习中更快地掌握软件的操作方法。

1.3.1 Word 2010 界面介绍

　　Word 2010 的工作界面是由"文件"按钮、快速访问工具栏、标题栏、"窗口操作"按钮、"帮助"按钮标签、功能区、编辑区、滚动条、状态栏、"视图"按钮、显示比例组成，具体分布如下图所示。

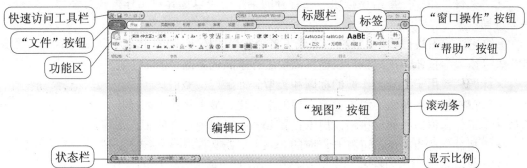

　　•"文件"按钮：单击该按钮，在打开的菜单中可以选择对文档执行新建、保存、打印等操作。

　　•快速访问工具栏：该工具栏中集成了多个常用的按钮，默认状态下包括"保存"、"撤销"、"恢复"按钮，用户也可以根据需要进行添加或更改。

　　•标题栏：用于显示文档的标题和类型。

　　•"窗口操作"按钮：用于设置窗口的最大化、最小化或关闭操作。

　　•"帮助"按钮：单击可打开相应的 Word 帮助文件。

　　•标签：单击相应的标签，可以切换至相应的选项卡，不同的选项卡中提供了多种不同的操作设置选项。

　　•功能区：在每个标签对应的选项卡下，功能区中收集了相应的命令，如"开始"选项卡的功能区中收集了对字体、段落等内容设置的命令。

　　•编辑区：用户可以在此对文档进行编辑操作，制作需要的文档内容。

- 滚动条：拖动滚动条可浏览文档的整个页面内容。
- 状态栏：显示当前的状态信息，如页数、字数及输入法等信息。
- "视图"按钮：单击要显示的视图类型按钮即可切换至相应的视图方式下，对文档进行查看。
- 显示比例：用于设置文档编辑区域的显示比例，用户可以通过拖动滑块来进行方便快捷的调整。

1.3.2 Excel 2010 界面介绍

Excel 2010的工作界面是由"文件"按钮、快速访问工具栏、标题栏、"窗口操作"按钮、"工作簿窗口操作"按钮、"帮助"按钮、标签、功能区、名称框、编辑栏、行号、列标、工作表标签、滚动条、状态栏、"视图"按钮、显示比例组成，具体分布如下图所示。

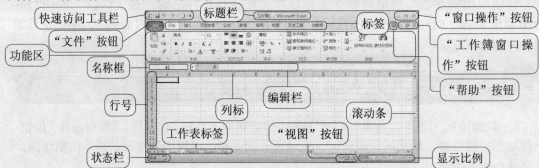

- "文件"按钮：单击该按钮，在打开的菜单中可以选择对工作簿执行新建、保存、打印等操作。
- 快速访问工具栏：该工具栏中集成了多个常用的按钮，默认状态下包括"保存"、"撤消"、"恢复"按钮，用户也可以根据需要进行添加或更改。
- 标题栏：用于显示工作簿的标题和类型。
- "窗口操作"按钮：用于设置窗口的最大化、最小化或关闭操作。
- "工作簿窗口操作"按钮：用于设置Excel窗口中打开的工作簿窗口。
- "帮助"按钮：单击可打开相应的Excel帮助文件。
- 标签：单击相应的标签，可以切换至相应的选项卡，不同的选项卡中提供了多种不同的操作设置选项。
- 功能区：在每个标签对应的选项卡下，功能区中收集了相应的命令，如"开始"选项卡的功能区中收集了对字体、段落等内容设置的命令。
- 名称框：显示当前所在单元格或单元格区域的名称或引用。
- 编辑栏：可直接在此向当前所在的单元格输入数据内容，在单元格中输入数据内容时也会同时在此显示。
- 行号：显示单元格所在的行号。
- 列标：显示单元格所在的列号。
- 工作表标签：默认情况下一个工作簿中含有三个工作表，单击相应的工作表标签即可切换到工作簿中的该工作表下。
- 滚动条：拖动滚动条可浏览工作簿的整个表格内容。
- 状态栏：显示当前的状态信息，如页数、字数及输入法等信息。

•"视图"按钮：单击要显示的视图类型按钮即可切换至相应的视图方式下，对文档进行查看。

•显示比例：用于设置工作簿编辑区域的显示比例，用户可以通过拖动滑块来进行方便快捷的调整。

1.3.3　PowerPoint 2010 界面介绍

PowerPoint 2010 的工作界面是由"文件"按钮、快速访问工具栏、标题栏、"窗口操作"按钮、"帮助"按钮、标签、功能区、幻灯片/大纲浏览窗格、幻灯片窗格、备注窗格、滚动条、状态栏、"视图"按钮、显示比例和"适应窗口大小"按钮组成，具体分布如下图所示。

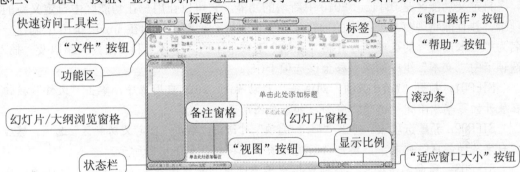

•"文件"按钮：单击该按钮，在打开的菜单中可以选择对演示文稿执行新建、保存、打印等操作。

•快速访问工具栏：该工具栏中集成了多个常用的按钮，默认状态下包括"保存"、"撤消"、"恢复"按钮，用户也可以根据需要进行添加或更改。

•标题栏：用于显示演示文稿的标题和类型。

•"窗口操作"按钮：用于设置窗口的最大化、最小化或关闭操作。

•"帮助"按钮：单击可打开相应的 PowerPoint 帮助文件。

•标签：单击相应的标签，可以切换至相应的选项卡，不同的选项卡中提供了多种不同的操作设置选项。

•功能区：在每个标签对应的选项卡下，功能区中收集了相应的命令，如"开始"选项卡的功能区中收集了对字体、段落等内容设置的命令。

•幻灯片/大纲浏览窗格：显示幻灯片或幻灯片文本大纲的缩略图。

•幻灯片窗格：显示当前幻灯片，用户可以在该窗格中对幻灯片内容进行编辑。

•备注窗格：可用于添加与幻灯片内容相关的注释，供演讲者演示文稿时参考用。

•滚动条：拖动滚动条可浏览演示文稿的所有幻灯片的内容。

•状态栏：显示当前的状态信息，如页数、字数及输入法等信息。

•"视图"按钮：单击要显示的视图类型按钮即可切换至相应的视图方式下，对文档进行查看。

•显示比例：用于设置工作簿编辑区域的显示比例，用户可以通过拖动滑块来进行方便快捷的调整。

•"适应窗口大小"按钮：单击该按钮可调整窗口中的幻灯片大小与窗口大小相适应，达到最佳效果。

1.4 更改功能区与快速访问工具栏

在 Office 2010 中，为了便于操作用户可以根据工作习惯调整功能区中的命令。还可以将常用的命令或按钮添加到快速访问工具栏中。使用时，只需单击快速访问工具栏中的按钮即可。本节将介绍如何在 Word 2010 中自定义功能区，如何将命令或按钮添加到快速访问工具栏中。

1.4.1 自定义功能区

自定义功能区是 Office 2010 中新增的功能，它可以让用户在功能区中自定义新的选项卡，并且能将现有功能区中的按钮或命令位置进行调整，例如在 Word 2010 中创建一个名为"文本设置"的选项卡，并将"开始"选项卡下的"字体"和"段落"组以及"插入"选项卡中"文本"组中的命令移至该选项卡中。

STEP01：打开"Word选项"对话框。启动 Word 2010 应用程序，单击"文件"按钮，在展开的菜单中单击"选项"命令，如下左图所示。

STEP02：新建选项卡。弹出"Word 选项"对话框，单击"自定义功能区"选项，然后在"自定义功能区"列表下，单击"新建选项卡"按钮，如下中图所示。

STEP03：重命名选项卡。在列表框中单击选中"新建选项卡（自定义）"选项，然后单击"重命名"按钮，如下右图所示。

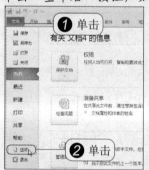 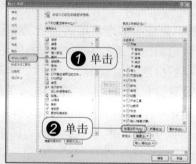 

STEP04：输入显示名称。弹出"重命名"对话框，在"显示名称"文本框中输入名称，如下左图所示，单击"确定"按钮。

STEP05：移动现有命令组。在"主选项卡"列表框中，单击"字体"选项，然后单击"下移"按钮，如下右图所示。

 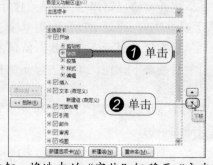

STEP06：移至新建选项卡中。继续单击"下移"按钮，将选中的"字体"组移至"文本"选项卡中，如下左图所示。

STEP07：移动"段落"和"文本"组到新选项卡中。 用相同的方法，将"段落"和"文本"组命令移至"文本"选项卡中，如下右图所示。

STEP08：显示自定义选项卡信息。 设置完成后，单击"确定"按钮返回文档中，可以看到在功能区中添加了"文本"选项卡，并显示了"段落"、"字体"和"文本"组命令，如下图所示。

1.4.2 自定义快速访问工具栏

在 PowerPoint 2010 中还可以将常用的命令添加到快速访问工具栏中。将常用按钮添加到快速访问工具栏中的方法有三种：一是使用快速访问工具栏右侧的下拉按钮，从展开的下拉列表中选择要添加的常用按钮；二是在功能区中右击要添加的常用命令按钮，在弹出的快捷菜单中单击"添加到快速访问工具栏"命令即可；三是通过"Word 选项"对话框中的"自定义快速访问工具栏"选项来添加。

本小节以第三种方法（通过"Word 选项"对话框添加）为例，详细介绍自定义快速访问工具栏的操作。

STEP01：打开"Word 选项"对话框。 启动 Word 2010 应用程序，单击"文件"按钮，在展开的菜单中单击"选项"命令，如下左图所示。

STEP02：选择命令位置。 弹出"Word 选项"对话框，单击"快速访问工具栏"选项，然后在"从下列位置选择命令"下拉列表中选择"不在功能区中的命令"选项，如下中图所示。

STEP03：添加命令。 在其下的列表框中单击"绘制表格"选项，单击"添加"按钮，如下右图所示。

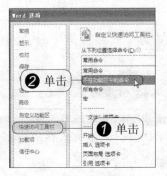
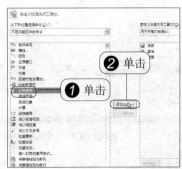

STEP04：确认添加到快速访问工具栏中。此时，选中的命令添加至"自定义快速访问工具栏"下拉列表中，如下左图所示，单击"确定"按钮。

STEP05：查看添加到快速访问工具栏中的命令效果。此时在快速访问工具栏中新增了"绘制表格"按钮，如下右图所示。

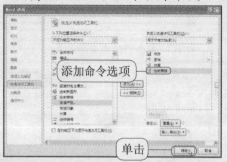
添加命令选项
单击

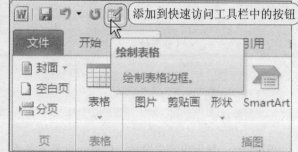
添加到快速访问工具栏中的按钮
绘制表格
绘制表格边框。

1.5 | Office 2010的基础操作

如果用户要运用 Office 2010 的三款不同的组件创建新文件，其操作方法是相似的。下面就以 Word 2010 为例，简单介绍 Office 2010 的基本操作，如打开、新建、保存与关闭。

1.5.1 打开文档

原始文件：实例文件 \ 第1章 \ 原始文件 \ 春.docx

当用户需要编辑的文档已经存在时，则可以直接打开文档进行编辑。打开文档的方法有多种，如双击现有 Word 文档或者是通过"打开"命令来打开文档。

STEP01：打开"打开"对话框。启动 Word 2010 应用程序，单击"文件"按钮，在展开的菜单中单击"打开"命令，如下左图所示。

STEP02：选择要打开的文件。弹出"打开"对话框，在"查找范围"下拉列表中选择要打开文件的位置，选择需要打开的文件，如下中图所示，单击"打开"按钮。

STEP03：查看打开的文档。此时在 Word 2010 窗口中就打开了指定的文档，如下右图所示。

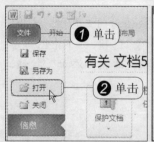
① 单击
② 单击

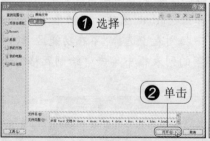
① 选择
② 单击

打开的文档

1.5.2 新建文档

如果用户要创建新的文档，新建文档的方法有很多种，创建空白文档、根据模板创建新的文档、根据现有文档创建新文档等。本小节将介绍如何新建空白文档和根据模板创建文档。

1. 新建空白文档

最终文件：实例文件 \ 第1章 \ 最终文件 \ 新建的空白文档 . docx

新建空白文档的方法很简单，在启动 Word 2010 应用程序时，系统将自动新建一个空白文档。也可以使用"文件"菜单中的"新建"命令来实现。

STEP01：新建空白文档。在 Word 2010 应用程序窗口中，单击"文件"按钮，在展开的菜单中单击"新建"命令，然后单击"可用模板"列表中的"空白文档"选项，然后单击"创建"按钮，如下左图所示。

STEP02：查看创建的文档。此时创建了如下右图所示的空白文档，用户可根据需要进行编辑。

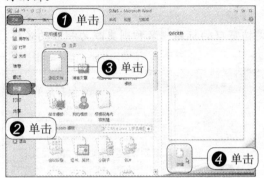

2. 新建模板文档

最终文件：实例文件 \ 第1章 \ 最终文件 \ 新建的模板文档 . docx

新建模板文档就是根据现有模板创建新的文档，它的操作方法与创建空白文档相同，只是选择的可用模板不同，新建模板文档的具体操作如下。

STEP01：选择模板类型。在 Word 2010 应用程序窗口中，单击"文件"按钮，在展开的菜单中单击"新建"命令，然后单击"可用模板"列表中的"样本模板"选项，如下左图所示。

STEP02：根据模板创建文档。此时显示出样本模板选项，选择需要的模板选项，然后单击"创建"按钮，如下中图所示。

STEP03：查看创建的模板文档。此时，根据所选模板样式创建了如下右图所示的文档，模板文档为用户提供了多项已设置完成后的文档效果，用户只需要对其中的内容进行修改即可，这样大大地简化了工作，从而也提高了工作效率。

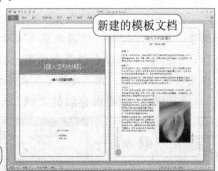

1.5.3　保存文档

创建好文档后，用户应及时将其保存，否则会因为断电或是误操作，造成文件、数据丢失。保存文档有两种方式：一是将文档保存在原来位置中，也就是使用"保存"命令来实现文档的保存；另一种是将文档另外保存在其他位置，它是采用"另存为"命令来实现文档的保存。此方法可用于为现有文档做备份文件，避免因修改丢失原始数据。

1. 将文档保存在原来位置中

最终文件：实例文件 \ 第1章 \ 最终文件 \ 背影 . docx

使用"保存"命令将文档保存在原来位置中，若是第一次保存文档，会弹出"另存为"对话框，要求用户指定文档保存的位置和名称。

STEP01：**保存文档**。在 Word 2010 中创建好文档内容后，单击"文件"按钮，在展开的菜单中单击"保存"命令，如下左图所示。

STEP02：**选择文件保存位置**。弹出"另存为"对话框，在"保存位置"下拉列表中选择文件保存位置，如下中图所示，单击"保存"按钮。

STEP03：**查看保存后的文档**。此时，当前文档窗口的标题栏名称则更改为相应的名称，如"背影.docx"，如下右图所示。

> ◎ **知识点拨：快速保存现有文档**
>
> 如果要保存现有文档(即已保存过的文档)，则可以单击快速访问工具栏中的"保存"按钮，将不会弹出"另存为"对话框，也可以直接按下 Ctrl+S 组合键进行保存。

2. 将文档另外保存在其他位置

原始文件：实例文件 \ 第1章 \ 原始文件 \ 春 . docx

最终文件：实例文件 \ 第1章 \ 最终文件 \ 备份文档 . docx

若要为现有文档做一个备份文档，则可以使用"另存为"命令将文档另外保存在其他位置。

STEP01：**打开"另存为"对话框**。打开"实例文件 \ 第1章 \ 原始文件 \ 春.docx"，单击"文件"按钮，在展开的菜单中单击"另存为"命令，如下左图所示。

STEP02：**选择文件保存位置**。弹出"另存为"对话框，在"保存位置"下拉列表中选择文件保存位置，在"文件名"文本框中输入文件名称，如下中图所示，单击"保存"按钮。

STEP03：**查看保存后的文档**。此时，当前文档即另存为"备份文档"，如下右图所示。

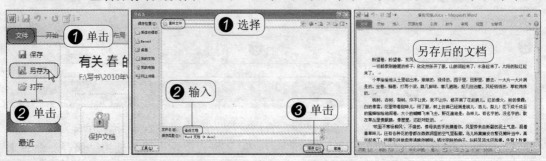

1.5.4　关闭与退出文档

当用户编辑完文档的内容后，就需要关闭 Word 应用程序窗口，进行其他任务的操作。关闭与退出文档的方法有几种：通过"窗口操作"按钮关闭；通过"文件"菜单中的"退出"命令关闭；右击任务栏中文档的最小化窗口，使用快捷菜单中的"关闭"命令关闭。

方法 1： 使用"窗口操作"按钮关闭。在 Word 2010 应用程序窗口中，单击文档右上角的"关闭"按钮，如下左图所示，即可关闭当前文档，它是用户最常用的一种关闭方法。

方法 2： 使用"退出"命令关闭。单击"文件"按钮，在展开的菜单中单击"退出"命令，如下中图所示，即可退出 Word 应用程序。

方法 3： 使用快捷菜单关闭。在任务栏中，右击要关闭的 Word 文档最小化窗口，在弹出的快捷菜单中单击"关闭"命令，如下右图所示，即可关闭该文档。

  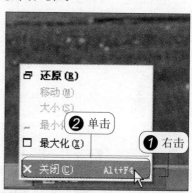

> **助跑地带——将编辑过的文档保存为模板**
>
> 在 Word 2010 应用程序中，可以将编辑过的文档保存为模板，以保存文档的格式。当创建类似文档时，只需根据该模板创建，可以完成文档效果设置，只需修改其中的内容即可。
>
> *原始文件：实例文件 \ 第 1 章 \ 原始文件 \ 春 .docx*
> *最终文件：实例文件 \ 第 1 章 \ 最终文件 \ 春 .dotx*
>
> ❶ 保存为模板。打开"实例文件 \ 第 1 章 \ 原始文件 \ 春 .docx"，单击"文件"按钮，单击"共享"选项，单击"更改文件类型"选项，单击"模板（*.dotx）"选项，如下左图所示。
>
> ❷ 选择保存位置。弹出"另存为"对话框，在"保存位置"下拉列表中选择模板保存位置，然后单击"保存"按钮，如下右图所示，即可将编辑的文档保存为模板。
>
>

同步实践：新建一个"销售报表"的Excel表格

最终文件：实例文件 \ 第 1 章 \ 最终文件 \ 销售报表 .xlsx

通过本章的学习，相信读者已经了解了 Office 2010 的新特性，安装 Office 2010 的系统要求及安装方法，初步认识了 Office 2010 三个组件的工作界面，并且学会自定义功能区和自定义快速访问工具栏，掌握了 Office 2010 组件的基础操作方法，如新建、保存、打开及关闭操作。为了加深读者对本章知识的印象，下面通过一个实例，新建一个"销售报表"的 Excel 表格巩固本章所学的知识。

STEP01：新建工作簿。 单击"文件"按钮，从弹出的菜单中单击"新建"命令，在"可用模板"列表框中单击"空白工作簿"图标，然后单击"创建"按钮，如下左图所示。

STEP02：保存工作簿。 在制作表格之后首先要保存工作簿。单击"文件"按钮，从弹出的菜单中单击"保存"命令，如下中图所示。

STEP03：选择保存位置。 弹出"另存为"对话框，从"保存位置"下拉列表中选择保存位置，在"文件名"文本框输入保存名称"销售报表"，最后单击"保存"按钮，如下右图所示。

STEP04：输入数据并保存。 在 Sheet1 工作表中输入表格数据，并设置单元格格式，完成数据编辑后单击"保存"按钮，如下左图所示。在工作簿中输入数据及设置表格格式将在第 8 章详细介绍。

STEP05：退出工作簿窗口。 完成"销售报表"的创建后，单击"文件"按钮，从弹出的菜单中单击"退出"命令，如下右图所示，即可退出 Excel 2010 应用程序。

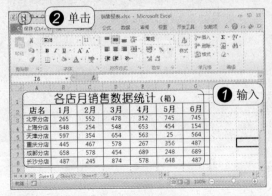

Chapter 2

Word 2010中文本的编排

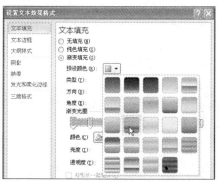

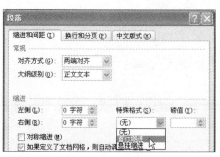

不同类型的文档对风格的要求会有所不同，而文档的风格则可以通过文本的格式体现出来，所以在确定了文档的风格并输入了文档的内容后，就可以对文本的格式、效果等内容进行编排。编排后的文档，将会有脱胎换骨的感觉。

2.1 | 输入文本

在 Word 程序中输入文本时，不同内容的文本输入方法会不所不同，另外对于一些经常使用到的文本，程序提供了一些快捷的输入方法。本节中以普通文本、特殊符号、日期和时间三种类型的文本为例，来介绍一下输入的方法。

2.1.1 输入普通文本

本节中所说的普通文本是指汉字、英文、阿拉伯数字等通过键盘就可以直接输入的文本。在输入这些内容时，切换到需要的输入法，并确定了输入的位置后，就可以进行输入了。

STEP01：选择输入法。 打开一个 Word 2010 工作窗口，单击任务栏中通知区域内的输入法图标，在弹出列表中单击要使用的输入法，如下左图所示。

STEP02：输入文字内容。 选择了要使用的输入法后，光标自动定位在文档的起始位置处，直接输入需要的文字，然后按下 Enter 键，将光标定位在下一行，如下中图所示。

STEP03：输入数字与英文。 重新定位了光标的位置后，直接按下键盘中对应的数字按钮，完成数字的输入，然后按下 Ctrl+Shift 组合键，将输入法切换到英文输入法，然后按下键盘中对应的英文字母，完成英文的输入，如下右图所示，按照类似的方法输入其他文本。

 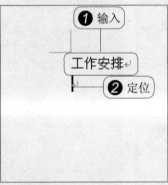 

2.1.2 插入特殊符号

原始文件：实例文件 \ 第2章 \ 原始文件 \ 作息时间表 . docx
最终文件：实例文件 \ 第2章 \ 最终文件 \ 作息时间表 . docx

特殊符号是指通过键盘无法输入的符号，例如禁止符号、时间符号等。在"符号"对话框中，将符号按照不同类型进行了分类，所以在插入特殊符号前，首先需要选择符号的类型。

STEP01：确定符号插入的位置。 打开"实例文件 \ 第2章 \ 原始文件 \ 作息时间表.docx"，单击要插入特殊符号的位置，将光标定位在这，如下左图所示。

STEP02：打开"符号"对话框。 切换到"插入"选项卡，单击符号组中"符号"按钮，在弹出的下拉列表中单击"其他符号"选项，如下右图所示。

STEP03：选择符号字体类型。弹出"符号"对话框，单击"符号"选项卡中"字体"下拉列表框右侧下三角按钮，在弹出的下拉列表中单击wingdings选项，如下左图所示。

STEP04：插入第一个符号。对话框下方的列表框中显示出相应符号后，单击选中要插入的符号，然后单击"插入"按钮，如下中图所示。

STEP05：插入第二个符号。单击符号列表框中要插入的第二个符号，然后单击"插入"按钮，如下右图所示。

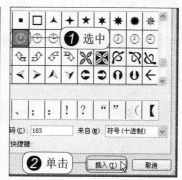

STEP06：插入第三个符号。单击符号列表框中要插入的第三个符号，然后单击"插入"按钮，如下左图所示，然后单击"关闭"按钮关闭该对话框。

STEP07：显示插入符号效果。返回Word文档中，就可以看到插入的特殊符号，如下右图所示。

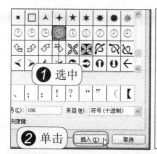

插入的符号

作息时间表
周一至周五
上午：⊙⊙⊙⊙08：30-12：00
午休：12：00-13：30
下午：13：30-17：30

> **知识点拨：使用近期使用过的符号**
>
> 每次使用了符号后，程序都会将其保存在"符号"列表框中，用户可单击列表框内近期使用过的符号进行应用。

2.1.3　输入日期和时间

原始文件：实例文件 \ 第2章 \ 原始文件 \ 作息时间表 1.docx
最终文件：实例文件 \ 第2章 \ 最终文件 \ 作息时间表 1.docx

需要在文档中添加当前日期和时间时，可以使用程序中预设的格式，即可以快速地完成操作，又可以插入专业的日期格式。如果不是插入当前日期和时间，也可以插入了预设的日期文本后，手动对其内容进行更改。

STEP01：确定日期插入的位置。打开"实例文件 \ 第2章 \ 原始文件 \ 作息时间表 1.docx"，将光标定位在文档右侧"总经办"文本下方，如下左图所示。

STEP02：打开"日期和时间"对话框。切换到"插入"选项卡，单击"文本"组中"日期和时间"按钮，如下右图所示。

STEP03：选择要插入的日期格式。弹出"日期和时间"对话框，在"可用格式"列表框中单击要使用的日期，然后勾选"自动更新"复选框，最后单击"确定"按钮，如下左图所示。

STEP04：显示插入日期效果。返回 Word 文档中，就可以看到插入的日期，如下右图所示，并且随着时间的更改，该日期也会相应地进行更改。插入时间的方法与插入日期的方法一致。

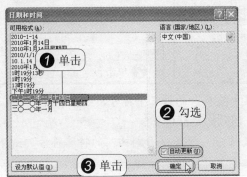

助跑地带——在文档中输入专业公式

数学公式中有很多带有根号、平方、求和等符号，如果靠手动输入即浪费时间，也有可能输不出来，所以 Word 程序中预设了多种专业的公式。当用户需要输入公式时，可直接插入预设的公式。

❶ 切换到插入选项卡。打开目标文档后，单击"插入"选项标签，切换到该选项卡，然后单击"符号"组中的"公式"按钮，如下图所示。

❷ 执行"插入新公式"命令。在弹出的下拉列表中单击"插入新公式"选项，如下左图所示。

❸ 选择要插入的公式。执行"插入新公式"命令后，在编辑区域内显示出一个公式的文本框，并且选项标签切换至"公式工具""设计"上下文选项卡，单击"结构"组中要插入的公式类型所对应的公式名称，弹出下拉列表后，单击要插入的公式，如下中图所示。

❹ 显示插入的公式。经过以上操作后，就完成了公式的插入操作，如下右图所示，插入的公式位于文本框内，用户可根据需要对其进行编辑。

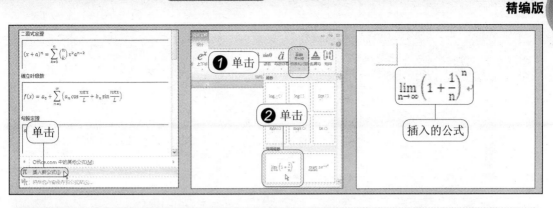

2.2 选择文本

在对文档中的文本进行编辑时，不同内容的文本选择的方法会有所不同，本节来介绍8种选择不同内容的方法。

1. 选择单个文字

在选择单个文字时，拖动鼠标经过要选中的文字，然后释放鼠标，即可完成该文字的选择，如下左图所示。

2. 选择词组

在选择词组时，将鼠标指向要选中的词组中的中间，双击该词组，无论该词组是两个字的或三个字的都可以将其选中，如下右图所示。

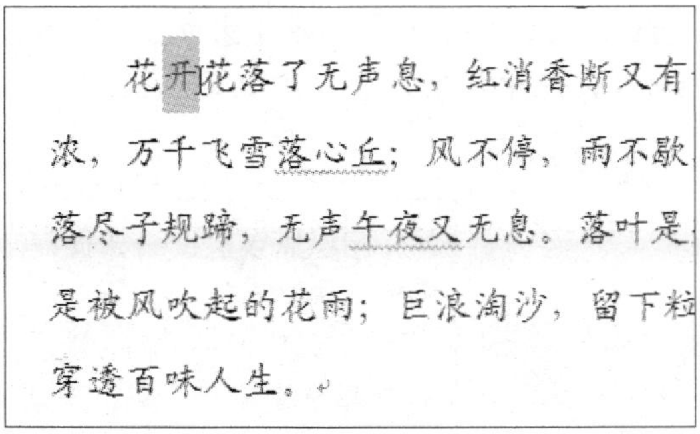

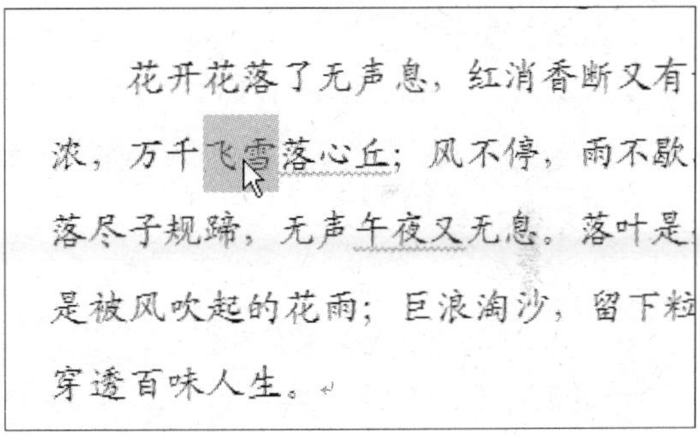

> 花开花落了无声息，红消香断又有
> 浓，万千飞雪落心丘；风不停，雨不歇
> 落尽子规蹄，无声午夜又无息。落叶是
> 是被风吹起的花雨；巨浪淘沙，留下粒
> 穿透百味人生。

> 花开花落了无声息，红消香断又有
> 浓，万千飞雪落心丘；风不停，雨不歇
> 落尽子规蹄，无声午夜又无息。落叶是
> 是被风吹起的花雨；巨浪淘沙，留下粒
> 穿透百味人生。

3. 选择一行文本

在选择整行文本时，将鼠标指向该行左侧的空白区域，当指针变成白色箭头形状时，单击鼠标即可选中该行文本，如下图所示。

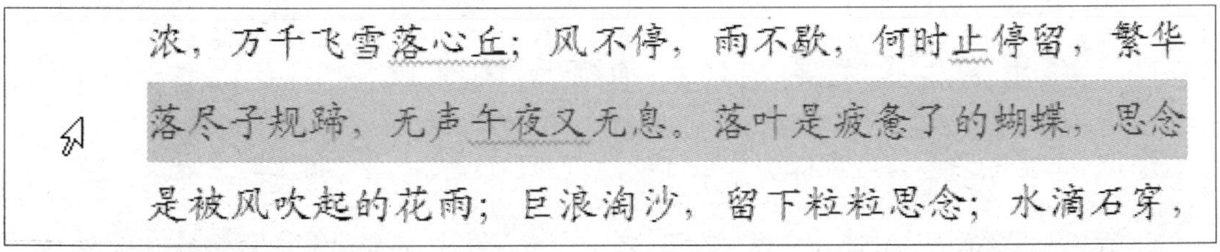

> 浓，万千飞雪落心丘；风不停，雨不歇，何时止停留，繁华
> 落尽子规蹄，无声午夜又无息。落叶是疲惫了的蝴蝶，思念
> 是被风吹起的花雨；巨浪淘沙，留下粒粒思念；水滴石穿，

4. 选择一段文本

方法1： 在段落左侧选择。将鼠标指向该行左侧的空白区域，当指针变成白色箭头形状时，单击鼠标，即可选中该段文本，如下左图所示。

方法2： 在段落中选择。将鼠标指向要选中的段落，当指针变成光标形状时，连续三次单击鼠标，也可以选中该段，如下右图所示。

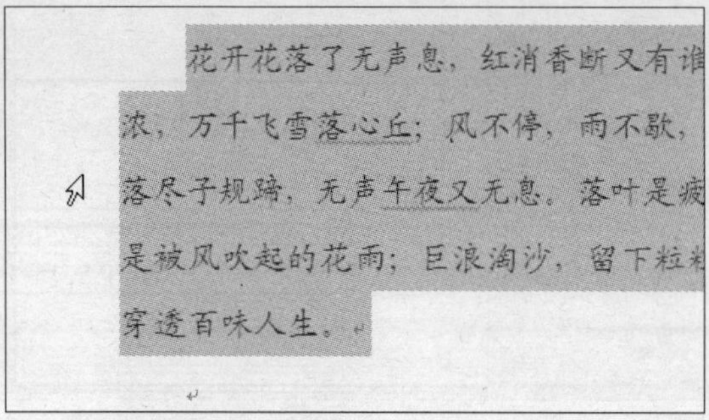

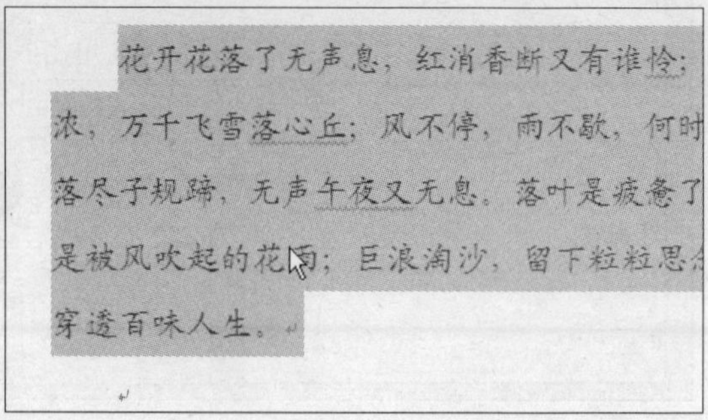

5. 选择一页文本

在选择整页文本时，将光标定位在当页文本的页首，如下左图所示，向下滚动页面至该页的末尾处，按下 Shift 键单击鼠标，即可选中该页文本，如下右图所示。

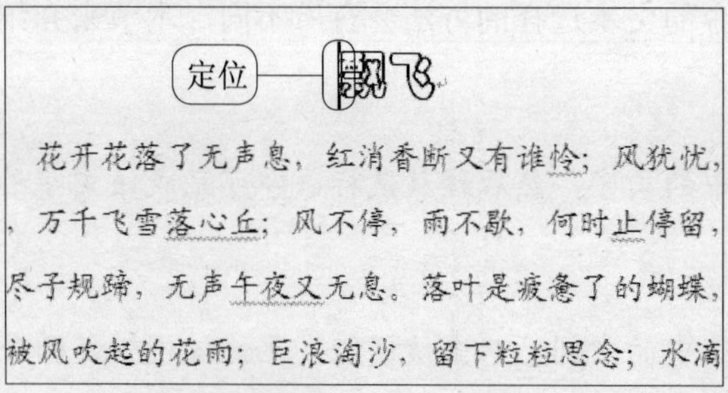

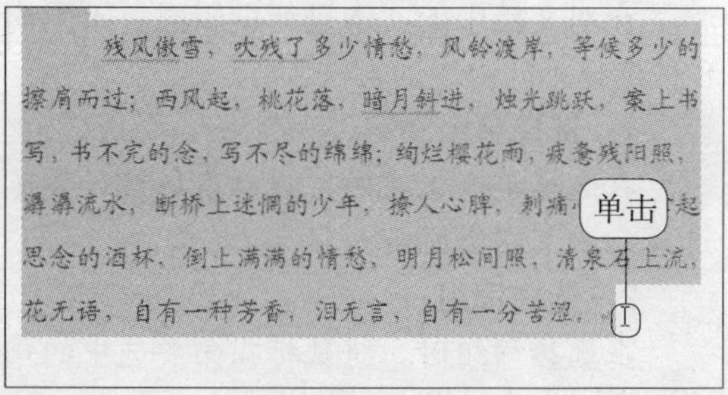

6. 选择整篇文本

在选择整篇文本时，可将鼠标指向文档页面的左侧，双击鼠标，即可选中整篇文本，如下左图所示，也可以按下 Ctrl+A 快捷键，同样可以选中整篇文本。

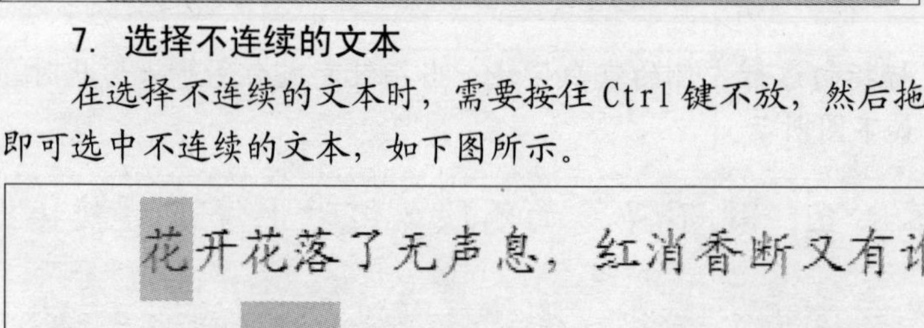

知识点拨：使用快捷键选中整篇文本

按下 Ctrl+A 快捷键，可以选中整篇文本。

7. 选择不连续的文本

在选择不连续的文本时，需要按住 Ctrl 键不放，然后拖动鼠标依次经过要选的文本，即可选中不连续的文本，如下图所示。

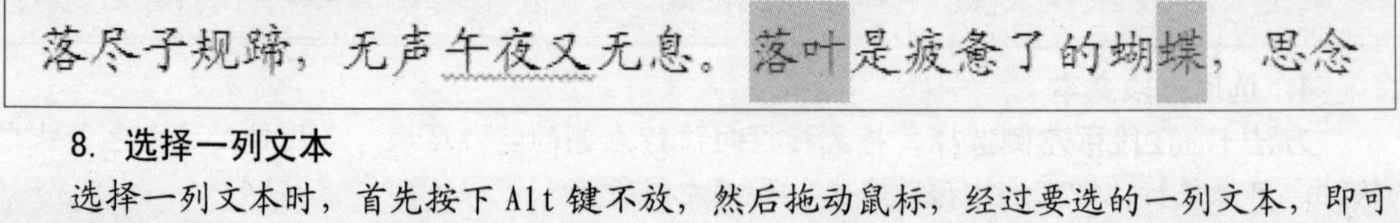

8. 选择一列文本

选择一列文本时，首先按下 Alt 键不放，然后拖动鼠标，经过要选的一列文本，即可将该列文本选中，如下左图所示。

花开花落了无声息，红消香断又浓，万千飞雪落心丘；风不停，雨不落尽子规蹄，无声午夜又无息。落叶是被风吹起的花雨；巨浪淘沙，留下穿透百味人性。

> 💿 **知识点拨：选择一列文本的注意事项**
> 在选择一列文本时，切换要先按下 Alt 键，然后再拖动鼠标选中文本，如果在先选中了文本，后按下了 Alt 键则会打开"信息检索"任务窗格。

2.3 | 文本的复制与剪切

复制与剪切的目的是对文本进行移动与重复使用，执行了复制或剪切的操作后，为了将选中的内容转移到目标位置，还需要进行粘贴的操作。

2.3.1 复制文本

复制文本时，可以通过多种方法完成操作，例如通过快捷菜单、通过快捷键、通过鼠标拖动完成复制操作，下面就来介绍一下这三种复制文本的方法。

方法 1：通过快捷菜单复制。选中目标文本后，右击选中的区域，在弹出的快捷菜单中单击"复制"命令，如下左图所示，完成复制操作。

方法 2：通过鼠标拖动的方法复制。选中目标文本后，按住 Ctrl 键不放，使用鼠标拖动选中的区域，至文本要复制的目标位置后，释放鼠标，如下右图所示，可同时完成文本的复制与粘贴操作。

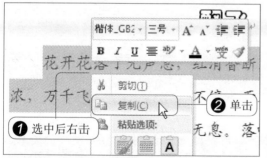

方法 3：通过快捷键复制。选中目标文本后，按下 Ctrl+C 快捷键，同样可以完成文本的复制操作。

2.3.2 剪切文本

剪切可以将文本从一个位置移动到另一个位置中，剪切文本时同样可以通过多种方法完成操作，下面来介绍三种较常见的剪切的方法。

方法 1：通过快捷菜单复制。选中目标文本后，右击选中的区域，在弹出的快捷菜单中单击"剪切"命令，如下左图所示，完成剪切操作。

方法 2：通过鼠标拖动的方法剪切。选中目标文本后，使用鼠标拖动选中的区域，至文本要移动的目标位置后，释放鼠标，如下右图所示，可快速完成文本的剪切操作。

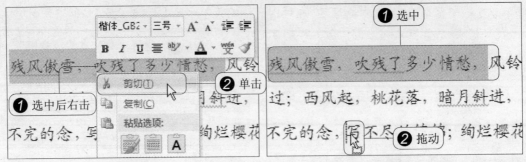

方法 3：通过快捷键剪切。选中目标文本后，按下 Ctrl+X 快捷键，同样可以完成文本的剪切操作。

2.3.3　粘贴文本

粘贴是实现剪切或复制的最终步骤，在粘贴文本时，包括全部粘贴、选择性粘贴两种方式，用户可根据需要选择适当的方式完成粘贴操作。

1. 全部粘贴

全部粘贴是将复制或剪切的文本及格式全部粘贴到目标位置，全部粘贴文本时，有多种方法可以实现操作，下面来介绍三种常用的粘贴方法。

方法 1：通过快捷菜单粘贴。对文本执行了复制或剪切的操作后，右击文本要粘贴的位置，在弹出的快捷菜单中单击"保留原格式粘贴"命令，如下左图所示，完成粘贴操作。

方法 2：通过选项卡中的功能粘贴。对文本执行了复制或剪切的操作后，将光标定位在文本要移动到的位置，然后单击"开始"选项卡中"剪贴板"组中的"粘贴"按钮，如下右图所示，完成粘贴操作。

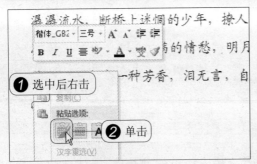
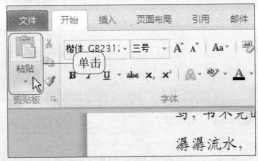

方法 3：通过快捷键粘贴。对文本执行了复制或剪切的操作后，按下 Ctrl+V 快捷键，同样可以完成粘贴操作。

2. 选择性粘贴

原始文件：实例文件 \ 第2章 \ 原始文件 \ 古镇之行.docx
最终文件：实例文件 \ 第2章 \ 最终文件 \ 古镇之行.docx

选择性粘贴中包括带格式文本、图片、HTML 格式、无格式的 Unicode 文本等选项，其中带格式文本是指将复制的文本全部粘贴；图片是指将复制的文本粘贴为图片；HTML 格式是指将复制的文本粘贴为网页格式；无格式的 Unicode 文本是指将复制的文本不粘贴格式，只粘贴文字。下面以粘贴无格式的 Unicode 文本为例，来介绍一下选择性粘贴的操作。

STEP01：复制要粘贴的文本。打开"实例文件 \ 第 2 章 \ 最终文件 \ 古镇之行.docx"，选中要复制的文本，右击选中的区域，在弹出的快捷菜单中单击"复制"命令，如下左图所示，

STEP02：确定文本粘贴的位置。将光标定位在文档的末尾段落处，然后按下 Enter 键，将光标定位在新的段落内，如下中图所示。

STEP03：打开"选择性粘贴"对话框。单击"开始"选项卡中"剪贴板"组中的"粘贴"下方下三角按钮，在弹出的下拉列表中单击"选择性粘贴"选项，如下右图所示。

  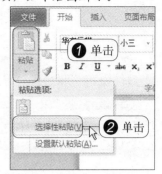

STEP04：选择粘贴形式。弹出"选择性粘贴"对话框，单击"形式"列表框内"无格式的 Unicode 文本"选项，然后单击"确定"按钮，如下左图所示。

STEP05：显示粘贴效果。经过以上操作后，就可以将复制的文本只粘贴文本，不粘贴格式，如下右图所示。

> **知识点拨：打开"选择性粘贴"对话框的组合键**
>
> 在 Word 2010 中，执行了复制的操作后，按下 Ctrl+Alt+V 组合键，同样可以打开"选择性粘贴"对话框。

> **助跑地带——使用剪贴板随意选择粘贴对象**
>
> 剪贴板用于存放要粘贴的项目，也就是在执行了复制或剪切的命令后，复制或剪切的内容就以图标的形式显示在剪贴板任务窗格中，该任务窗格最多可放置 24 个粘贴对象。使用剪贴板时，用户可以随意对之前复制的内容进行粘贴，而不必重新执行复制或粘贴的操作。
>
> ❶ 打开"剪贴板"。打开目标文档后，单击"开始"选项卡中"剪贴板"组右下角的对话框启动器，如下左图所示。
>
> ❷ 复制内容。打开剪切板后，对要粘贴的内容执行复制操作，如下中图所示。
>
> ❸ 显示复制到剪贴板效果。执行了复制操作后，复制的内容就会以图标的形式显示在"剪贴板"任务窗格中，如下右图所示，按照同样方法，对其余需要粘贴的内容执行复制操作，复制的内容会一一显示在剪贴板中。

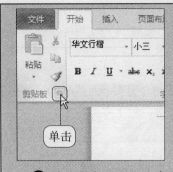

❹ **粘贴文本。**需要对剪贴板中的内容执行粘贴操作时，单击剪贴板文本窗格中相应的内容图标，如下左图所示。

❺ **显示粘贴效果。**经过以上操作后，就可以将之前复制的内容粘贴到文档中，如下右图所示，用户可按照类似的方法，对其余文本也进行粘贴。

知识点拨：删除剪贴板中的项目

需要对剪贴板中单个项目进行删除时，可单击目标项目右侧下三角按钮，在弹出的下拉列表中单击"删除"选项；需要删除剪贴板中的所有项目时，单击"单击要粘贴的项目"列表框上方的"全部清空"按钮即可。

2.4 │ 设置文本格式

文本格式决定了文档的美观及规范，不同类型的文档使用的字体、字号都会有所不同。文本的格式包括字体、字形、字号、颜色等等，下面就来介绍一下文本格式的设置操作。

2.4.1 设置文本的字体、字形、大小及颜色

原始文件：实例文件 \ 第 2 章 \ 原始文件 \ 随想 . docx
最终文件：实例文件 \ 第 2 章 \ 最终文件 \ 随想 . docx

在设置文本的字体、字形、字号及颜色时，可通过多种方法。下面来介绍使用选项卡功能进行设置与使用浮动工具栏进行设置两种常用方法的操作。

1. 通过选项卡功能设置

STEP01：选择要设置格式的文本。打开"实例文件 \ 第 2 章 \ 原始文件 \ 随想 . docx"，拖动鼠标选中文档中的标题，如下左图所示。

STEP02：设置文本字体。单击"开始"选项卡"字体"组中的"字体"框右侧下三角按钮，在弹出的下拉列表中单击要使用的字体"华文行楷"选项，如下中图所示。

STEP03：设置文本字号。单击"字号"框右侧下三角按钮，在弹出的下拉列表中单击要使用的字号"小初"，如下右图所示。

STEP04：设置文本颜色。 单击"字体颜色"右侧下三角按钮，在弹出的颜色列表中单击要使用的字体颜色"橙色，强调文字颜色6，淡色25%"效果图标，如下左图所示。

STEP05：显示设置文本格式效果。 经过以上操作后，就完成了使用选项卡中的功能设置字体格式的操作，如下右图所示。

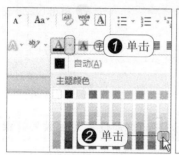

2. 通过浮动工具栏设置

STEP01：设置文本字体。 在文档中选中要设置的文本后，在所选区域右上角就会看到一个隐隐约约的工具栏，将鼠标指向该工具栏，然后单击"字体"框右侧下三角按钮，在弹出的下拉列表中单击要使用的字体"华文隶书"选项，如下左图所示，完成字体设置。

STEP02：设置文本颜色。 设置了字体后，单击"字体颜色"右侧下三角按钮，在弹出的颜色列表中单击"标准色"区域内的"浅蓝"图标，如下右图所示，即可完成文本颜色的设置，按照同样方法，还可对字体大小进行设置。

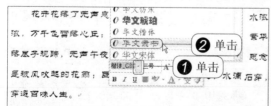

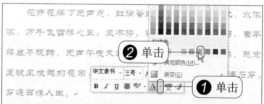

2.4.2 设置文本效果

文本效果包括为文本添加阴影、映像、底纹、删除线，设置上标、下标，将文本隐藏等效果。在实际的设置过程中，用户可根据文档的需要对其效果进行适当的设置。

1. 使用程序预设的文本效果

原始文件：实例文件 \ 第2章 \ 原始文件 \ 信念.docx

最终文件：实例文件 \ 第2章 \ 最终文件 \ 信念.docx

Word 程序中预设了一些文本效果的样式，使用这些预设的样式，可以快速地制作出美观的效果来。

STEP01：选择要设置效果的文本。打开"实例文件 \ 第2章 \ 原始文件 \ 信念.docx"，拖动鼠标选中要设置效果的文本，如下左图所示。

STEP02：为文本应用预设的文本效果。单击"开始"选项卡中"字体"组内"文本效果"按钮，在弹出的下拉列表中单击"渐变填充－橙色，强调文字颜色6,内部阴影"效果图标，如下中图所示。

STEP03：为文本设置阴影效果。再次单击"文本效果"按钮，在弹出的下拉列表中将鼠标指向"阴影"选项，弹出子列表，单击"透视"区域内"左上对角透视"选项，如下右图所示。

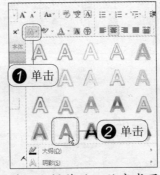
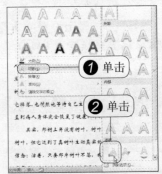

STEP04：显示设置效果。经过以上操作后，就完成了为文档的标题设置文本效果的操作，如下左图所示。

STEP05：设置上标效果。拖动鼠标，选中要设置为上标的文本，单击"开始"选项卡中"字体"组内"上标"按钮，如下中图所示。

STEP06：显示上标效果。经过以上操作后，就完成了将文本设置为上标的操作，如下右图所示。

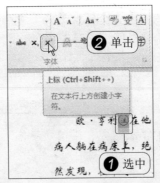

2. 自定义设置文本效果

原始文件：实例文件 \ 第2章 \ 原始文件 \ 随想1.docx
最终文件：实例文件 \ 第2章 \ 最终文件 \ 随想1.docx

在设置文本效果时，对于文本的填充效果、阴影大小、角度、距离、发光色彩等内容都是可以自定义进行设置的，下面就来介绍一下具体的操作方法。

STEP01：打开"字体"对话框。打开"实例文件 \ 第2章 \ 原始文件 \ 随想1.docx"，拖动鼠标选中要设置效果的文本，单击"开始"选项卡"字体"组右下角对话框启动器，如下左图所示。

精编版

STEP02：打开"设置文本效果格式"对话框。 弹出"字体"对话框，单击"文本效果"按钮，如下中图所示。

STEP03：选择文本填充样式。 弹出"设置文本效果格式"对话框，单击"文本填充"选项卡下"文本填充"区域内"渐变填充"单选按钮，然后单击"预设颜色"按钮，在弹出的列表中单击第三行第二个"孔雀开屏"颜色图标，如下右图所示。

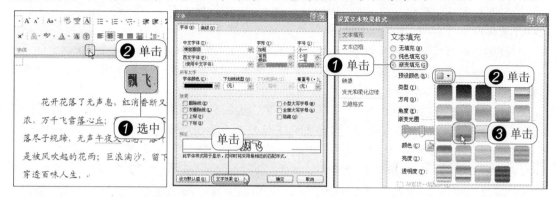

STEP04：选择阴影样式。 切换到"阴影"选项卡，单击"预设"按钮，在弹出的列表中单击"透视"区域内"右上对角透视"选项，如下左图所示。

STEP05：设置阴影颜色。 单击"颜色"按钮，在弹出的列表中单击"深蓝，文字2，淡色40%"，如下中图所示。

STEP06：设置阴影的效果参数。 拖动"透明度"标尺中的滑块，将数值设置为"35%"，按照同样操作，设置"虚化"为"11磅"，"距离"为"4磅"，如下右图所示，关闭该对话框。

STEP07：显示自定义设置的文本效果。 返回"字体"对话框，单击"确定"按钮，就完成了自定义设置文本效果的操作，如下左图所示。

花开花落了无声息，白消香断又有谁恰；风犹忧浓，万千飞雪落心丘；风不停，雨不歇，何时止停留，落尽子规蹄，无声午夜又无息。落叶是疲惫了的蝴蝶，是被风吹起的花雨；巨浪淘沙，留下粒粒思念；水滴

设置效果

📎 知识点拨：清除设置的效果

将文本的效果设置完毕后，对效果不满意需要将其恢复为默认效果时，选中目标文本，单击"开始"选项卡"字体"组中"文本效果"按钮，在弹出的列表中单击"清除文字效果"。

2.4.3 设置字符间距

原始文件：实例文件 \ 第 2 章 \ 原始文件 \ 信念 1. docx
最终文件：实例文件 \ 第 2 章 \ 最终文件 \ 信念 1. docx

字符间距是指字符与字符之间的距离，Word 2010 中预设了标准、加宽、紧缩三种样式，在选择了相应的样式后，用户还是可以通过自定义设置来决定字符间距的。

STEP01：打开"字体"对话框。打开实例文件 \ 第 2 章 \ 原始文件 \ 信念 1. docx 文档，拖动鼠标，选中要调整字符间距的文本，单击"开始"选项卡中"字体"组内右下角的对话框启动器，如下左图所示。

STEP02：选择字符间距。弹出"字体"对话框，切换到"高级"选项卡，单击"字符间距"区域内"间距"框右侧下三角按钮，在弹出的下拉列表中单击"加宽"选项，如下中图所示。

STEP03：设置加宽磅值。选择了间距选项后，单击"磅值"数值框右侧上调按钮，将数值设置为"10 磅"，然后单击"确定"按钮，如下右图所示。

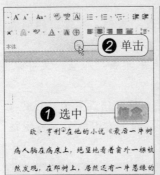
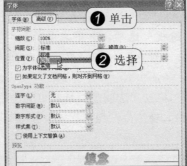
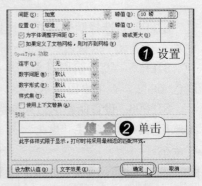

STEP04：显示加宽效果。经过以上操作后，就完成了调整字符间距的操作，最终效果如下左图所示。

> **知识点拨："字体"对话框"字符间距"区域其他选项的作用**
>
> 在"字体"对话框的"高级"选项卡"字符间距"区域内还包括"缩放"和"位置"两个选项，其中"缩放"的作用是更改文本大小的，而"位置"则是将文本位置提升或降低。

助跑地带——制作带圈字符并增大圈号

在制作一些编号、标注类的文本时，可以将其制作为带圈字符。在制作带圈字符的时候，可以选择程序中预设的圈号样式，设置了之后，用户可以自定义对圈号的大小进行设置。

❶ 打开"带圈字符"对话框。进入 Word 2010 窗口后，单击"开始"选项卡"字体"组中"带圈字符"按钮，如下左图所示。

❷ 设置样式与文字。弹出"带圈字符"对话框，在"样式"区域内单击"缩小文字"图标，然后在"文字"文本框中输入要设置为带圈字符的文字，最后单击"确定"按钮，如下右图所示。

> **知识点拨：使用已有字符制作带圈字符**
>
> 　　使用文档中已有的字符制作带圈字符时，选中目标文本后，单击"带圈字符"按钮，继续操作即可。

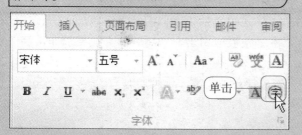

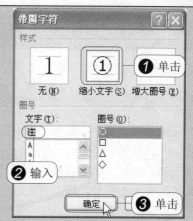

❸ **切换域代码。**在文档中插入了带圈字符后，选中该字符后右击，在弹出的快捷菜单中单击"切换域代码"命令，如下左图所示。

❹ **设置圈号大小。**将带圈字符切换为代码后，选中代码中的圆圈，单击"字体"组中"字号"框右侧下三角按钮，在弹出的下拉列表中单击"四号"选项，如下中图所示。

❺ **打开"字体"对话框。**选中代码区域中的字符，单击"字体"组中的对话框启动器，如下右图所示。

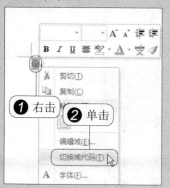

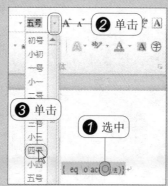

❻ **提供字符位置。**弹出"字体"对话框，切换到"高级"选项卡，单击"位置"右侧"磅值"数值框右侧上调按钮，将数值设置为"3磅"，如下左图所示，最后单击"确定"按钮。

❼ **切换域代码。**返回文档中，右击代码区域，弹出快捷菜单后，单击"切换域代码"命令，如下中图所示。

❽ **显示制作的字符效果。**经过以上操作后，就完成了带圈字符的制作，如下右图所示。

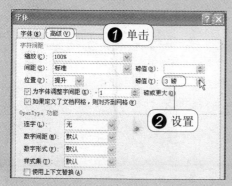

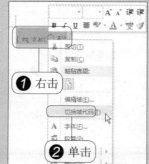

2.5 制作艺术字

原始文件：实例文件 \ 第2章 \ 原始文件 \ 自然之声.docx
最终文件：实例文件 \ 第2章 \ 最终文件 \ 自然之声.docx

艺术字是一些漂亮的汉字样式，艺术字样式中包括了字体的填充颜色、阴影、映像、发光、柔化边缘、棱台、旋转等样式，艺术字一般应用于一些对版面美观要求非常高的宣传画报、广告纸等文档中。

STEP01：选择艺术字样式。 打开"实例文件 \ 第2章 \ 原始文件 \ 自然之声.docx"，切换到"插入"选项卡，单击"文本"组中"艺术字"图标，在弹出的列表中单击"填充-橄榄色，强调文字颜色3，粉状棱台"选项，如下左图所示。

STEP02：编辑艺术字文字。 选择艺术字样式后，在编辑区显示出"请在此放置你的文字"文本框，直接输入艺术文字，然后拖动文本框，将其移动到编辑区的适当位置，如下中图所示。

STEP03：设置文字方向。 输入了艺术字后，程序自动切换到"绘图工具""格式"选项卡，单击"文本"组中"文字方向"按钮，在弹出的列表中单击"垂直"选项，如下右图所示。

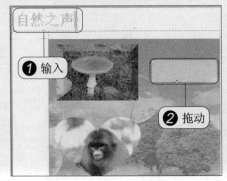

STEP04：设置文字发光效果。 单击"艺术字样式"组中"文本效果"按钮，在弹出的下拉列表中单击"发光>橄榄色，18pt 发光，强调文字颜色3"选项，如下左图所示。

STEP05：设置艺术字形状。 再次单击"艺术字样式"组中"文本效果"按钮，在弹出的下拉列表中单击"转换>波形2"选项，如下中图所示。

STEP06：更改艺术字文本框的长度。 设置了艺术字的形状后，将鼠标指向文本框上方的控点，当指针变成垂直双箭头形状时，向上拖动鼠标，将其调整到合适长度，如下右图所示。

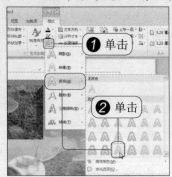

STEP07：显示设置的艺术字效果。 经过以上操作后，就完成了在文档中制作艺术字的操作，如下左图所示。

制作效果

> 🔄 **知识点拨：设置艺术字的字体、字号等格式**
> 　　添加了艺术字后，需要更改艺术字的字体、字号时，可直接切换到"开始"选项卡下，通过"字体"功能组进行设置即可。

2.6 | 设置段落格式

　　段落格式用于控制段落外观，设置段落格式时，可以通过设置段落的对齐方式、缩进、段落间距等内容完成操作。

2.6.1 设置段落对齐方式与大纲级别

原始文件：实例文件 \ 第 2 章 \ 原始文件 \ 劳动合同 .docx
最终文件：实例文件 \ 第 2 章 \ 最终文件 \ 劳动合同 .docx

　　段落的对齐方式包括左对齐、居中、右对齐、分散对齐、两端对齐 5 种方式；大纲级别用于设置段落在整篇文档中的级别，共有 9 级。

　　STEP01：打开"段落"对话框。 打开实例文件 \ 第 2 章 \ 原始文件 \ 劳动合同 .docx，将光标定位在要设置对齐方式的段落中，单击"开始"选项卡中"段落"组右下角的对话框启动器，如下左图所示。

　　STEP02：设置段落对齐方式。 弹出"段落"对话框，单击"缩进和间距"选项卡中"常规"组内"对齐方式"框右侧下三角按钮，在弹出的列表中单击"居中"选项，如下右图所示。

　　STEP03：设置段落大纲级别。 单击"大纲级别"框右侧下三角按钮，在弹出的列表中单击要使用的级别选项，如下右图所示，最后单击"确定"按钮。

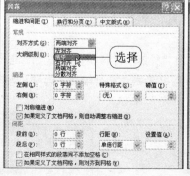

　　STEP04：打开"段落"对话框。 返回文档中，就可以看到设置段落对齐方式后的效果，将光标定位在另一处要设置对齐方式的段落中，单击"开始"选项卡中"段落"组右下角的对话框启动器，如下左图所示。

　　STEP05：设置段落大纲级别。 弹出"段落"对话框，单击"大纲级别"框右侧下三角按钮，在弹出的列表中单击要使用的级别选项，如下中图所示，最后单击"确定"按钮，按照类似方法，将其他需要设置级别的文本进行同样的设置。

STEP06：打开"导航窗格"。返回文档中，切换到"视图"选项卡，勾选"显示"组中的"导航窗格"复选框，如下右图所示。

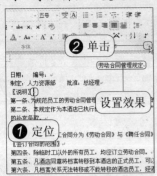
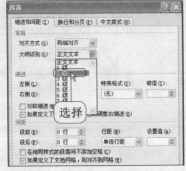
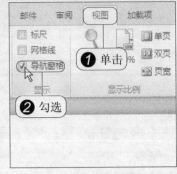

STEP07：显示设置的级别效果。显示了"导航窗格"后，在其中就可以看到设置的大纲级别，单击相应级别选项，编辑区内就会显示出相应内容，如下左图所示。

知识点拨：断网也能听歌

需要为文档中的多处位置应用同一操作时，设置了第一处的效果后，选中第二处要进行设置的文本，然后按下F4快捷键，即可为该处应用与第一处同样的设置。

2.6.2 设置段落的缩进方式

原始文件：实例文件\第2章\原始文件\工作总结.docx
最终文件：实例文件\第2章\最终文件\工作总结.docx

一般情况下，在每个段落的开头要使用缩进的方式进行区分，中国文档的习惯是在每段的开头缩进两个字符，但是在具体操作中，可根据需要对缩进的字符进行设置。

STEP01：打开"段落"对话框。打开"实例文件\第2章\原始文件\工作总结.docx"，将光标定位在要设置缩进的段落内，单击"开始"选项卡"段落"组的对话框启动器，如下左图所示。

STEP02：设置缩进方式。弹出"段落"对话框，单击"缩进和间距"选项卡中"特殊格式"框右侧下三角按钮，在弹出的列表中单击"首行缩进"选项，如下右图所示，程序自动将"磅值"设置为"2字符"，单击"确定"按钮。

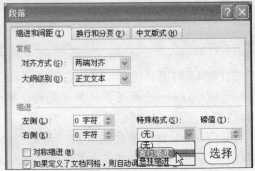

STEP03：**显示缩进效果**。返回文档中，按照同样方法，将其余段落也设置为缩进两字符效果，如下左图所示。

> (2009)年我库党务工作在市粮食局党委和市粮油储备公司党委的
> 缩进两字符效果 ’以开展实践"三个代表"重要思想为主要内容的保持共产党
> 机，以奋发的精神，创造性的开展工作。全面
> 加强我库党的思想建设、组织建设、作风建设，深化改革、理顺机制。
> 领导班子团结、务实、廉洁、创新，干部队伍思想过硬、业务精通，
> 为圆满完成各项工作任务提供了强有力的思想和组织保证。
> 在保持共产党员先进性教育的活动中，库党总支在市局党组、公
> 司党委的具体指导下，紧密结合企业的工作特点和党员实际，严格按

> **知识点拨：缩进多字符**
>
> 设置段落的缩进时，如果用户需要缩进 2 个以上的字符，打开"段落"对话框，并选择了"首行缩进"的效果后，单击"磅值"数值框右侧上调按钮，如果需要缩进 3 个字符，就将磅值设置为"3 字符"，最后单击"确定"按钮。

2.6.3　设置段落间距

原始文件：实例文件 \ 第 2 章 \ 原始文件 \ 条例 . docx
最终文件：实例文件 \ 第 2 章 \ 最终文件 \ 条例 . docx

段落间距是指段落与段落之间的距离，在一些条理较多的文档中，为了区分段落，就可以对段落间距进行设置。

STEP01：**选中要设置间距的段落**。打开"实例文件 \ 第 2 章 \ 原始文件 \ 条例 . docx"，拖动鼠标选中要设置间距的段落，如下左图所示。

STEP02：**设置段落间距**。打开"段落"对话框，在"缩进和间距"选项卡中单击"间距"区域内"段前"数值框右侧上调按钮，将数值设置为"1 行"，按照同样方法，将"段后"也设置为"1 行"，如下中图所示，最后单击"确定"按钮。

STEP03：**显示段落间距设置效果**。经过以上操作后，就完成了设置段落间距的操作，如下右图所示。

2.7　制作首字下沉效果

原始文件：实例文件 \ 第 2 章 \ 原始文件 \ 古镇之行 . docx
最终文件：实例文件 \ 第 2 章 \ 最终文件 \ 古镇之行 . docx

首字下沉是将整篇文档中的第 1 个字进行放大或下沉的设置。该效果有两种方式：首字悬挂与首字下沉。其中首字悬挂是将首字下沉后，悬挂于页边距之外。而首字下沉则是将首字下沉后，放置于页边距之内。

STEP01: 打开"段落"对话框。 打开"实例文件 \ 第2章 \ 原始文件 \ 古镇之行.docx"，将光标定位在要设置缩进的段落内，单击"开始"选项卡"段落"组的对话框启动器，如下左图所示。

STEP02: 设置缩进方式。 弹出"段落"对话框，单击"缩进和间距"选项卡中"特殊格式"框右侧下三角按钮，在弹出的列表中单击"首行缩进"选项，程序自动将"磅值"设置为"2字符"，单击"确定"按钮，如下中图所示。

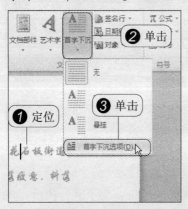
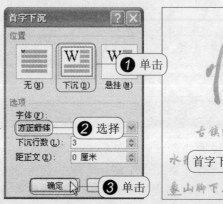
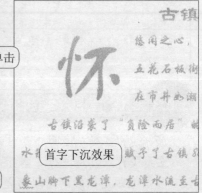

> 💿 **知识点拨：选择下沉的首字**
>
> 　选择下沉的首字时，如果将光标定位在标题中，则下沉的首字为标题的第一个字，如果将光标定位在正文中的任意位置，则下沉的首字为正文中的第一个字。

同步实践：为"初秋的夜.docx"设置文本格式

　　原始文件：实例文件 \ 第2章 \ 原始文件 \ 初秋的夜.docx
　　最终文件：实例文件 \ 第2章 \ 最终文件 \ 初秋的夜.docx
　　本章中主要介绍了文字与段落的编辑操作，通过本章的学习，就可以根据文档的需要，将文档设置为规范或美观的效果，下面结合本章所学知识来为一篇散文设置文本格式。

STEP01: 设置标题的居中对齐。 打开"实例文件 \ 第2章 \ 原始文件 \ 初秋的夜.docx"，选中文档的标题，单击"开始"选项卡"段落"组中的"居中"按钮，如下左图所示。

STEP02: 设置标题字体。 设置了标题的对齐方式后，单击"字体"组中"字体"框右侧下三角按钮，在弹出的下拉列表中单击"华文行楷"选项，如下右图所示。

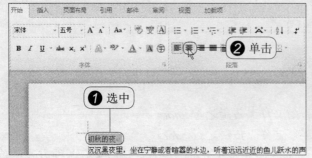
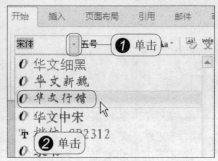

STEP03: 设置标题字号。 单击"字体"组中"字号"框右侧下三角按钮，在弹出的下拉列表中单击"二号"选项，如下左图所示。

STEP04：**选择艺术字样式。**单击"字体"组中"文本效果"按钮，在弹出的列表中单击"渐变填充－黑色，轮廓－白色，外部阴影"选项，如下中图所示。

STEP05：**设置字体发光效果。**再次单击"文本效果"按钮，在弹出的列表中将鼠标指向"发光"选项，弹出子列表后，单击"水绿色，11pt发光，强调文字颜色5"，如下右图所示。

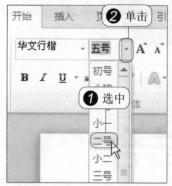 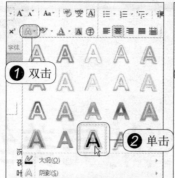 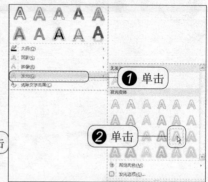

STEP06：**打开"段落"对话框。**拖动鼠标选中文档中全部的正文，然后单击"开始"选项卡中"段落"组内的对话框启动器，如下左图所示。

STEP07：**设置段落的首行缩进。**弹出"段落"对话框，在"缩进和间距"选项卡中"缩进"区域内将"特殊格式"设置为"首行缩进"，程序自动将"磅值"设置为"2字符"，如下右图所示，最后单击"确定"按钮。

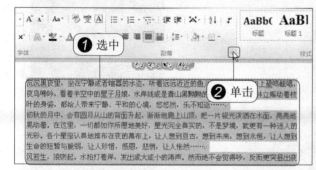 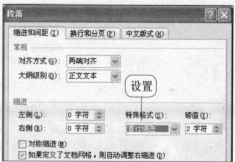

STEP08：**显示文档设置效果。**返回文档中，参照步骤4的操作，将正文效果设置为"填充－蓝色，强调文字颜色1，内部阴影－强调文字颜色1"效果，就完成了设置文档效果的操作，如下图所示。

Chapter **3**

插图与文档的完美结合

插图是表现人思想的另一种途径，能够更直观地表达需要表达的内容。在文档中插入插图，既可以美化文档页面，又可以让读者在阅读文档的过程中，查看所对应的图片，产生身临其境的感觉，或通过插图的配合使读者更清楚地了解作者要表达的意图。

精编版

3.1 | 为文档插入图片类文件

在 Word 2010 中插入图片时，主要通过三种渠道完成操作，插入电脑中的图片、插入程序自带的剪贴画以及手动截取电脑屏幕中的画面。

3.1.1 插入电脑中的图片

原始文件：实例文件 \ 第3章 \ 原始文件 \ 初秋的夜.docx、夜空.jpg
最终文件：实例文件 \ 第3章 \ 最终文件 \ 初秋的夜.docx

电脑中的图片是指用户通过从网上下载、使用数码相机自己拍摄等途径获得的图片，然后保存到电脑中，Word 2010 支持 emf、wmf、jpg、png、bmp 等十多种格式图片的插入。

STEP01：打开"插入图片"对话框。打开"实例文件 \ 第3章 \ 原始文件 \ 初秋的夜.docx"，将光标定位在要插入图片的位置，切换到"插入"选项卡，单击"插图"组中"图片"按钮，如下左图所示。

STEP02：选择要插入的图片。弹出"插入图片"对话框，进入要插入的图片所在路径，单击选中目标文件，然后单击"插入"按钮，如下中图所示。

STEP03：显示插入图片效果。经过以上操作后，就完成了为文档插入图片的操作，如下右图所示。

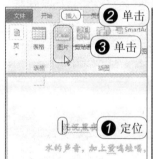

3.1.2 插入剪贴画

原始文件：实例文件 \ 第3章 \ 原始文件 \ 工作总结.docx
最终文件：实例文件 \ 第3章 \ 最终文件 \ 工作总结.docx

剪贴画是 Office 程序自带的矢量图片，当用户需要插入剪贴画时，首先要将程序中自带的剪贴画搜索出来，然后才能插入。

STEP01：打开"剪贴画"任务窗格。打开"实例文件 \ 第3章 \ 原始文件 \ 工作总结.docx"，将光标定位在要插入剪贴画的位置，切换到"插入"选项卡，单击"插图"组中"剪贴画"按钮，如下左图所示。

STEP02：选择结果类型。在窗口右侧显示出"剪贴画"任务窗格，单击"结果类型"框右侧下三角按钮，在弹出的下拉列表取消勾选其他选项前的复选框，勾选"插图"复选框，如下中图所示。

　　STEP03：搜索剪贴画。设置剪贴画的结果类型后，单击"搜索"按钮，如下右图所示。

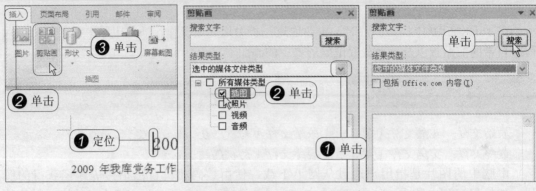

　　STEP04：插入剪贴画。程序将剪贴画搜索完毕后，搜索到的剪贴画会显示在任务窗格下方的列表框内，单击要插入的剪贴画图标，如下左图所示。

　　STEP05：显示插入剪贴画效果。经过以上操作后，就完成了为文档插入剪贴画的操作，如下中图所示。

> **知识点拨：使用"搜索文字"搜索剪贴画**
>
> 　　在搜索剪贴画时，打开"剪贴画"任务窗格后，也可以在"搜索文字"文本框中输入关键字，然后执行搜索操作。例如搜索办公类的剪贴画，就输入Office。

3.1.3　截取电脑屏幕

　　截取电脑屏幕是 Word 2010 新增的一个功能，该功能可以将程序中打开的程序屏幕以图片的形式截取到 Word 中，在截取图片的过程中，包括截取全屏图像和自定义截取图像两种方式。

1. 截取全屏图像

　　原始文件：实例文件 \ 第 3 章 \ 原始文件 \ 美丽的自然 . docx、美丽的自然 . pptx

　　最终文件：实例文件 \ 第 3 章 \ 最终文件 \ 美丽的自然 . docx

　　截取全屏图像时，只要选择了要截取的程序窗口后，程序会自动执行截取整个屏幕的操作，并且截取的图像会自动插入到文档中光标所在的位置处。

　　STEP01：定位图像插入的位置。打开"实例文件 \ 第 3 章 \ 原始文件 \ 美丽的自然 . docx"，将光标定位在要插入图像的位置，切换到"插入"选项卡，单击"插图"组中"屏幕插图"按钮，如下左图所示。

　　STEP02：选择截取的画面。弹出"屏幕截图"下拉列表后，单击要截取的屏幕窗口，如下中图所示。

STEP03：显示截取的图像。经过以上操作后，就可以将所选择的程序画面截取到当前文档中，如下右图所示。

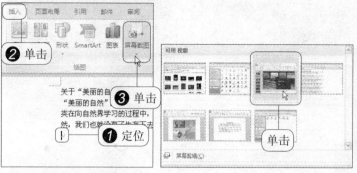 

2. 自定义截取图像

原始文件：实例文件 \ 第3章 \ 原始文件 \ 声音.docx、自然之声.docx
最终文件：实例文件 \ 第3章 \ 最终文件 \ 声音.docx

自定义截图可以对图像截取的范围、比例进行自定义设置，自定义截取的图像内容同样会自动插入到当前文档中。

STEP01：定位图像插入的位置。打开"实例文件 \ 第3章 \ 原始文件 \ 声音.docx"，将光标定位在要插入图像的位置，切换到"插入"选项卡，单击"插图"组中"屏幕截图"按钮，如下左图所示。

STEP02：选择"屏幕剪辑"命令。弹出"屏幕截图"下拉列表后，单击"屏幕剪辑"选项，如下右图所示。

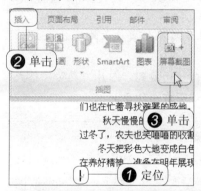 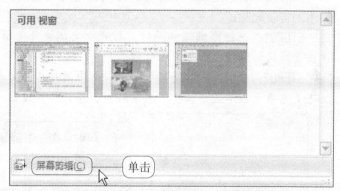

> **知识点拨：对Word 窗口进行全屏截图**
>
> 在截取图像的过程中，如果用户需要截取 Word 窗口的全屏视图，又希望尽量截取大部分的编辑区，可直接将需要截图的 Word 窗口转换为全屏视图，转换时，单击选项标签右上角的"功能区最小化"按钮 ∧ 即可。

STEP03：选择要截取图像的窗口。执行了"屏幕剪辑"命令后，迅速单击状态栏中要截取图像的程序窗口，如下左图所示。

STEP04：截取图像。打开截取图像的窗口后，屏幕中的画面呈半透明的白色效果，指针为十字形状，拖动鼠标，经过要截取的画面区域，如下中图所示，最后释放鼠标。

STEP05：显示截取的图像。经过以上操作后，完成了自定义截取屏幕画面的操作，所截取的图像自动插入到目标文档中，如下右图所示。

3.2 美化图片

将图片插入到文档中后，程序会为图片的大小、边框等效果应用默认的效果，为了让图片与文本内容完美结合，还需要对图片进行一系列的美化操作。Word 2010中增加了很多图片处理的功能，让图片效果的处理更加人性化，也更加方便。

3.2.1 删除图片背景

原始文件：实例文件 \ 第3章 \ 原始文件 \ 蝴蝶.docx
最终文件：实例文件 \ 第3章 \ 最终文件 \ 蝴蝶.docx

删除图片背景是Word 2010新增的图片处理功能，通过该功能，可将图片中主体部分周围的背景删除掉。

STEP01：选择要编辑的图片。 打开"实例文件 \ 第3章 \ 原始文件 \ 蝴蝶.docx"，单击要编辑的图片，如下左图所示。

STEP02：执行"删除背景"命令。 选中图片后，文档自动切换到"图片工具""格式"上下文选项卡，单击"调整"组中的"删除背景"按钮，如下右图所示。

> 💿 **知识点拨：取消删除图片背景操作**
>
> 删除了图片背景后，需要恢复图片的背景时，进入"背景消除"选项卡后，单击"放弃所有更改"按钮

STEP03：设置删除的背景范围。 执行了"删除背景"命令后，进入"背景消除"选项卡，在图片的周围可以看到一些浅蓝色的控点，拖动控点可以调整删除的背景范围，将其调整到合适位置后释放鼠标，如下左图所示。

STEP04：保留更改。 设置好图片背景的删除范围后，单击"背景消除"选项卡中"关闭"组内的"保留更改"按钮，如下中图所示。

STEP05：显示删除图片背景效果。 经过以上操作后，就完成了删除图片背景的操作，如下右图所示。

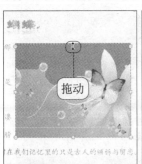

3.2.2　设置图片的艺术效果

Word 2010 中的艺术效果是指图片的不同风格，程序中预设了标记、铅笔灰度、铅笔素描、线条图、粉笔素描、画图笔画、画图刷、发光散射、虚化、浅色屏幕、水彩海绵、胶片颗粒、马赛克气泡、玻璃、混凝土、纹理化、十字图案蚀刻、蜡笔平滑、塑封、图样、影印、发光边缘 22 种效果，在应用了任意一种效果后，都可以自定义对其效果进行设置。

1. 应用预设艺术效果

原始文件：实例文件 \ 第 3 章 \ 原始文件 \ 初秋的夜 1. docx

最终文件：实例文件 \ 第 3 章 \ 最终文件 \ 初秋的夜 1. docx

Word 2010 中预设了 22 种艺术效果，为图片设置艺术效果时，直接选择要使用的效果样式即可完成操作。

STEP01：**选择要编辑的图片**。打开"实例文件 \ 第 3 章 \ 原始文件 \ 初秋的夜 1. docx"，单击要编辑的图片，如下左图所示。

STEP02：**选择要应用的艺术效果**。选中图片后，文档自动切换到"图片工具""格式"选项卡，单击"调整"组中"艺术效果"按钮，在弹出的下拉列表中单击"铅笔素描"效果图标，如下中图所示。

STEP03：**显示应用后效果**。经过以上操作后，就完成了为图片设置艺术效果的操作，如下右图所示。

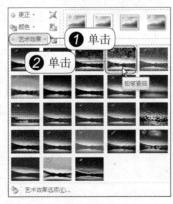

2. 自定义设置艺术效果

原始文件：实例文件 \ 第 3 章 \ 原始文件 \ 风景介绍 . docx

最终文件：实例文件 \ 第 3 章 \ 最终文件 \ 风景介绍 . docx

程序中预设的每种艺术效果都有相应的参数，为图片应用了艺术效果后，用户可以更改效果的参数来改变图片的艺术效果。

STEP01：选择要编辑的图片。 打开"实例文件 \ 第3章 \ 原始文件 \ 风景介绍.docx"，单击要编辑的图片，如下左图所示。

STEP02：打开"设置图片格式"对话框。 选中图片后，文档自动切换到"图片工具""格式"选项卡，单击"调整"组中"艺术效果"按钮，在弹出的下拉列表中单击"艺术效果选项"，如下中图所示。

STEP03：设置纹理效果的缩放比例。 弹出"设置图片效果"对话框，向右拖动"缩放比例"标尺中的滑块，将数值设置为"100"，如下右图所示，最后单击"关闭"按钮。

 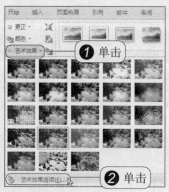 

STEP04：显示自定义设置的艺术效果。 经过以上操作后，返回文档中，就完成了自定义设置图片艺术效果的操作，如下左图所示。

> **知识点拨：重设图片**
>
> 为图片设置了效果后，需要将图片恢复为原始状态时，单击"图片工具""格式"选项卡"调整"组中"重设图片"按钮即可。

3.2.3 调整图片色调与光线

当图像文件过暗或曝光不足时，可通过调整图片的色彩与光线等参数将其恢复为正常效果，本节就来介绍一下调整图片色调、颜色和饱和度等效果的操作。

1. 调整图片色调

原始文件：实例文件 \ 第3章 \ 原始文件 \ 风景介绍1.docx
最终文件：实例文件 \ 第3章 \ 最终文件 \ 风景介绍1.docx

不同的色温所产生的效果会有所不同，在调整图片色调时，主要是靠调整图片的色温来进行调整，温度较低的为冷色调，温度较高的为暖色调。

STEP01：选择要编辑的图片。 打开"实例文件 \ 第3章 \ 原始文件 \ 风景介绍1.docx"，单击要编辑的图片，如下左图所示。

STEP02：设置图片色调。 选中图片后，文档自动切换到"图片工具""格式"选项卡，单击"调整"组中"颜色"按钮，在弹出的下拉列表中单击"色调"区域内"色温

"4700K"图标，如下中图所示。

STEP03：**显示更改色调效果**。经过以上操作后，就完成了更改图片色调的操作，如下右图所示。

 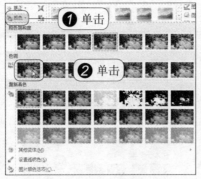 

2. 调整图片颜色和饱和度

原始文件：实例文件 \ 第3章 \ 原始文件 \ 莲说 . docx
最终文件：实例文件 \ 第3章 \ 最终文件 \ 莲说 . docx

饱和度是指图片中色彩的浓郁程度，饱和度越高，色彩越鲜艳；反之饱和度越低的图片则色彩越暗淡。

STEP01：**选择要编辑的图片**。打开"实例文件 \ 第3章 \ 原始文件 \ 莲说 .docx"，单击文档中要编辑的图片，如下左图所示。

STEP02：**设置图片饱和度**。选中图片后，文档自动切换到"图片工具""格式"选项卡，单击"调整"组中"颜色"按钮，在弹出的下拉列表中单击"颜色饱和度"区域内"200%"样式图标，如下中图所示。

STEP03：**显示更改饱和度效果**。经过以上操作后，就完成了更改图片饱和度的操作，如下右图所示。

 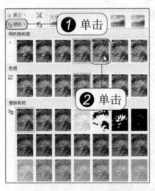 

3. 对图片进行着色

原始文件：实例文件 \ 第3章 \ 原始文件 \ 莲说 1.docx
最终文件：实例文件 \ 第3章 \ 最终文件 \ 莲说 1.docx

对图片进行着色是指为图片设置不同颜色的变体，Word 程序中预设了灰度、冲蚀、黑白等20种着色效果，设计时，单击目标样式即可。

STEP01：**选择要编辑的图片**。打开"实例文件 \ 第3章 \ 原始文件 \ 莲说1.docx"，单击文档中要编辑的图片，如下左图所示。

STEP02：**设置图片饱和度**。选中图片后，文档自动切换到"图片工具""格式"选项卡，单击"调整"组中"颜色"按钮，在弹出的下拉列表中单击"重新着色"区域内"橙色，强调文字颜色6浅色"样式图标，如下中图所示。

STEP03：显示图片重新着色效果。经过以上操作后，就完成了对图片进行重新着色的操作，如下右图所示。

 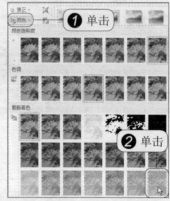 

4. 调整图片亮度与对比度

原始文件：实例文件 \ 第3章 \ 原始文件 \ 蜡梅 . docx
最终文件：实例文件 \ 第3章 \ 最终文件 \ 蜡梅 . docx

亮度和对比可调整图片的光线及图片中每种色彩的强度，为素材设置亮度与对比度时，可以使用程序中预设的参数也可自定义进行设置，下面就来介绍一下自定义调整图片亮度和对比度的操作。

STEP01：选择要编辑的图片。打开"实例文件 \ 第3章 \ 原始文件 \ 蜡梅 . docx"，单击文档中要编辑的图片，如下左图所示。

STEP02：打开"设置图片格式"对话框。选中图片后，文档自动切换到"图片工具""格式"选项卡，单击"调整"组中"更改"按钮，在弹出的下拉列表中单击"图片更改选项"，如下中图所示。

STEP03：调整图片亮度和对比度参数。弹出"设置图片格式"对话框，在"图片更改"选项卡中拖动"亮度和对比度"区域内"亮度"标尺中的滑块，将数值设置为"44%"，按照同样方法，将"对比度"设置为"3%"，如下右图所示，最后单击"关闭"按钮。

 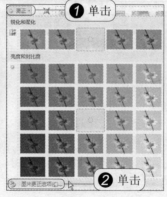 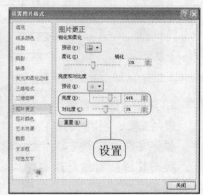

STEP04：显示调整图片亮度与对比度效果。经过以上操作后，就完成了调整图片亮度和对比度的操作，如下图所示。

蜡梅为我国特产植物，主产于湖北、陕西等省，在鄂西及秦岭地区常见野生现各地栽培，调整效果　观赏树种。又名腊梅，由于色香俱备，冬季开花长久，

> 💿 **知识点拨：图片的锐化与柔化处理**
>
> 在"更改"下拉列表中还可以对图片进行锐化和柔化处理，其中锐化是使图片更加清晰，而柔化则是使图片模糊。

3.2.4　设置图片样式

图片的样式是指图片的形状、边框、阴影、柔化边缘等效果。设置图片的样式时，可以直接应用程序中预设的样式，也可以自定义对图片样式进行设置。

1. 应用程序预设图片样式

原始文件：实例文件 \ 第3章 \ 原始文件 \ 蜡梅1.docx
最终文件：实例文件 \ 第3章 \ 最终文件 \ 蜡梅1.docx

不同的色温所产生的效果会有所不同，在调整图片色调时，主要是靠调整图片的色温来进行调整，温度较低的为冷色调，温度较高的为暖色调。

STEP01：选择要编辑的图片。打开"实例文件 \ 第3章 \ 原始文件 \ 蜡梅1.docx"，单击要编辑的图片，如下左图所示。

STEP02：设置图片色调。选中图片后，文档自动切换到"图片工具""格式"选项卡，单击"调整"组中"颜色"按钮，在弹出的下拉列表中单击"色调"区域内"色温4700K"图标，如下中图所示。

STEP03：显示更改色调效果。经过以上操作后，就完成了更改图片色调的操作，如下右图所示。

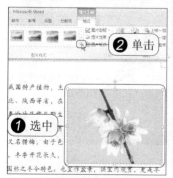
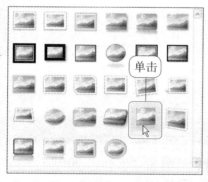

2. 自定义设置图片样式

原始文件：实例文件 \ 第3章 \ 原始文件 \ 风景介绍2.docx
最终文件：实例文件 \ 第3章 \ 最终文件 \ 风景介绍2.docx

自定义调整图片样式时，可以通过调整图片边框、效果两个选项进行设置，其中效果中包括阴影、映射、发光、柔化边缘、棱台、三维旋转6个选项。

STEP01：选择要编辑的图片。打开"实例文件 \ 第3章 \ 原始文件 \ 风景介绍2.docx"，单击要编辑的图片，如下左图所示。

STEP02：设置图片边框颜色。切换到"图片工具""格式"选项卡，单击"图片样式"组中"图片边框"按钮，在弹出的下拉列表中单击"标准色"区域"浅蓝"图标，如下中图所示。

STEP03：设置边框宽度。再次单击"图片边框"按钮，在弹出的下拉列表中单击"粗细"选择"6磅"选项，如下右图所示。

STEP04：为图片添加阴影。单击"图片样式"组中"图片效果"按钮，在弹出的下拉列表中单击"阴影＞居中偏移"选项，如下左图所示。

STEP05：设置图片棱台效果。再次单击"图片效果"按钮，在弹出的下拉列表中单击"棱台＞圆"选项，如下中图所示。

STEP06：显示自定义设置图片样式效果。经过以上操作后，就完成了自定义设置图片样式的操作，如下右图所示。

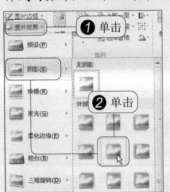 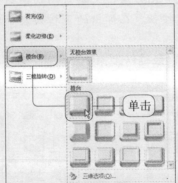 

3.2.5 裁剪图片

裁剪图片是对图片的边缘进行修剪，在 Word 2010 中主要包括普通裁剪、裁剪为形状、按比例裁剪三种裁剪图片的方法。

1. 普通裁剪

原始文件：实例文件＼第3章＼原始文件＼莲说2.docx
最终文件：实例文件＼第3章＼最终文件＼莲说2.docx

普通裁剪是指仅对图片的四周进行裁剪，经过该方法裁剪过的图片，宽高比将会根据裁剪的范围自动进行调整。

STEP01：执行"裁剪"命令。打开"实例文件＼第3章＼原始文件＼莲说2.docx"，选中要编辑的图片，单击"图片工具""格式"选项卡中"大小"组中"裁剪"按钮，在弹出的下拉列表中单击"裁剪"选项，如下左图所示。

STEP02：裁剪图片。执行了裁剪命令后，图片的四周出来一些黑色的控点，将鼠标指向图片上方的控点处，指针变成黑色倒立的T形状，向下拖动鼠标，即可将图片上方鼠标经过的部分裁剪掉，如下中图所示，按照同样方法，对图片另外三边也进行适当地裁剪。

STEP03：显示更改色调效果。将图片裁剪完毕后，单击文档任意位置，就完成了裁剪图片的操作，如下右图所示。

> **知识点拨：重设图片**
> 将图片设置完毕后，对效果不满意，可单击"图片工具""格式"选项卡内"调整"组中"重设图片"按钮，即可将图片恢复为默认效果。

2. 将图片裁剪为不同形状

原始文件：实例文件 \ 第3章 \ 原始文件 \ 初秋的夜2.docx
最终文件：实例文件 \ 第3章 \ 最终文件 \ 初秋的夜2.docx

在文档中插入图片后，图片会默认地设置为矩形，如果将图片更改为其他形状，可以让图片与文档配合得更为美观。

STEP01：选择要编辑的图片。打开"实例文件 \ 第3章 \ 原始文件 \ 初秋的夜2.docx"，单击要编辑的图片，如下左图所示。

STEP02：选择图片要裁剪的形状。选中图片后，单击"图片工具""格式"选项卡"大小"组中"裁剪"按钮，在弹出的下拉列表中将鼠标指向"裁剪为形状"选项，弹出子列表后，单击"基本形状"区域内"椭圆"图标，如下中图所示。

STEP03：显示更改色调效果。经过以上操作后，就完成了将图片裁剪为不同形状的操作，如下右图所示。

 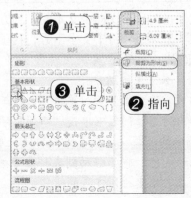 

3. 按比例裁剪

原始文件：实例文件 \ 第3章 \ 原始文件 \ 蔬菜的营养 . docx
最终文件：实例文件 \ 第3章 \ 最终文件 \ 蔬菜的营养 . docx

按比例裁剪图片时，选择了裁剪的比例后，程序会自动对图片进行裁剪，程序会根据比例保留图片中的内容。

STEP01：选择要编辑的图片。 打开"实例文件 \ 第3章 \ 原始文件 \ 蔬菜的营养 . docx"，单击要编辑的图片，如下左图所示。

STEP02：选择图片裁剪的比例。 选中图片后，单击"图片工具""格式"选项卡"大小"组中"裁剪"按钮，在弹出的下拉列表中将鼠标指向"纵横比"选项，弹出子列表后，单击"纵向"区域内"3：4"选项，如下中图所示。

STEP03：显示更改按比例裁剪图片效果。 选择了图片裁剪的比例后，单击文档中任意位置，就可以完成按比例裁剪图片的操作，如下右图所示，需要更改图片的裁剪比例时，再次执行步骤2与步骤3的操作即可。

> ◎ **知识点拨：调整图片大小**
>
> 需要对文档中图片的大小进行调整时，可在"图片工具""格式"选项卡 "大小"组中的"形状高度"或"形状宽度"数值框内输入图片的目标尺寸，然后单击文档中任意位置，即可完成对图片大小的调整。

3.2.6 设置图片在文档中的排列方式

原始文件：实例文件 \ 第3章 \ 原始文件 \ 蔬菜的营养1. docx
最终文件：实例文件 \ 第3章 \ 最终文件 \ 蔬菜的营养1. docx

图片在文档中的排列方式是指图片与文档中文本的排列方式，包括嵌入、四周型环绕、紧密型环绕、穿越型环绕、上下型环绕、衬于文字下方、衬于文字上方等方式。

STEP01：选择要编辑的图片。 打开"实例文件 \ 第3章 \ 原始文件 \ 蔬菜的营养1.docx"，单击要编辑的图片，如下左图所示。

STEP02：选择图片排列方式。 选中图片后，单击"图片工具""格式"选项卡"排列"组中"自动换行"按钮，在弹出的下拉列表中单击"四周型环绕"选项，如下中图所示。

STEP03：移动图片在文档中的位置。 设置了图片的环绕方式后，将鼠标指向文档中的图片，指针变成形状时，拖动鼠标，将其移动到文档左侧的适当位置，然后释放鼠标，如下右图所示，完成设置图片在文档中排列方式的操作。

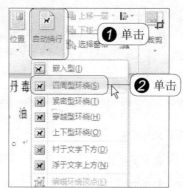

3.2.7　将图片转换为 SmartArt 图形

原始文件：实例文件 \ 第 3 章 \ 原始文件 \ 蔬菜的营养2.docx
最终文件：实例文件 \ 第 3 章 \ 最终文件 \ 蔬菜的营养2.docx

将图片转换为 SmartArt 图形是 Word 2010 的又一新增功能，可根据需要将插入到文档中的图片转换为不同形状的 SmartArt 图形。

STEP01：选择要编辑的图片。 打开"实例文件 \ 第 3 章 \ 原始文件 \ 蔬菜的营养2.docx"，单击要编辑的图片，如下左图所示。

STEP02：选择 SmartArt 图形样式。 选中图片后，单击"图片工具""格式"选项卡"图片样式"组中"图片格式"按钮，在弹出的下拉列表中，单击"连续图片列表"选项，如下右图所示。

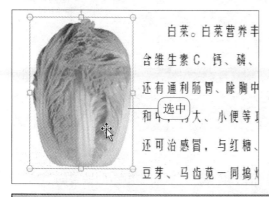

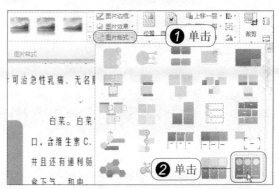

> 💡 **知识点拨：** 预览图片转换为SmartArt图形效果
>
> 　　将图片转换为 SmartArt 图形时，在没决定转换的 SmartArt 图形样式时，打开"图片版式"下拉列表后，将鼠标指向要使用的图形版式，所选中的图片就会显示出应用后的效果，用户可通过预览应用后的效果决定是否使用该效果。

STEP03：在图形中输入文字并调整图片大小。 将图片转换为 SmartArt 图形后，单击图形中的"文本"字样，将光标定位在，需要输入标题文本的位置，然后选中图形中的图片，将鼠标指向图片左上角的白色控点，当指针变成斜向的双箭头形状时，向外拖动鼠标，将图片调整到合适大小，再将其移动到适当位置，如下左图所示。

STEP04：显示图片转换为 SmartArt 图形效果。 经过以上操作后，就完成了将图片转换为 SmartArt 图形的操作，如下右图所示。

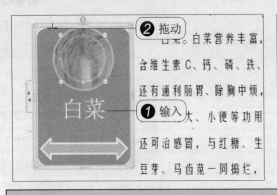
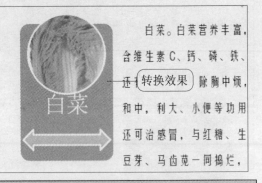

> **助跑地带——调整图片大小时锁定图片纵横比**

调整图片大小时,需要在调整了图片的高度数值后,图片的宽度数据也进行相应的更改时,可通过锁定图片宽高比来达到需要的效果,下面就来介绍一下锁定图片纵横比的操作。

❶ 打开"布局"对话框。打开目标文档后,选中目标图片,单击"图片工具""格式"选项卡中"大小"组右下角的对话框启动器,如下左图所示。

❷ 锁定纵横比。弹出"布局"对话框,单击"大小"选项卡中"缩放"区域内"锁定纵横比"复选框,最后单击"确定"按钮,如下右图所示,就完成了锁定图片纵横比的操作。

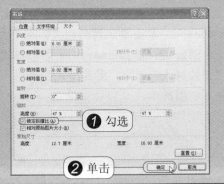

3.3　用自选图形为文档说话

Word 程序中的自选图形包括线条、矩形、基本形状、箭头总汇、公式形状、流程图、星与旗帜、标注 8 种类型,通过不同类型的自选图形组合,可以制作出不同效果的图形来。

3.3.1　插入自选图形

最终文件: 实例文件 \ 第 3 章 \ 最终文件 \ 插入自选图形 . docx

插入自选图形也就是绘制自选图形的过程,在选择了图形的样式后,根据需要绘制出适当大小的图形。

STEP01:选择要插入的图形形状。新建一个 Word 2010 文档,切换到"插入"选项卡,单击"插图"组中"形状"按钮,在弹出的下拉列表中单击"基本形状"组中"立方体"图标,如下左图所示。

STEP02:绘制图形。选择了要绘制的图形样式后,指针变成十字形状,在需要绘制图形的起始位置处开始拖动鼠标,绘制需要的形状,如下中图所示。

STEP03：显示插入自选图形效果。 将图形绘制完毕后，释放鼠标，就完成了自选图形的插入操作，如下右图所示。

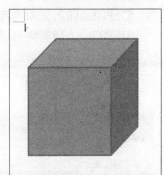

3.3.2 更改图形形状

原始文件：实例文件 \ 第3章 \ 原始文件 \ 立方体.docx
最终文件：实例文件 \ 第3章 \ 最终文件 \ 圆柱体.docx

在文档中绘制了图形形状后，在后面的编辑过程中需要将该图形更换为另一种形状时，可直接将绘制好的图形进行更换。

STEP01：打开"编辑形状"列表。 打开"实例文件 \ 第3章 \ 原始文件 \ 立方体.docx"，选中要编辑的形状图形，切换到"绘图工具""格式"选项卡，单击"插入形状"组中"编辑形状"按钮，如下左图所示。

STEP02：选择要更改的形状。 弹出"编辑形状"下拉列表后，将鼠标单击"更改形状"选项，弹出子列表，单击"基本形状"组中的"圆柱体"图标，如下中图所示。

STEP03：显示更换图形效果。 经过以上操作后，就完成了将图形更改为另一形状的操作，如下右图所示。

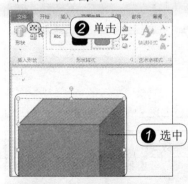

3.3.3 在图形中添加与设置文字

原始文件：实例文件 \ 第3章 \ 原始文件 \ 考核流程图.docx
最终文件：实例文件 \ 第3章 \ 最终文件 \ 考核流程图.docx

使用自选图形时，经常会在图形中添加一些文字，在 Word 2010 中，程序将插入的自选图形默认为文本框，需要在其中添加文字时直接输入即可，添加后，可根据文档需要对文本的格式进行设置。

STEP01: 选中要编辑的图形。打开"实例文件\第3章\原始文件\考核流程图.docx"，选中要插入文字的自选图形，如下左图所示。

STEP02: 输入文本内容。选中要编辑的图形后，直接输入需要的文本，如下中图所示。

STEP03: 为所有图形输入文本。按照同样方法，为文档中所有的自选图形添加上需要的文本内容，然后选中第一个图形中的文本内容，如下右图所示。

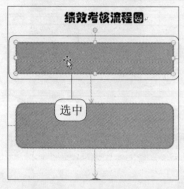
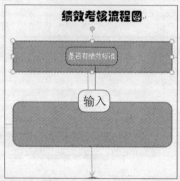
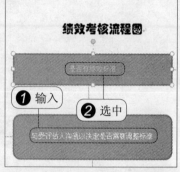

STEP04: 为文字应用快速样式。单击"绘图工具""格式"选项卡"艺术字样式"组中"快速样式"按钮，在弹出的下拉列表中单击"填充-红色，强调文字颜色2，粗糙棱台"样式图标，如下左图所示。

STEP05: 设置文本的字体与字号。切换到"开始"选项卡，将文本的字体设置为"华文楷体"，字号为"小二"，如下中图所示。

STEP06: 显示设置文本样式效果。经过以上操作后，就完成了文本的设置操作，按照同样方法，将其余文本框中的文本也应用适当的设置，如下右图所示，当文本超过图形边界时，调整图形宽度以适应文字。

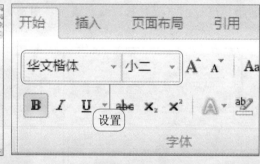
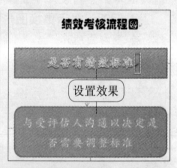

知识点拨: 更改图形中文本的填充颜色、轮廓线、效果等参数

为图形中的文本选择了应用的样式后，可通过"艺术字样式"组中的"文本填充"、"文本轮廓"以及"文本效果"按钮更改文本的效果。

3.3.4 设置形状样式

原始文件: 实例文件\第3章\原始文件\考核流程图1.docx
最终文件: 实例文件\第3章\最终文件\考核流程图1.docx

为文档插入形状图形后，程序会为其应用默认的蓝色填充效果，为了使图形更加美观，在后期制作过程中，可以对其填充颜色、轮廓、棱台、阴影等效果进行适当的设置。

STEP01：打开"设置图形格式"对话框。 打开"实例文件 \ 第 3 章 \ 原始文件 \ 考核流程图 1.docx"，选中要编辑的自选图形，单击"绘图工具""格式"选项卡中"形状样式"组右下角的对话框启动器，如下左图所示。

STEP02：选择填充颜色。 弹出"设置形状格式"对话框，单击选中"填充"选项卡中"渐变填充"单选按钮，然后单击"预设颜色"按钮，在弹出的下拉列表中单击"碧海青天"样式图标，如下中图所示。

STEP03：选择颜色填充方向。 单击"方向"按钮，在弹出的下拉列表中单击"线性对角 - 右上到左下"样式图标，如下右图所示，最后单击"关闭"按钮。

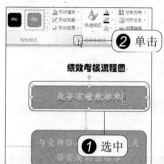 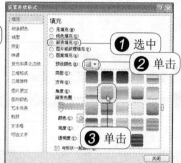 

> **知识点拨：设置渐变颜色的类型**
>
> 　　渐变颜色的类型包括线性、射线、矩形、路径四种，不同类型的效果是完全不同的。需要设置渐变填充的类型时，在选择了预设的渐变颜色后，单击"类型"框右侧下三角按钮，在弹出的下拉列表中单击相应选项即可。

STEP04：取消图形的轮廓线。 返回文档中，单击"形状样式"组中"形状轮廓"按钮，在弹出的下拉列表中单击"无轮廓"选项，如下左图所示。

STEP05：为图形添加阴影。 单击"形状样式"组中"形状效果"按钮，在弹出的下拉列表中将鼠标指向"阴影"选项，弹出子列表后，单击"外部"组中"居中偏移"图标，如下中图所示。

STEP06：为图形设置棱台效果。 再次单击"形状效果"按钮，在弹出的下拉列表中单击"棱台＞棱纹"选项，如下右图所示，按照类似的操作，为文档中第二与第三个形状图形设置形状样式。

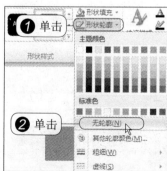 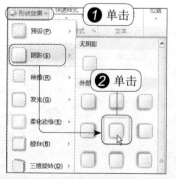 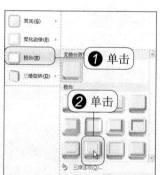

> **知识点拨：设置自选图形的柔化边缘、发光等效果**
>
> 　　设置形状图形样式时，还可以为其设置发光、柔化边缘、三维旋转的效果，设置方法与 3.2.4 节中设置图片样式类似，用户可参照该节进行操作。

STEP07：打开"形状样式"列表。 单击选中文档中第四个形状图标，然后单击"形状样式"组中列表框右下角的快翻按钮，如下左图所示。

STEP08：选择要应用的样式。 在弹出的形状样式下拉列表中单击"强烈效果－紫色，强调颜色4"样式图标，如下中图所示。

STEP09：显示应用形状样式效果。 按照类似的操作，为文档中另外两个形状也应用程序中预设好的形状样式，如下右图所示。

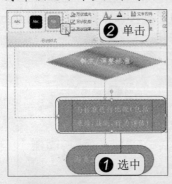  

3.3.5　组合形状图形

原始文件：实例文件 \ 第3章 \ 原始文件 \ 考核流程图2.docx
最终文件：实例文件 \ 第3章 \ 最终文件 \ 考核流程图2.docx

当一个文档中的形状图形较多时，为了方便图形的移动、管理等操作，可将几个图形组合为一个图形。这样只要移动图形组合中任意一个形状，所有形状都会进行相应地移动。

STEP01：选中要组合的图形。 打开"实例文件 \ 第3章 \ 原始文件 \ 考核流程图2.docx"，按住Ctrl键不放，将鼠标指向要选中的图形，当指针变成形状时，单击鼠标选中该形状，按照类似方法，选中所有要组合在一起的形状图形，如下左图所示。

STEP02：组合形状图形。 选中要组合的形状图形后，单击"绘图工具""格式"选项卡"排列"组内"组合"按钮，在弹出的下拉列表中单击"组合"选项，如下中图所示。

STEP03：显示组合效果。 经过以上操作后，就完成了组合形状图形的操作，单击其中任意一个形状，就可以选中该组合，如下右图所示。

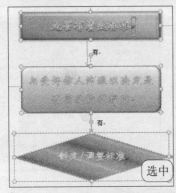 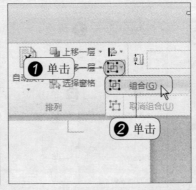 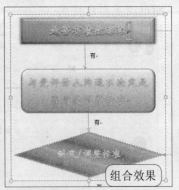

> **知识点拨：取消形状图形的组合**
>
> 将几个形状图形组合在一起后，需要填充取消组合时，可右击该组合，在弹出的快捷菜单中单击"组合＞取消组合"命令，完成取消图形组合的操作。

助跑地带——使用图片填充自选图形

原始文件：实例文件 \ 第3章 \ 原始文件 \ 用图片填充形状图形.docx、水.jpg
最终文件：实例文件 \ 第3章 \ 最终文件 \ 用图片填充形状图形.docx

填充自选图形时，有很多种填充的方法，如纯色填充、渐变色填充、图案填充以及图片填充，下面就来介绍一下使用图片填充自选图形的操作。

❶ 打开"设置形状格式"对话框。打开"实例文件 \ 第3章 \ 原始文件 \ 用图片填充形状图形.docx"选中要填充的形状图形，单击"绘图工具""格式"选项卡中"形状样式"组右下角的对话框启动器，如下左图所示。

❷ 打开"插入图片"对话框。弹出"设置形状格式"对话框，单击选中"填充"选项卡中"图形或纹理填充"单选按钮，对话框名称自动更改为"设置图片格式"，然后单击"文件"按钮，如下中图所示。

❸ 选择填充所用的图片。弹出"插入图片"对话框，进入目标文件所在路径，单击选中目标文件，如下右图所示，最后单击"插入"按钮。

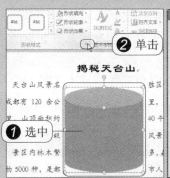  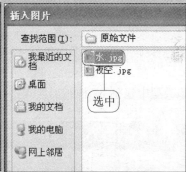

❹ 显示填充图形效果。经过以上操作后，就完成了为形状图形使用图片填充的操作，如下左图所示。

天台山风景名距成都有 120 余公公里，山顶面积约府批准的首批省级　景区内林木繁植物 5000 种，是都

填充效果

胜区位于邛崃市境内，里，总面积 109 平方40 平方公里。是省政风景名胜区。多，森林覆盖率 95%，市人的天然氧吧。夏

知识点拨：设置形状图形的排列方式

选中自选图形后，单击"绘图工具""格式"选项卡"排列"组中"自动换行"按钮，在弹出的下拉列表中选择要使用的排列方式即可。

3.4 | 使用SmartArt图形

SmartArt 图形是信息和观点的视觉表示形式，Word 2010 中预设了很多种图表类型，使用程序中预设的 SmartArt 图形，可制作出专业的流程、循环、关系等不同布局的图形，从而方便、快捷地制作出美观、专业的图形。

3.4.1 认识 SmartArt 图形

Word 2010 中预设了列表、流程、循环、层次结构、关系、矩阵、棱锥图、图片 8 种类别的图形，每种类型的图形有各自的作用。

• 列表：用于显示非有序信息块或者分组的多个信息块或列表的内容，该类型中包括 36 种布局样式。

• 流程：用于显示组成一个总工作的几个流程的行进或一个步骤中的几个阶段，该类型中包括 44 种布局样式。

• 循环：用于以循环流程表示阶段、任务或事件的过程，也可用于显示循环行径与中心点的关系，该类型中包括 16 种布局样式。

• 层次结构：用于显示组织中各层的关系或上下级关系。该类型中包括 13 种布局样式。

• 关系：用于比较或显示若干个观点之间的关系。有对立关系、延伸关系或促进关系等，该类型中包括 37 种布局样式。

• 矩阵：用于显示部分与整体的关系，该类型中包括 4 种布局样式。

• 棱锥图：用于显示比例关系、互连关系或层次关系，按照从高到低或从低到高的顺序进行排列，该类型中包括 4 种布局样式。

• 图片：包括一些可以插入图片的 SmartArt 图形，图形的布局包括以上 7 种类型，该类型中包括 31 种布局样式。

3.4.2 插入 SmartArt 图形

原始文件：实例文件 \ 第 3 章 \ 原始文件 \ 部门工作分类 . docx
最终文件：实例文件 \ 第 3 章 \ 最终文件 \ 部门工作分类 . docx

在文档中插入 SmartArt 图形时，选择了图形的类别与布局后，程序就会自动插入相应的图形，下面就来介绍一下具体的操作步骤。

STEP01：打开"选择 SmartArt 图形"对话框。打开"实例文件 \ 第 3 章 \ 原始文件 \ 部门工作分类 . docx"，切换到"插入"选项卡，单击"插图"组中 SmartAr 按钮，如下左图所示。

STEP02：选择要插入的图形。弹出"选择 SmartArt 图形"对话框，单击"列表"选项标签，然后单击对话框中间列表框中的"垂直图片列表"布局的样式图标，然后单击"确定"按钮，如下右图所示。

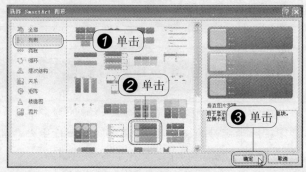

STEP03：显示插入 SmartArt 图形效果。经过以上操作后，就完成了为文档插入

SmartArt 图形的操作，如下左图所示。

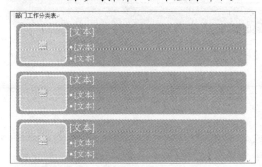

> 💡 **知识点拨：更改SmartArt图形大小**
>
> 　　为文档插入 SmartArt 图形后，需要调整图形大小时，可选中该图形，然后将鼠标指向图形左上角，当指针变成斜向的双箭头形状时，按住左键并向内或向外拖动鼠标，将其调整到合适大小后释放鼠标，完成操作。

3.4.3　为 SmartArt 图形添加文本

原始文件：实例文件 \ 第 3 章 \ 原始文件 \ 部门工作分类 1.docx
最终文件：实例文件 \ 第 3 章 \ 最终文件 \ 部门工作分类 1.docx

　　SmartArt 图形是形状与文本框的结合，所以图形中一定会有文本，下面来介绍两种在 SmartArt 图形中添加文本的操作。

1. 直接在图形中添加文本

　　STEP01：定位添加文本的位置。为文档插入 SmartArt 图形后，在图形中可以看到"文本"字样，单击要添加文本的位置，将光标定位，如下左图所示。

　　STEP02：输入文本。确定了文本的添加位置后，直接输入需要的文本，按照同样方法，将其余文本也进行添加，如下右图所示。

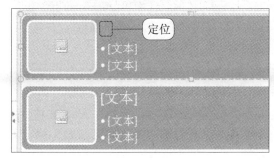

2. 在图形的文本窗格中添加文本

　　STEP01：打开文本窗格。为文档插入 SmartArt 图形后，单击图形左侧的展开按钮，如下左图所示。

　　STEP02：选择字符间距。弹出文本窗格后，将光标定位在要添加文本的位置，然后输入方法即可，如下右图所示，需要关闭文本窗格时，单击窗格右上角的"关闭"按钮即可。

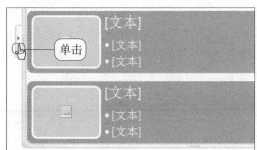
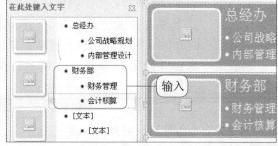

3.4.4 更改 SmartArt 图形布局

原始文件：实例文件 \ 第 3 章 \ 原始文件 \ 记叙文写作要素 . docx
最终文件：实例文件 \ 第 3 章 \ 最终文件 \ 记叙文写作要素 . docx

将 SmartArt 图形插入到文档中，并输入了文本后，却需要更改图形的布局时，可按以下步骤完成操作。

STEP01：打开其他布局列表。 打开"实例文件 \ 第 3 章 \ 原始文件 \ 记叙文写作要素 .docx"，选中要更换布局的 SmartArt 图形，切换到"SmartArt 工具""设计"选项卡，单击"布局"组中列表框右下角的快翻按钮，如下左图所示。

STEP02：选择要更换的布局。 弹出其他布局列表后，单击"射线循环"样式图标，如下中图所示。

STEP03：显示更换图形布局效果。 经过以上操作后，就完成了更换 SmartArt 图形布局的操作，如下右图所示。

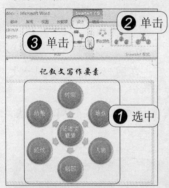 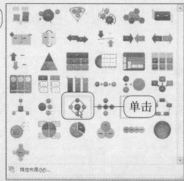 

3.4.5 设置 SmartArt 图形样式

为文档插入 SmartArt 图形后，对于图形的整体样式、图形中的形状、图形中文本等样式都是可以进行重新设置的。通过 SmartArt 图形样式的设置，可以让图形更加漂亮和吸引人，在设置以上内容时，需要分别进行设置。

1. 设置 SmartArt 图形整体样式

原始文件：实例文件 \ 第 3 章 \ 原始文件 \ 部门工作分类 2. docx
最终文件：实例文件 \ 第 3 章 \ 最终文件 \ 部门工作分类 2. docx

设置 SmartArt 图形的整体样式时，可直接使用程序中预设的样式，Word 2010 为每种布局的图形都预设了多种样式，可以为图形选择适当的样式。

STEP01：打开 SmartArt 样式列表。 打开"实例文件 \ 第 3 章 \ 原始文件 \ 部门工作分类 2.docx"，选中要设置样式的 SmartArt 图形，切换到"SmartArt 工具""设计"选项卡，单击"SmartArt 样式"组列表框右下角的快翻按钮，如下左图所示。

STEP02：选择要使用的 SmartArt 样式。 弹出 SmartArt 样式列表后，单击"三维"组中"优雅"样式图标，如下中图所示。

STEP03：显示应用 SmartArt 样式效果。 经过以上操作后，就完成了 SmartArt 图形应用样式后的效果，如下右图所示。

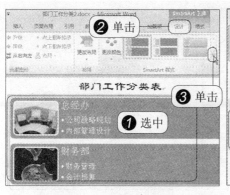 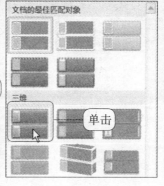 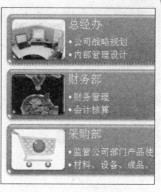

2. 设置 SmartArt 图形的形状样式

原始文件：实例文件 \ 第 3 章 \ 原始文件 \ 六要素 .docx
最终文件：实例文件 \ 第 3 章 \ 最终文件 \ 六要素 .docx

为了让 SmartArt 图形中每个形状有所区别，可以根据形状的内容，分别对形状的样式进行设置，例如对重点的内容使用深色进行填充，而不重要的内容则使用较浅的颜色进行填充，另外用户也可以选择程序中预设的样式对形状进行填充。

STEP01：打开"设置形状格式"对话框。打开"实例文件 \ 第 3 章 \ 原始文件 \ 六要素 .docx"，选中 SmartArt 图形中要设置格式的形状，切换到"SmartArt 工具""格式"选项卡，单击"形状样式"组列表框右下角的快翻按钮，如下左图所示。

STEP02：设置渐变色的第一个颜色。弹出"设置形状格式"对话框，单击"渐变光圈"区域内颜色标尺中第一个滑块，然后单击"颜色"按钮，在弹出的颜色列表中单击"标准色"区域内的黄色图标，如下中图所示。

STEP03：设置渐变色的第二个颜色。单击颜色标尺中第二个滑块，然后单击"颜色"按钮，在弹出的颜色列表中单击"其他颜色"选项，如下右图所示。

 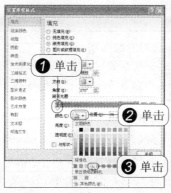 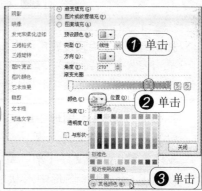

STEP04：选择要使用的渐变色。弹出"颜色"对话框，切换到"自定义"选项卡，将颜色的 RGB 值设置为"255, 0, 102"，然后单击"确定"按钮，如下左图所示。

STEP05：移动渐变色中第二个滑块的位置。返回"设置形状格式"对话框，将"渐变光圈"的第三个渐变色设置为标准黄色，然后向左拖动颜色标尺中第二个滑块，至标尺的中央位置后释放鼠标，如下中图所示。

STEP06：设置渐变色的填充方向。单击"方向"按钮，在弹出的下拉列表中单击"线性对角 - 右上到左下"图标，如下右图所示，最后单击"关闭"按钮，关闭该对话框。

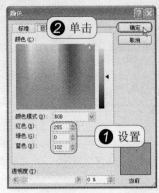

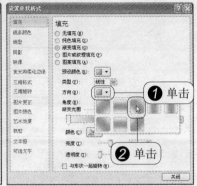

STEP07：打开形状样式列表。 返回文档中，就可以看到设置后的效果，单击选中要设置的另一个形状图形，然后单击"形状样式"组列表框右下角的快翻按钮，如下左图所示。

STEP08：选择要使用的形状样式。 弹出形状样式列表后，单击"强烈效果-橙色，强调颜色6"样式图标，如下中图所示。

STEP09：显示设置形状样式效果。 按照类似方法，将图形中其余的形状样式也进行相应的设置，完成形状图形样式的设置，如下右图所示。

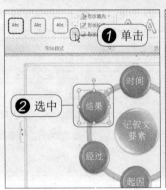

> **知识点拨：使用预设颜色填充自选图形的形状**
>
> 在自定义设置SmartArt图形中的形状样式时，也可以使用程序中预设的渐变填充样式来填充形状，设置方法与3.3.4节中设置自选图形样式的操作类似。

3. 设置SmartArt图形中的文本样式

原始文件：实例文件 \ 第3章 \ 原始文件 \ 六要素1.docx

最终文件：实例文件 \ 第3章 \ 最终文件 \ 六要素1.docx

设置了SmartArt图形中形状的样式后，会突出形状，文本就会显得不起眼，所以为了突出图形中的文本，文本样式也需要进行设置。

STEP01：打开艺术字样式列表。 打开"实例文件 \ 第3章 \ 原始文件 \ 六要素1.docx"，选中SmartArt图形中要设置文本样式的形状，切换到"SmartArt工具" "格式"选项卡，单击"艺术字样式"组列表框右下角的快翻按钮，如下左图所示。

STEP02：选择要使用的艺术字样式。 弹出艺术字样式下拉列表后，单击"填充-白色，暖色粗糙棱台"选项，如下中图所示。

STEP03：设置文本的字体与字号。 切换到"开始"选项卡，将"字体"设置为"隶书"，"字号"设置为"20"，如下右图所示。

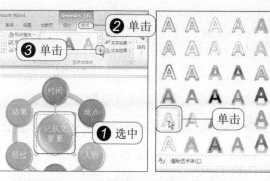

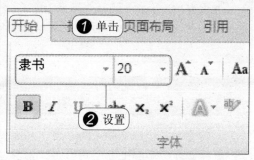

STEP04：显示设置形状样式效果。 按照类似方法，将图形中其余的文本也进行相应地设置，如下左图所示。

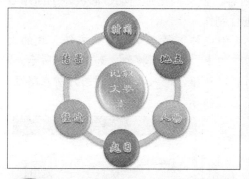

> ◎ **知识点拨：自定义设置SmartArt图形文本**
> 　　设置 SmartArt 图形的文本效果时，通过"SmartArt 工具""格式"选项卡"艺术字样式"组中的"文本填充"、"文本轮廓"以及"文本效果"按钮，可对图形中的文本进行自定义设置，设置方法与自定义设置开头类似，本节中就不多做介绍。

3.4.6　在 SmartArt 图形中添加形状

原始文件：实例文件 \ 第 3 章 \ 原始文件 \ 管理 . docx
最终文件：实例文件 \ 第 3 章 \ 最终文件 \ 管理 . docx

　　在文档中插入了 SmartArt 图形后，每个图形中都有默认的形状，如果用户需要更多的形状时，可以自定义进行添加。

　　STEP01：确定添加形状的位置。 打开"实例文件 \ 第 3 章 \ 原始文件 \ 管理 . docx"，选中 SmartArt 图形中要添加的形状前面的形状图形，如下左图所示。

　　STEP02：添加形状图形。 切换到"SmartArt 工具""设计"选项卡，单击"创建图形"组中"添加形状"按钮，在弹出的下拉列表中单击"在后面添加形状"选项，如下中图所示。

　　STEP03：对新添加的形状进行设置。 添加了新的形状图形后，通过"文本窗格"输入文本，然后结合前面介绍的知识，对 SmartArt 形状图形的样式进行设置，如下右图所示。

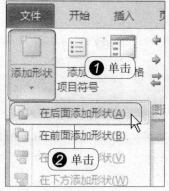

> 🔵 **知识点拨：填充SmartArt图形框**
>
> 在自定义设置 SmartArt 图形时，也可以对 SmartArt 图形框进行设置，设置方法与设置图形中形状的方法类似。

同步实践：制作"我的大学.docx"简介

原始文件：实例文件 \ 第 3 章 \ 原始文件 \ 我的大学.docx、学校.bmp
最终文件：实例文件 \ 第 3 章 \ 最终文件 \ 我的大学.docx

本章中对图片、自选图形、SmartArt 图形的应用进行了介绍，通过本章的学习后，就可以通过图片或图形与文字结合，一起表达文档内容，使文档更加生动、活泼，下面结合本章所述知识点，来对一个关于学校题材的文档进行制作。

STEP01：打开"插入图片"对话框。 打开"实例文件 \ 第 3 章 \ 原始文件 \ 我的大学.docx"，切换到"插入"选项卡，单击"插图"组中"图片"按钮，如下左图所示。

STEP02：选择要插入的图片。 弹出"插入图片"对话框，进入要插入的图片所在路径，单击选中目标文件，然后单击"插入"按钮，如下右图所示。

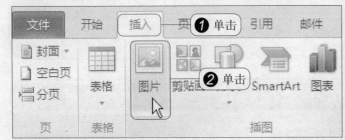 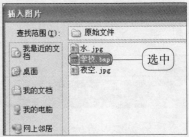

STEP03：调整图片大小。 将图片插入到文档中后，将鼠标指向图片左上角的控点，指针变成斜向的双箭头形状，然后向内拖动鼠标，如下左图所示，将其调整到合适大小后，释放鼠标。

STEP04：设置图片的排列方式。 单击"图片工具""格式"选项卡"排列"组中"自动换行"按钮，在弹出的下拉列表中单击"紧密型环绕"选项，如下中图所示。

STEP05：设置字体发光效果。 设置好图片的排列方式后，拖动文档中的图片，将其移动到界面左侧，如下右图所示。

STEP06：打开"图片样式"列表。 单击"图片样式"组中的快翻按钮，如下左图所示。

STEP07：选择图片的应用样式。 弹出图片样式下拉列表后，单击"透视阴影，白色"样式图标，如下中图所示。

STEP08：显示图片设置效果。经过以上操作后，就完成了为文档插入与设置图片的操作，如下右图所示。

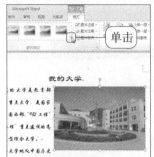
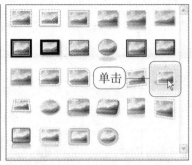

STEP09：选择要插入的自选图形。切换到"插入"选项卡，单击"插图"组中"形状"按钮，在弹出的下拉列表中单击"基本形状"组中的"图文框"图标，如下左图所示。

STEP10：绘制自选图形。返回文档中拖动鼠标绘制自选图形，使形状罩住文档中相应的文本内容，如下中图所示。

STEP11：打开形状样式列表。单击"文本框工具""格式"选项卡，单击"形状样式"组中列表框右下角的快翻按钮，如下右图所示。

STEP12：选择要应用的样式。在弹出的形状样式下拉列表中单击"强烈效果－水绿色，强调颜色5"样式图标，如下左图所示。

STEP13：显示应用形状样式效果。设置完毕后，即可看到设置后效果，如下中图所示。

STEP14：为其余文本应用装饰效果。参照步骤9～步骤12的操作，为文档中其余以点进行排列的文本应用相应的装饰效果，如下右图所示。

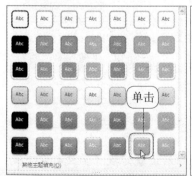

STEP15：打开"选择SmartArt图形"对话框。 在文档的末尾输入"学校框架"，将光标定位，在下一行，切换到"插入"选项卡，单击"插图"组中SmartArt按钮，如下左图所示。

STEP16：选择要插入的图形。 弹出"选择SmartArt图形"对话框，单击"层次结构"选项标签，然后单击对话框中间列表框中的"组织结构图"布局的样式图标，然后单击"确定"按钮，如下右图所示。

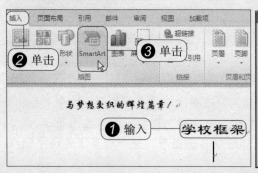
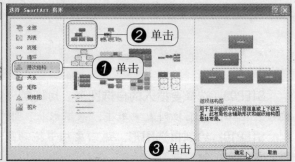

STEP17：在SmartArt图形中输入文本并删除多余形状。 插入SmartArt图形后，将光标定位在形状内，然后在每个形状中输入相应的文本，最后选中图形中多余的形状，如下左图所示，直接按下Delate键，删除该形状。

STEP18：添加形状。 将多余形状删除后，选中图形中左下角的形状，单击"SmartArt工具""设计"选项卡"创建图形"组中"添加形状"按钮，在弹出的下拉列表中单击"在下方添加形状"选项，如下中图所示。

STEP19：添加其余形状并输入文本。 按照类似方法，为SmartArt图形添加其余形状，并通过"文本窗格"为新添加的形状输入需要的文本内容，如下右图所示。

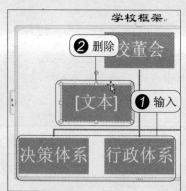
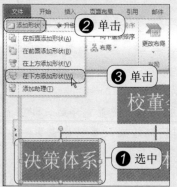

STEP20：应用SmartArt图形样式。 为图形添加了所有文本后，单击"SmartArt样式"组列表框右下角的快翻按钮，弹出SmartArt样式列表后，单击"三维"组中"优雅"样式图标，如下左图所示。

STEP21：更改SmartArt图形颜色。 设置了图形的样式后，单击"SmartArt样式"组中"更改颜色"按钮，在弹出的下拉列表中单击"彩色"区域内"彩色-强调文字颜色"样式图标，如下中图所示。

STEP22：显示设置的SmartArt图形效果。 经过以上操作后，就完成了为文档插入与设置SmartArt图形的操作，如下右图所示。

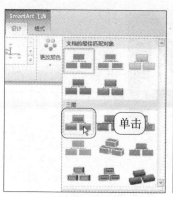

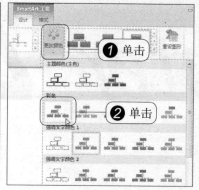

STEP23：调整图形中形状大小。 选中要调整大小的形状，将鼠标指向形状右侧控点，指针变成横向双箭头形状，然后向右拖动鼠标，将其调整到合适宽度，如下左图所示。

STEP24：显示调整形状大小效果。 按照类似操作，将图形中所有形状都调整到合适大小，如下中图所示。

STEP25：设置形状的文本格式。 选中图形中第一个形状，切换到"开始"选项卡，在"字体"组中将"字体"设置为"隶书"，"字号"设置为"28"，如下右图所示。

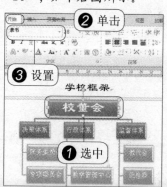

STEP26：设置图形文本的艺术字效果。 切换到"SmartArt 工具""格式"选项卡，在"艺术字样式"组的列表框中单击"填充－橄榄色，强调文字颜色3，粉状棱台"按钮，如下左图所示。

STEP27：SmartArt 图形设置最终效果。 参照步骤23、24的操作，对图形中的所有文本进行适当的设置，如下右图所示，完成本实例的制作。

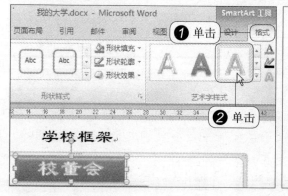

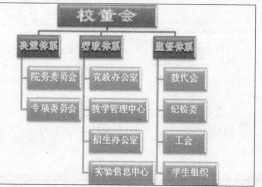

Chapter 4

表格的应用

表格可将文档中的内容分门别类地进行划分，让文本内容更加清晰明了。在表格的使用过程中，为了让表格与文本相互配合，可以对表格中的单元格进行合并、拆分以及美化表格等操作，遇到一些数据内容时，还可以在表格中进行运算。

4.1 | 在文档中插入表格

在 Word 2010 中插入表格时，经常使用的有 3 种方法，分别是使用虚拟表格快速插入 10 列 8 行以内的表格，使用"插入表格"对话框插入更多行列的表格，还有一种是手动绘制表格，每种方法都有各自的优点，用户可以根据需要使用适当的方法。

4.1.1　快速插入 10 列 8 行之内的表格

快速插入 10 列 8 行之内的表格是使用虚拟表格插入表格的方法，通过该方法可以快速完成表格的插入操作，但是所插入表格的单元格数量有限，操作方法如下：

STEP01: **选择插入表格的行与列**。打开目标文档窗口，切换到"插入"选项卡，单击"表格"组中的"表格"按钮，在弹出的下拉列表中移动鼠标，经过虚拟表格区域要插入表格的行列处，然后单击鼠标，如下左图所示。

STEP02: **显示插入的表格**。经过以上操作后，就可以完成在文档中插入表格的操作，如下右图所示。

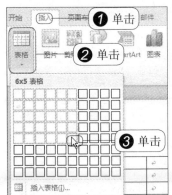
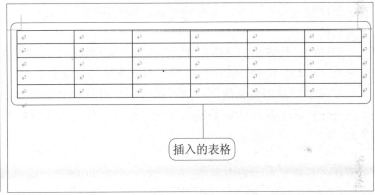

插入的表格

4.1.2　插入 10 列 8 行以上的表格

当用户需要插入更多行列的表格时，就需要使用"插入表格"对话框来完成操作，在该对话框中用户可以根据需要随意设置表格的行列数。

STEP01: **打开"插入表格"对话框**。打开目标文档窗口，切换到"插入"选项卡，单击"表格"组中的"表格"按钮，在弹出的下拉列表中单击"插入表格"选项，如下左图所示。

STEP02: **设置所插入表格的行列数**。弹出"插入表格"对话框，在"列数"与"行数"数值框中直接输入表格的行列数，然后单击"确定"按钮，如下中图所示。

STEP03: **显示插入的表格**。经过以上操作后，返回到文档中，就可以看到所插入的表格，如下右图所示。

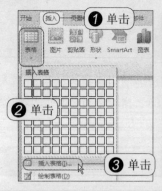

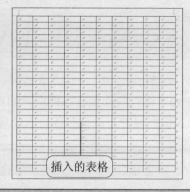

插入的表格

知识点拨:创建根据内容调整单元格大小的表格

　　打开"插入表格"对话框后,在"列数"与"行数"数值框中输入表格的行列数后,单击选中"自动调整操作"区域内"根据内容调整表格"单选按钮,然后单击"确定"按钮,就可以创建出根据内容自动调整单元格大小的表格。

4.1.3　手动绘制表格

　　手动绘制表格可以很方便地绘制出同行不同列的表格,可以根据需要安排表格中每行单元格的高度,以及单元格的宽度。

　　STEP01:执行绘制表格命令。打开目标文档窗口,切换到"插入"选项卡,单击"表格"组中的"表格"按钮,在弹出的下拉列表中单击"绘制表格"选项,如下左图所示。

　　STEP02:绘制表格的外轮廓。执行了绘制表格的命令后,鼠标指针变成铅笔形状,拖动鼠标,在鼠标经过的位置可以看到虚线框,该框为表格的外轮廓,至适当大小后,释放鼠标,如下中图所示。

　　STEP03:绘制表格的行线。将表格的外轮廓绘制完毕后,在框内横向拖动鼠标,绘制出表格的行线,如下右图所示。

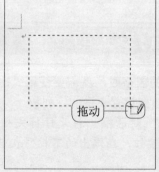

　　STEP04:绘制表格的列线。将表格的所有行线都绘制完毕后,在表格中纵向拖动鼠标,绘制出表格的列线,如下左图所示。

　　STEP05:显示绘制的表格。将表格的所有列线绘制完毕后,就完成了绘制表格的操作,如下中图所示。

　　STEP06:取消绘制表格状态。表格绘制完毕后,程序自动切换到"表格工具""格式"选项卡,单击"绘图边框"组中"绘制表格"按钮,取消该按钮的选中状态,如下右图所示,使文档恢复正常编辑状态。

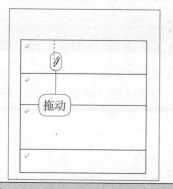

助跑地带——将文本转换为表格

当用户已经使用文本记录下需要的内容后，却需要使用表格来表现，可以直接将文本内容转换为表格；在转换的过程中，只要设置好文字分隔位置，就可以很方便地进行转换。

原始文件：实例文件 \ 第 4 章 \ 原始文件 \ 耗材使用统计表 .docx

最终文件：实例文件 \ 第 4 章 \ 最终文件 \ 耗材使用统计表 .docx

❶ 执行文本转换为表格命令。 打开"实例文件 \ 第 4 章 \ 原始文件 \ 耗材使用统计表 .docx"，选中文档中的正文部分，切换到"插入"选项卡，单击"表格"组中"表格"按钮，在弹出的下拉列表中单击"文本转换为表格"选项，如下左图所示。

❷ 将文本转换为表格。 弹出"将文字转换成表格"对话框，由于文档中的文本已用空格进行了分隔，所以对话框中自动将"列数"设置为"5"，"文字分隔位置"选择为"空格"，直接单击"确定"按钮，如下中图所示。

❸ 显示文本转换为表格效果。 经过以上操作后就完成了将文本转换为表格的操作，如下右图所示。

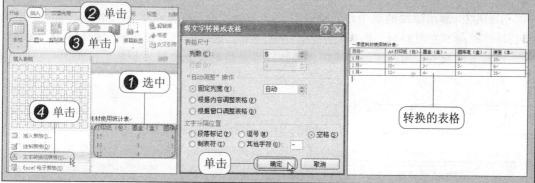

知识点拨：添加文字分隔位置

将文本转换为表格前，文本中必须要有文字分隔位置。如果文档中没有，在转换前，用户可以手动进行添加，使用回车符、逗号、空格、制表符都可以进行分隔。

4.2 | 编辑表格

为表格添加文本内容时，很可能会由于文本内容，需要对表格进行重新组合或划分，也就是对表格进行编辑操作，经常使用到的编辑操作包括合并拆分单元格、调整表格或单元格大小、设置表格中文字的对齐方式等内容。

4.2.1 **为表格添加单元格**

在编辑表格的过程中发现单元格的数量不够时，可以直接进行添加，根据添加单元格的数量，使用的方法也会不同，下面分别来介绍一下添加单个单元格、添加一行单元格以及添加一列单元格时最快捷的操作。

1. 添加单个单元格

原始文件：实例文件 \ 第4章 \ 原始文件 \ 岗位说明书.docx

最终文件：实例文件 \ 第4章！最终文件 \ 岗位说明书.docx

添加单个单元格时，可以使用绘制单元格的方法，即可方便且快捷地完成操作，也可以准确地定位单元格的添加位置，避免了使用其他添加单个单元格时，原有单元格移动位置的不便。

STEP01：执行绘制表格命令。打开"实例文件 \ 第4章 \ 原始文件 \ 岗位说明书.docx"，切换到"表格工具""设计"选项卡，单击"绘图边框"组中"绘制表格"按钮，如下左图所示。

STEP02：在需要添加单元格的位置绘制表格。执行了绘制表格的命令后，鼠标指针变成铅笔形状，在要添加单元格的位置拖动鼠标绘制出需要的单元格，如下右图所示。

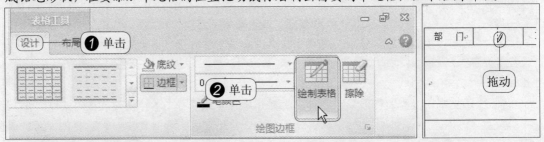

STEP03：显示添加的单个单元格。经过以上操作后，就完成了在表格中添加单个单元格的操作，如下左图所示。添加完毕后，再次单击"绘图边框"组中的"绘制表格"按钮，取消绘制表格状态，用户可以按照同样操作，在表格的其他位置添加单元格。

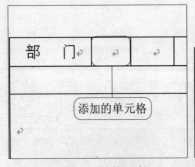

知识点拨：擦除绘制的表格

将单元格的边线绘制完毕后，可以使用"表格工具""设计"选项卡"绘图边框"组中"擦除"按钮将绘制的行线或列线擦除，擦除时，单击了"擦除"按钮后，在要擦除的行线或列线上拖动鼠标，即可完成擦除操作。

2. 添加一行单元格

原始文件：实例文件 \ 第4章 \ 原始文件 \ 岗位说明书.docx

最终文件：实例文件 \ 第4章 \ 最终文件 \ 岗位说明书1.docx

添加整行的单元格时，最快捷的方法是利用光标与回车键组合完成添加单元格的操作，其操作方法如下：

STEP01：定位光标的位置。打开"实例文件 \ 第4章 \ 原始文件 \ 岗位说明书.docx，"将光标定位在要插入的单元格上方，行单元格的末尾回车符的位置处，如下左图所示。

STEP02：添加整行单元格。定位了光标的位置后，按下Enter键，即可以在该行单元格的下方插入一行单元格，如下右图所示。

3. 添加一列单元格

原始文件：实例文件 \ 第 4 章 \ 原始文件 \ 职务表 . docx

最终文件：实例文件 \ 第 4 章 \ 最终文件 \ 职务表 . docx

为表格添加一列单元格时，比较快捷的方法是通过"表格工具""布局"选项卡"行和列"组中的添加单元格按钮完成操作。

STEP01：定位光标的位置。打开"实例文件 \ 第 4 章 \ 原始文件 \ 职务表 . docx"，将光标定位在要插入的列单元格相邻的单元格中，如下左图所示。

STEP02：插入整列单元格。定位了光标的位置后，切换到"表格工具""布局"选项卡，单击"行和列"组中"在右侧插入"按钮，如下右图所示。

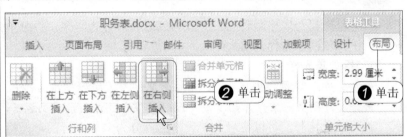

STEP03：显示插入的整列单元格。经过以上操作后，就可以在光标所在单元格的右侧添加一列单元格，如下图所示。

保管档案填写报表	具备条件		
插入的一列单元格			

> **知识点拨：删除单元格**
>
> 删除单元格时，选中目标单元格后，单击"表格工具""布局"选项卡中"行和列"组中的"删除"按钮，在弹出的下拉列表中单击要删除的选项即可。

4.2.2　合并单元格

原始文件：实例文件 \ 第 4 章 \ 原始文件 \ 培训报表 . docx

最终文件：实例文件 \ 第 4 章 \ 最终文件 \ 培训报表 . docx

合并单元格是将表格中若干个单元格合成一个单元格，在合并单元格前，只保留一个单元格中的文本，这样才不会使文本内容丢失。

STEP01: **选中要合并的单元格。**打开"实例文件\第4章\原始文件\培训报表.docx",拖动鼠标选中要合并的单元格,如下左图所示。

STEP02: **执行合并单元格命令。**切换到"表格工具""布局"选项卡,单击"合并"组中"合并单元格"按钮,如下中图所示。

STEP03: **显示合并单元格效果。**经过以上操作后,就完成了合并单元格的操作,按照同样方法,将表格中所有需要合并的单元格都进行合并,如下右图所示。

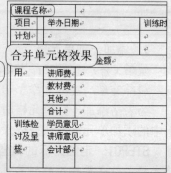

4.2.3 拆分单元格与表格

拆分单元格与表格是将它们一分为二或者拆分为更多,拆分单元格与表格的方法是不同的,下面依次来进行介绍。

1. 拆分单元格

原始文件:实例文件\第4章\原始文件\工作日程表.docx
最终文件:实例文件\第4章\最终文件\工作日程表.docx

拆分单元格时,可以将一个单元格再拆分为多列多行的单元格。拆分时,用户可以根据需要对单元格的数量进行设置。

STEP01: **选中要合并的单元格。**打开"实例文件\第4章\原始文件\工作日程表.docx",将光标定位在要拆分的单元格内,如下左图所示。

STEP02: **执行拆分单元格命令。**切换到"表格工具""布局"选项卡,单击"合并"组中"拆分单元格"按钮,如下中图所示。

STEP03: **设置单元格的拆分数量。**弹出"拆分单元格"对话框,在"行数"、"列数"数值框中输入单元格拆分的行列数,最后单击"确定"按钮,如下右图所示。

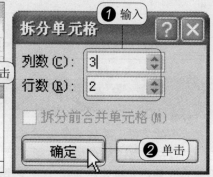

STEP04: **显示拆分单元格效果。**经过以上操作后,返回文档就可以看到单元格拆分后

的效果，如下左图所示。

STEP05：对拆分后的单元格进行编辑。参照 4.2.2 节的操作，将需要的单元格进行合并，然后在拆分后的单元格中输入文本内容，如下中图所示。

拆分单元格效果

编辑拆分后单元格效果

> 💿 **知识点拨：在单元格中输入文本**
>
> 在单元格中输入文本的方法与在文档中输入的方法类似。输入时，只要定位在相应的单元格内直接输入即可，本节中就不多作介绍。

2. 拆分表格

原始文件：实例文件 \ 第 4 章 \ 原始文件 \ 培训报表 1.docx

最终文件：实例文件 \ 第 4 章 \ 最终文件 \ 培训报表 1.docx

拆分表格是将一个表格从某一部分开始拆分两个表格。拆分表格的操作步骤如下：

STEP01：执行表格命令。打开"实例文件 \ 第 4 章 \ 原始文件 \ 培训报表 1.docx"，将光标定位在拆分后表格的起始行中，切换到"表格工具""布局"选项卡，单击"合并"组中"拆分表格"按钮，如下左图所示。

STEP02：显示拆分表格效果。经过以上操作后，就完成了将一个表格拆分为两个表格的操作，如下右图所示。

> 💿 **知识点拨：合并拆分后的表格**
>
> 需要将拆分后的表格进行合并时，将光标定位在两个表格间的回车符中，按下键盘中的 Delete 键，即可将拆分后的表格合并。

4.2.4　调整单元格大小

原始文件：实例文件 \ 第 4 章 \ 原始文件 \ 职务表 1.docx

最终文件：实例文件 \ 第 4 章 \ 最终文件 \ 职务表 1.docx

在创建表格时，程序会根据表格的行列数对每个单元格的行高、列宽进行设置，但是在实际的操作过程中，不同内容的单元格，对大小的要求是不同的，当单元格中的内容过多或过少时，可以对单元格的大小进行调整。

1. 手动调整单元格大小

STEP01: **调整单元格列宽。** 打开"实例文件 \ 第4章 \ 原始文件 \ 职务表1.docx",将鼠标指向要调整大小的单元格列线,指针变成 ◄║► 形状时,向左拖动鼠标,将表格调整到合适宽度后释放鼠标,如下左图所示。

STEP02: **调整单元格行高。** 将鼠标指向要调整大小的单元格下方的行线处,指针变成 ╪ 形状时,向下拖动鼠标,将表格调整到合适高度后释放鼠标,如下中图所示。

STEP03: **显示调整单元格大小效果。** 经过以上操作后,就完成了手动调整单元格大小的操作,如下右图所示。

2. 精确调整单元格大小

STEP01: **选择要调整大小的单元格。** 打开目标文档后,将光标定位在要调整大小的单元格中,如下左图所示。

STEP02: **调整单元格大小。** 切换到"表格工具""布局"选项卡,在"单元格大小"组的"宽度"与"行高"数值框中分别输入要设置的单元格大小的数值,如下中图所示。

STEP03: **显示调整单元格大小效果。** 输入了单元格大小的数值后,单击文档任意位置,就完成了调整单元格大小的操作,如下右图所示。

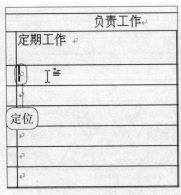

3. 根据内容自动调整单元格大小

STEP01: **执行根据内容自动调整表格命令。** 打开目标文档后,将光标定位在要调整大小的表格中,切换到"表格工具""布局"选项卡,单击"单元格大小"组中"自动调整"按钮,在弹出的下拉列表中单击"根据内容自动调整表格"选项,如下左图所示。

STEP02: **显示调整单元格大小效果。** 经过以上操作后,表格中的所有单元格就会根据其中的内容自动对列宽进行调整,如下右图所示。

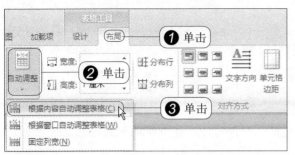

调整单元格大小效果

4.2.5 设置表格内文字的对齐方式与方向

原始文件：实例文件 \ 第4章 \ 原始文件 \ 培训报表2.docx
最终文件：实例文件 \ 第4章 \ 最终文件 \ 培训报表2.docx

为表格内文字应用适当的对齐方式与方向可以使表格看起来更加整齐，下面分别来介绍一下对齐方式与文字方向的设置。

1. 设置表格内文字的对齐方式

文本在表格中的对齐方式包括靠上两端对齐、居中两端对齐、靠上右对齐、中部两端对齐、水平居中、中部右对齐、靠下两端对齐、靠下居中对齐、靠下右对齐9种方式，设置文本刘齐方式的操作如下。

STEP01：**选中调整对齐方式的单元格。**打开"实例文件 \ 第4章 \ 原始文件 \ 培训报表2.docx"，拖动鼠标选中要调整文本对齐方式的单元格，如下左图所示。

STEP02：**调整单元格大小。**切换到"表格工具""布局"选项卡，单击"对齐方式"组中"居中对齐"按钮，如下中图所示。

STEP03：**显示调整对齐方式效果。**经过以上操作后，就完成了调整单元格内文本对齐方式的操作，如下右图所示。

调整对齐方式效果

2. 设置表格内的文字方向

表格内的文字方向包括横向和纵向两种方式，默认的情况下使用的都是横向的对齐方式，纵向的对齐方式经常应用在较高的单元格中。

STEP01：**选中调整对齐方式的单元格。**打开目标文档后，拖动鼠标选中要调整文本方向的单元格，如下左图所示。

STEP02：**调整单元格大小。**切换到"表格工具""布局"选项卡，单击"对齐方式"组中"文字方向"按钮，文字方向就会由横向更改为纵向，如下中图所示。

STEP03：**显示调整对齐方式效果。**经过以上操作后，就完成了调整单元格内文本方向的操作，如下右图所示。

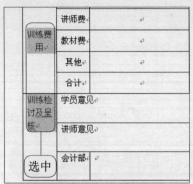  

助跑地带——更改单元格的默认边距

为文档插入表格后，在单元格内输入文本时，文本与单元格间距离就是单元格的边距，在默认的情况下单元格上、下的边距为0，左、右的边距为0.19厘米，但是用户可以自定义单元格的默认边距。

❶ 打开"表格属性"对话框。打开目标文档后，切换到"表格工具""布局"选项卡，单击"单元格大小"组右下角的对话框启动器，如下图所示。

❷ 打开"表格选项"对话框。弹出"表格属性"对话框，单击"表格"选项卡右下角的"选项"按钮，如下右图所示。

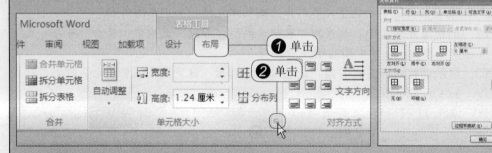

❸ 更改默认单元格边距。弹出"表格选项"对话框，在"默认单元格边距"区域中"上"、"下"、"左"、"右"四个数值框中分别输入单元格的默认边距，最后单击对话框中的"确定"按钮，如下图所示，就完成了更改单元格默认边距的操作。

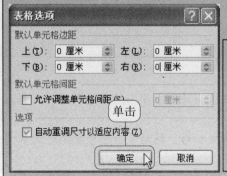

知识点拨：通过快捷菜单编辑表格

在编辑表格时，选中要编辑的单元格或表格后，右击鼠标，在弹出的快捷菜单中包括拆分单元格、合并单元格、文字方向、单元格对齐方式、自动调整、表格属性等命令，所以通过快捷菜单同样可以完成编辑表格的操作。

4.3 美化表格

美化表格时，可以分别对表格的文本、底纹、边框进行设置，文本的设置与文档中文本的设置相同，本节中就不多作介绍，下面重点对表格底纹、边框的设置方法以及使用预设表格样式的方法进行介绍。

4.3.1 设置表格底纹

原始文件：实例文件 \ 第 4 章 \ 原始文件 \ 培训报表 3. docx
最终文件：实例文件 \ 第 4 章 \ 最终文件 \ 培训报表 3. docx

设置表格的底纹主要是对表格的背景进行填充。填充时，可以选择适当的颜色，还可以选择一些图案进行填充。

STEP01： 打开"边框和底纹"对话框。打开"实例文件 \ 第 4 章 \ 原始文件 \ 培训报表 3. docx"，将光标定位在表格中任意位置，切换到"表格工具""设计"选项卡，单击"表格样式"组中"边框"按钮，在弹出的下拉列表中单击"边框和底纹"选项，如下左图所示。

STEP02： 打开"颜色"对话框。弹出"边框和底纹"对话框，切换到"底纹"选项卡，单击"填充"下拉列表框右侧下三角按钮，弹出列表后单击"其他颜色"选项，如下中图所示。

STEP03： 设置表格的填充颜色。弹出"颜色"对话框，切换到"自定义"选项卡，将颜色的 RGB 值依次设置为"204, 255, 255"，最后单击"确定"按钮，如下右图所示。

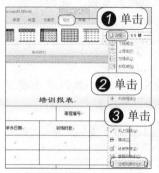 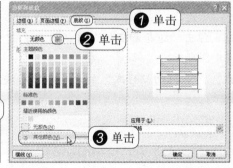 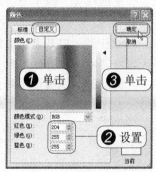

STEP04： 选择图案样式。返回"边框和底纹"对话框，单击"样式"下拉列表框右侧下三角按钮，在弹出的列表中单击"25%"选项，如下左图所示。

STEP05： 设置图案颜色。单击"颜色"下拉列表框右侧下三角按钮，在弹出的颜色列表中单击"标准色"区域内的黄色图标，如下右图所示，最后单击"确定"按钮。

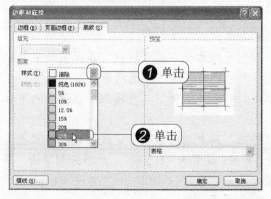 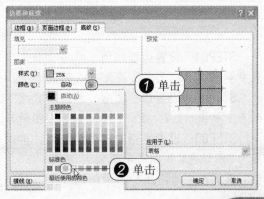

STEP06: **显示设置表格底纹效果。**经过以上操作后，就完成了设置表格底纹的操作，返回文档中即可看到设置后的效果，如下图所示。

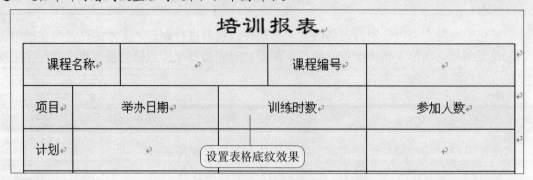

4.3.2 设置表格边框

原始文件：实例文件 \ 第4章 \ 原始文件 \ 岗位说明书2.docx
最终文件：实例文件 \ 第4章 \ 最终文件 \ 岗位说明书2.docx

表格的边框也就是表格的边线，为了美化表格，可以将表格的边框设置出不同样式、不同色彩的效果。

STEP01: **打开"边框和底纹"对话框。**打开"实例文件 \ 第4章 \ 原始文件 \ 岗位说明书2.docx"，将光标定位在表格中任意位置，切换到"表格工具""设计"选项卡，单击"表格样式"组中"边框"按钮，在弹出的下拉列表中单击"边框和底纹"选项，如下左图所示。

STEP02: **打开表格边框。**弹出"边框和底纹"对话框，单击"边框"选项卡中"设置"区域内"方框"图标，如下中图所示。

STEP03: **选择边框样式。**向下拖动"样式"列表框右侧滑块至最底端，然后单击要使用的边框样式，如下右图所示。

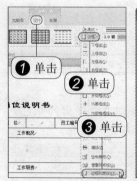

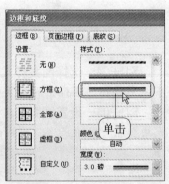

STEP04: **设置边框颜色。**单击"颜色"下拉列表框右侧下三角按钮，在弹出的下拉列表中单击"水绿色，强调文字颜色5，淡色40%"颜色图标，如下左图所示。

STEP05: **设置边框宽度。**单击"宽度"，下拉列表框右侧下三角按钮，在弹出的下拉列表中单击"2.25磅"选项，如下中图所示。

STEP06: **设置表格内部框线效果。**单击"样式"列表框内第一个实线样式，将颜色设置为"水绿色，强调文字颜色5，淡色40%"，将"宽度"设置为"1.5磅"，然后分别单击"预览"区域内中间横线与—中间纵线图标，最后单击"确定"按钮，如下右图所示。

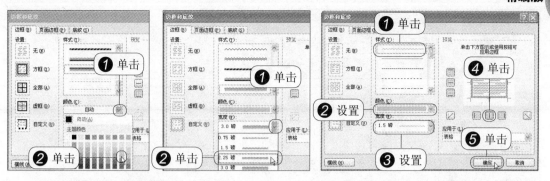

STEP07: **显示设置表格边框效果。**经过以上操作后，就完成了设置表格边框的操作，返回文档中即可看到设置后的效果，如下图所示。

部　门		职　位		员工编号	
工作概况					
工作职责					

设置表格边框效果

4.3.3　使用预设表格样式

原始文件：实例文件 \ 第 4 章 \ 原始文件 \ 分析表 .docx
最终文件：实例文件 \ 第 4 章 \ 最终文件 \ 分析表 .docx

在 Word 2010 中预设了很多表格的样式，在美化表格的过程中，可以直接应用预设的表格样式，快速完成美化的操作。

STEP01: **打开"表格样式"列表。**打开"实例文件 \ 第 4 章 \ 原始文件 \ 分析表 .docx"，切换到"表格工具""设计"选项卡，单击"表格样式"列表框右下角的快翻按钮，如下左图所示。

STEP02: **选择要使用的表格样式。**弹出表格样式下拉列表，单击"中等深浅网格 1-强调文字颜色 3"样式图标，如下中图所示。

STEP03: **显示应用表格样式效果。**经过以上操作后，就完成了为表格应用预设表格样式的操作，如下右图所示。

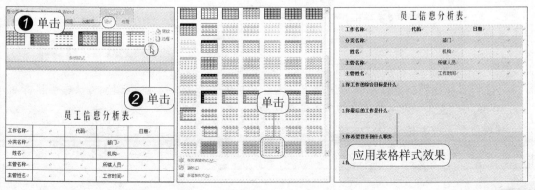

应用表格样式效果

知识点拨：清除表格样式

为表格应用了表格样式后，需要清除表格样式时，打开表格样式下拉列表后，单击"清除"选项，即可将表格的边框、底纹等所有格式清除。

助跑地带——更改预设表格的样式

原始文件: 实例文件 \ 第4章 \ 原始文件 \ 分析表1.docx
最终文件: 实例文件 \ 第4章 \ 最终文件 \ 分析表1.docx

Word 中预设的表格样式有限，当用户所使用表格样式与表格内容不是很相配时，可以在应用表格样式后，对表格的样式进行更改，让预设的表格样式繁衍出更多效果。

❶ **打开"表格样式"列表**。打开"实例文件 \ 第4章 \ 原始文件 \ 分析表1.docx"，切换到"表格工具""设计"选项卡，单击"表格样式"列表框右下角的快翻按钮，如下左图所示。

❷ **打开"修改样式"对话框**。弹出下拉列表后单击"修改表格样式"，如下中图所示。

❸ **设置表格边框宽度与颜色**。弹出"修改样式"对话框，单击边框宽度下拉列表框右侧下三角按钮，在弹出的下拉列表中单击"1.5磅"选项。按照同样的方法，将边框颜色设置"橄榄色，强调文字颜色3，深色25%"颜色图标，如下右图所示。

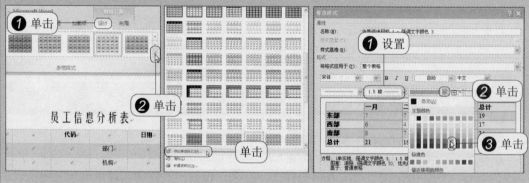

❹ **选择格式应用的内容**。单击"将格式应用于"下拉列表框右侧下三角按钮，在弹出的下拉列表中单击"标题行"选项，如下左图所示。

❺ **设置标题行填充颜色**。单击标题行填充颜色下拉列表框右侧下三角按钮，在弹出的下拉列表中单击"橄榄色，强调文字颜色3，深色25%"颜色图标，如下右图所示。

❻ **设置标题行的字体格式**。设置了标题行的填充颜色后，参照步骤5的操作，将标题行"字体"设置为"隶书"，"字号"为"四号"，如下左图所示，最后单击"确定"按钮。

❼ **显示更改表格预设样式效果**。经过以上操作后，返回文档中，看到该样式的表格进行了相应的更改，如下右图所示，"表格样式"列表框中的表格样式也进行了相应的更改。

更改后的表格样式

4.4 | 表格的高级应用

　　使用 Word 程序中的表格时，除了编辑表格，还可以对表格中的数据进行排序、运算等操作，通过以上内容的应用，可以让表格发挥出更大作用，使表格的数据处理功能应用更加广泛。

4.4.1 | 对表格数据进行排序

　　原始文件：实例文件 \ 第 4 章 \ 原始文件 \ 培训报名表 . docx
　　最终文件：实例文件 \ 第 4 章 \ 最终文件 \ 培训报名表 . docx
　　当表格中的内容过多，过于混乱时，可以将数据按照某些依据来重新进行排序，在进行排序时，可以对排序的关键字和类型进行设置。

　　STEP01: **选择排序范围**。打开"实例文件 \ 第 4 章 \ 原始文件 \ 培训报名表 . docx"，拖动鼠标选中表格中要排序的内容，如下左图所示。

　　STEP02: **执行排序操作**。切换到"表格工具""布局"选项卡，单击"数据"组中"排序"按钮，如下右图所示。

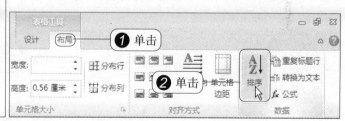

　　STEP03: **设置排序主要关键字**。弹出"排序"对话框，单击"主要关键字"框右侧下三角按钮，在弹出的下拉列表中单击"列 2"选项，如下左图所示。

　　STEP04: **设置次要关键字并确定设置**。参照步骤 3 的操作，将"次要关键字"设置为"列 1"，最后单击"确定"按钮，如下右图所示。

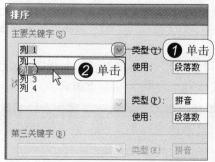

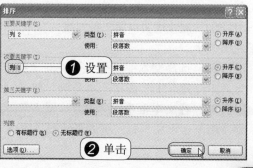

STEP05：显示排序效果。经过以上操作后，就完成了排序的操作，返回文档中即可看到排序后的效果，如下图所示。

姓名	部门	期望培训时间	培训课程
陈欣然	财务部	周一至周五下班	拒绝金钱的诱惑
李东海	财务部	周一至周五下班	成本控制
钱海燕	财务部	周一至周五下班	拒绝金钱的诱惑
赵东初	财务部	周六或周日	财务管理
刘丽华	仓务部	周一至周五下班	盘点的技巧
孙柏强	仓务部	周六或周日	5S 培训
吴东俊	仓务部	周六或周日	5S 培训
吴海燕	仓务部	周六或周日	超值利用物品摆放空间
李文丽	生产部	周六或周日	5S 培训
李小红	生产部	周六或周日	平凡岗位的不平凡
周文涛	生产部	周六或周日	建立良好的团队意识
李涛涛	销售部	周六或周日	销售人员应该具备的条件
刘思琦	销售部	周一至周五下班	如何注意到生活中的细节

（排序效果）

> ◎ **知识点拨：设置排序方向**
>
> 　　在 Word 程序中，有两种排序的方向，"升序"与"降序"，设置排序方向时，打开"排序"对话框，在"类型"下拉列表框右侧可以看到排序方向的选项，单击相应单选按钮，即可完成设置。

4.4.2　制作斜线表头

　　原始文件：实例文件 \ 第 4 章 \ 原始文件 \ 耗材统计表 1.docx
　　最终文件：实例文件 \ 第 4 章 \ 最终文件 \ 耗材统计表 1.docx

　　斜线表头可以在一个表格中表现出多个元素。制作斜线表头时，可以通过自选图形、文本框组合完成操作。

　　STEP01：选择要绘制的自选图形。打开"实例文件 \ 第 4 章 \ 原始文件 \ 耗材统计表 1.docx"，切换到"插入"选项卡，单击"插图"组中"形状"按钮，在弹出的下拉列表中单击"线条"组中"直线"图标，如下左图所示。

　　STEP02：绘制表头的分割线。选择了形状图形后，指针变成十字形状，在要绘制斜线表头的位置拖动鼠标，绘制出表头中的第一条斜线，如下中图所示。

　　STEP03：设置表头的颜色。将斜线绘制完毕后，切换到"绘图工具""格式"选项卡，单击"形状样式"组中"形状轮廓"按钮，在弹出的下拉列表中单击"黑色，文字1"颜色图标，如下右图所示。

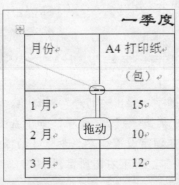

　　STEP04：制作表头中第二条斜线。参照步骤 1、2、3 的操作，制作出表头的第二条斜线，如下左图所示。

　　STEP05：选择文本框类型。切换到"插入"选项卡，单击"插图"组中"形状"按钮，在弹出的下拉列表中单击"基本形状"组中"文本框"图标，如下中图所示。

　　STEP06：在文本框中输入文字。选择了文本框图形后，在表头中第一条分割线上方拖动鼠标，绘制一个文本框，并在其中输入文本，最后选中该文本框，如下右图所示。

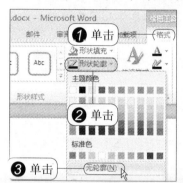
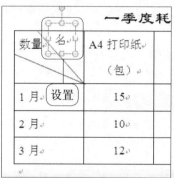
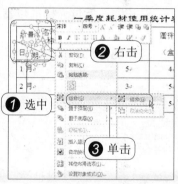

STEP07: 取消文本框的轮廓线。切换到"绘图工具""格式"选项卡，单击"形状样式"组中"形状轮廓"按钮，在弹出的下拉列表中单击"无轮廓"选项，如下左图所示。

STEP08: 设置文本框内文本大小并移动位置。取消了文本框的轮廓线后，在"开始"选项卡中，将文本框内字号设置为"四号"，并将文本框调整到合适大小与位置，如下中图所示，参照步骤5,6,7,8的操作，将斜线表头内所有文本都使用文本框显示出来。

STEP09: 组合斜线表头。按住Ctrl键不放，依次选中表头内所有对象，然后右击任意一个选中的对象，在弹出的快捷菜单中单击"组合>组合"命令，如下右图所示。

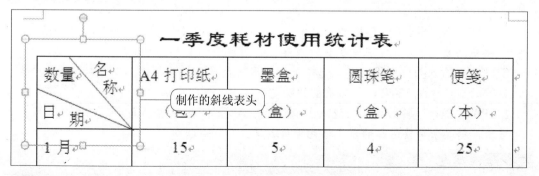

STEP10: 显示制作的斜线表头。经过以上操作后，就完成了斜线表头的制作，最终效果如下图所示。

数量 名称 日　期	A4 打印纸 （包）	墨盒 （盒）	圆珠笔 （盒）	便笺 （本）
1 月	15	5	4	25

（制作的斜线表头）

一季度耗材使用统计表

4.4.3　在表格中进行运算

原始文件：实例文件 \ 第4章 \ 原始文件 \ 销售报表.docx
最终文件：实例文件 \ 第4章 \ 最终文件 \ 销售报表.docx
当表格中的数据内容较多，而又需要对数据进行运算时，可直接在表格中进行运算。

在 Word 2010 的表格中，可以进行 ABS、AND、AVERAGE、COUNT、DEFINED、FALSE、IF、INT、MAX、MIN、MOD、NOT、OR、PRODUCT、ROUND、SIGN、SUM、TRUE 18 种类型函数的运算，本节中以求和与求平均值的运算为例，来介绍一下在表格中进行运算的操作。

STEP01：定位光标的位置。打开"实例文件 \ 第 4 章 \ 原始文件 \ 销售报表 .docx"文档，将光标定位在要进行运算的单元格内，如下左图所示。

STEP02：打开"公式"对话框。定位好光标的位置后，切换到"表格工具""布局"选项卡，单击"数据"组中"公式"按钮，如下右图所示。

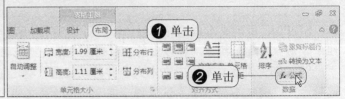

STEP03：执行公式运算。弹出"公式"对话框，程序已根据表格中数据的方向，设置为求和公式，直接单击"确定"按钮，如下左图所示，按照同样的方法，将表格中所有需要求和的单元格都进行求和运算。

STEP04：定位光标的位置。返回文档中，将光标定位在要进行求平均值运算的单元格内，如下中图所示。

STEP05：打开"公式"对话框。定位好光标的位置后，单击"表格工具""布局"选项卡中"数据"组内的"公式"按钮，如下右图所示。

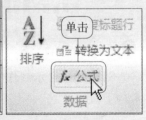

STEP06：选择要使用的函数。弹出"公式"对话框，删除"公式"文本框中数据，输入"="，单击"粘贴函数"框右侧下三角按钮，在弹出的列表中单击 AVERAGE 选项，如下左图所示。

STEP07：输入数据引用方向。选择了要使用的函数后，在"公式"文本框的括号内，输入数据的引用方向 ABOVE，然后单击"确定"按钮，如下中图所示。

STEP08：显示运算效果。经过以上操作后，就完成了在文档进行运算的操作，按照类似的方法，将其余需要运算的单元格也进行运算，如下右图所示。

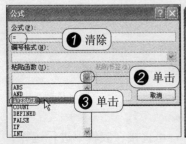

精编版

同步实践：制作"个人简历"

最终文件：实例文件 \ 第4章 \ 最终文件 \ 个人简历 .docx

个人简历是每个人找工作的门面，递交一份内容整洁、条理清晰的简历，是获得工作的重要条件之一。通过本章的学习后，我们掌握了表格的使用，下面就来使用表格制作出一份个人简历的框架。

STEP01：选中目标单元格。 新建一个 Word 2010 文档，通过"插入"选项卡的"表格"按钮，插入一个 4 列多行的表格，然后拖动鼠标选中表格内第一行中所有单元格，如下左图所示。

STEP02：合并单元格。 选中目标单元格后，切换到"表格工具""布局"选项卡，单击"合并"组中"合并单元格"选项，如下右图所示。

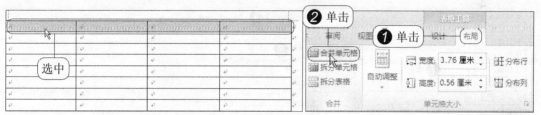

STEP03：设置标题字万事通格式。 合并单元格后，在其中输入"个人简历"文本，然后选中该文本，在显示出的"浮动工具栏"中，将"字体"设置为"隶书"，"字号"为"二号"，段落对齐方式为"居中"，如下左图所示。

STEP04：设置第二行单元格。 合并表格中第二行的单元格，然后在其中输入"基本信息"文本，如下右图所示。

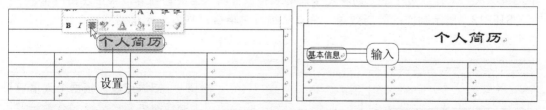

STEP05：打开"边框和底纹"对话框。 将光标定位在"基本信息"单元格内，切换到"表格工具""格式"选项卡，单击"表格样式"组中"边框"按钮，在弹出的下拉列表中单击"边框和底纹"选项，如下左图所示。

STEP06：设置底纹颜色。 弹出"边框和底纹"对话框，切换到"底纹"选项卡，单击"填充"下拉列表框右侧下三角按钮，在弹出的颜色列表中单击"白色，背景1，深色 15%"颜色图标，如下中图所示。

STEP07：设置底纹的应用范围。 设置了单元格填充的颜色后，单击"应用于"下拉列表框右侧下三角按钮，在弹出的下拉列表中单击"单元格"选项，最后单击"确定"按钮，如下右图所示。

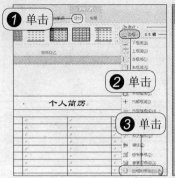
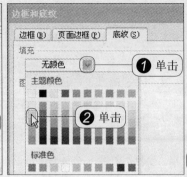
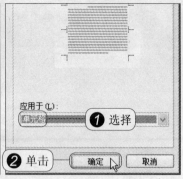

STEP08: 为表格添加文本并定位光标位置。返回文档中,在表格中添加上需要的文本,在添加文本的过程中,如果单元格不够,可自行添加单元格,并为需要设置底纹的单元格添加上灰色的底纹,最后将光标定位在"教育经历"右侧单元格内,如下左图所示。

STEP09: 在表格中再插入表格。切换到"插入"选项卡,单击"表格"组中"表格"按钮,在弹出的下拉列表中,移动鼠标经过虚拟表格中3列4行的表格,单击鼠标,如下中图所示。

STEP10: 显示嵌套表格效果。在表格中再插入表格后,在其中输入文本,并为需要添加底纹的单元格添加上底纹,如下右图所示。

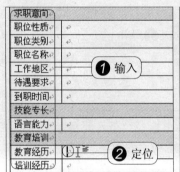

STEP11: 为其他单元格嵌套表格。参照步骤8、9、10的操作,为"培训经历"右侧单元格以及"工作经历"下方的单元格嵌套表格,并输入需要的内容,如下左图所示。

STEP12: 显示制作的简历效果。将表格编辑完毕后,将各单元格调整到合适大小,如下中图所示,最后将文档保存就完成了个人简历的制作。

知识点拨:根据个人情况制作简历

本例中所制作的简历只是一个模板,每个人的简历都会有所区别,用户在填写详细信息时,可根据个人需要对简历内容进行更改。

Chapter 5

页面布局的规范化

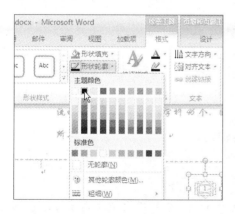

页面布局包括文档的页边距、纸张的方向、页面背景等内容。设置文档的页面布局主要是为了在打印文档时，让纸张与文档正文之间相互结合得更加和谐。同时，也是为了规范文档，一般情况下，同一类文档对页面布局的要求都是相同的。

5.1 | 文档的页面设置

页面设置反应的是页面给人的印象，包括页边距、纸张方向、大小、文本的分栏情况等内容，下面对以上内容的设置依次进行介绍。

5.1.1 设置文档页边距

页边距是指正文距离页面边缘的距离。设置页边距时，主要通过使用预设边距以及自定义页边距两种方式完成。

1. 使用预设边距

原始文件：实例文件 \ 第 5 章 \ 原始文件 \ 我的大学 . docx

最终文件：实例文件 \ 第 5 章 \ 最终文件 \ 我的大学 . docx

Word2010 中预设了普通、窄、适中、宽、镜像 4 种页边距样式，当用户需要使用以上4 种类型的边距时，可直接应用预设的边距。

STEP01：选择页边距样式。 打开"实例文件 \ 第 5 章 \ 原始文件 \ 我的大学 .docx"，切换到"页面布局"选项卡，单击"页面设置"组中"页边距"按钮，在弹出的下拉列表中单击"窄"选项，如下图所示。

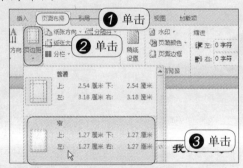

STEP02：显示调整页边距效果。 经过以上操作后，就完成了更改文档页边距的操作，如下图所示。

2. 自定义设置页边距

原始文件：实例文件 \ 第 5 章 \ 原始文件 \ 古镇之行 . docx

最终文件：实例文件 \ 第 5 章 \ 最终文件 \ 古镇之行 . docx

自定义设置页边距时，可以分别对页面的上、下、左、右四个边的距离进行设置，另外自定义设置页边距时，还可对装订线的距离进行设置。

STEP01：打开"页面设置"对话框。 打开"实例文件 \ 第 5 章 \ 原始文件 \ 古镇之行 .docx"，切换到"页面布局"选项卡，单击"页面设置"组右下角的对话框启动器，如下左图所示。

STEP02：**设置页边距**。弹出"页面设置"对话框，单击"页边距"选项卡，在"上"、"下"、"左"、"右"数值框中分别输入相应数值，然后在"装订线"数值框中也输入数值，如下右图所示，最后单击"确定"按钮，就完成了自定义设置页边距的操作。

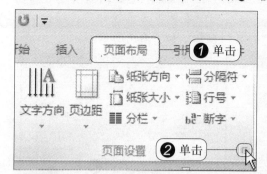
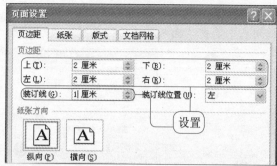

5.1.2　设置文档的纸张信息

原始文件：实例文件 \ 第5章 \ 原始文件 \ 初秋的夜 .docx
最终文件：实例文件 \ 第5章 \ 最终文件 \ 初秋的夜 .docx

纸张信息包括纸张的大小，纸张的方向，设置以上内容时，可直接在"页面布局"选项卡的"页面设置"组中完成操作。

STEP01：**设置纸张方向**。打开"实例文件 \ 第5章 \ 原始文件 \ 初秋的夜 .docx"，切换到"页面布局"选项卡，单击"页面设置"组中"纸张方向"按钮，在弹出的下拉列表中单击"横向"选项，如下左图所示。

STEP02：**选择纸张大小**。单击"页面设置"组中"页面大小"按钮，在弹出的下拉列表中单击要使用的纸张选项，如下右图所示，就完成了选择纸张大小的操作。

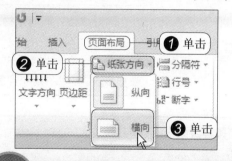

5.1.3　自定义分栏设置

原始文件：实例文件 \ 第5章 \ 原始文件 \ 古镇之行 .docx
最终文件：实例文件 \ 第5章 \ 最终文件 \ 古镇之行1. docx

分栏是将一个页面分为几个竖栏，Word程序中预设了一栏、两栏、三栏、偏左、偏右5个样式，应用这些样式时，打开"分栏"下拉列表后，直接单击相应选项即可。也可以进行自定义分栏设置，自定义设置时可手动对每个栏的距离进行设置，并且可以选择是否显示分隔线。

STEP01：**打开"分栏"对话框**。打开"实例文件 \ 第5章 \ 原始文件 \ 古镇之行.docx"，将光标定位在正文中第一段的第一个字符前，切换到"页面布局"选项卡，单击"页面设置"组中"分栏"按钮，在弹出的下拉列表中单击"更多分栏"选项，如下左图所示。

　　STEP02：设置栏数、栏间距离与分隔线。弹出"分栏"对话框，在"栏数"数值框内输入"3"，然后在"宽度"数值框内输入"12字符"，最后勾选"分隔线"复选框，如下中图所示。

　　STEP03：设置分栏位置。单击"应用于"下拉列表框右侧下三角按钮，在弹出的下拉列表中单击"插入点之后"选项，最后单击"确定"按钮，如下右图所示。

 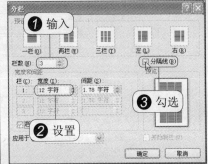 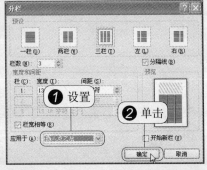

🌀 **知识点拨：分别设置每个栏的宽度**

　　对文档进行分栏，并且需要对每个栏都设置为不同宽度时，可在打开"分栏"对话框后，取消勾选"栏宽相等"复选框，然后在"宽度和间距"区域内每个栏的数值框中设置"宽度"与"间距"即可。

　　STEP04：显示分栏效果。经过以上操作后，就完成了分栏的设置，返回文档中，就可以看到设置后的效果，如下左图所示。

分栏效果

🌀 **知识点拨：取消分栏**

　　取消分栏时，单击"分栏"按钮，在弹出的下拉列表中单击"一栏"选项即可。

🔵 **助跑地带——制作一个文档中纸张的横向纵向兼容效果**

　　原始文件：实例文件 \ 第5章 \ 原始文件 \ 企划书.docx

　　最终文件：实例文件 \ 第5章 \ 最终文件 \ 企划书.docx

　　很多办公文档都会遇到首页与正文页面方向不一致的情况，需要达到纸张横向与纵向兼容的效果时，可以通过设置的应用范围完成操作。

　　❶ **定位纸张开始应用纵向设置的位置。**打开"实例文件 \ 第5章 \ 原始文件 \ 企划书.docx"，将光标定位在第二页的页首，如下左图所示。

　　❷ **打开"页面设置"对话框。**切换到"页面布局"选项卡，单击"页面设置"组右下角的对话框启动器，如下中图所示。

　　❸ **选择纸张方向。**弹出"页面设置"对话框，单击"页边距"选项卡中"纸张方向"区域内"纵向"图标，如下右图所示。

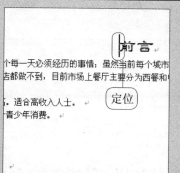 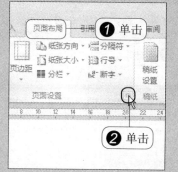 

❹ **设置应用范围**。设置了纸张的方向后，单击"应用于"框右侧下三角按钮，在弹出的下拉列表中单击"插入点之后"选项，如下左图所示，最后单击"确定"按钮。

❺ **显示纸张横向纵向兼容效果**。经过以上操作后，本例所使用的文档中除了第一页的纸张方向为横向外，其余页面的纸张都是纵向效果，返回文档中即可看到设置后的效果，如下右图所示，用户还可以按照同样方法，将其余页面根据需要设置为横向效果。

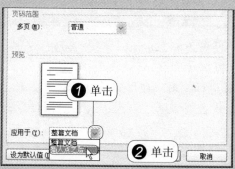 

5.2 为文档添加页眉与页脚

　　页眉与页脚是正文之外的内容，通常情况下页眉用于突显文档主要内容，而页脚则显示文档的页码。页眉位于页面最上方，而页脚位于页面最下方。本节中将对页眉与页脚的添加、编辑进行详细的介绍。

5.1.1 插入页眉和页脚

　　原始文件：实例文件 \ 第 5 章 \ 原始文件 \ 我的大学 . docx
　　最终文件：实例文件 \ 第 5 章 \ 最终文件 \ 我的大学 . docx

　　Word2010 中预设了空白、边线型、传统型、瓷砖型、堆积型、反差型、反偶型、飞越型、年刊型等二十多种页眉和页脚的样式，下面以页眉的插入为例，来介绍一下插入页眉和页脚的方法。

　　STEP01：执行绘制表格命令。打开"实例文件 \ 第 5 章 \ 原始文件 \ 我的大学 . docx"，切换到"插入"选项卡，单击"页眉和页脚"组中的"页眉"按钮，在弹出的下拉列表中单击要使用的页眉样式"瓷砖型"图标，如下左图所示。

STEP02：显示插入的页眉效果。 经过以上操作后，就完成了为文档插入页眉，双击文档中的正文部分，切换到文档编辑状态，如下右图所示。

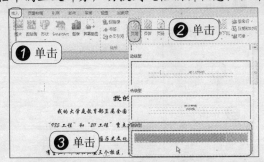
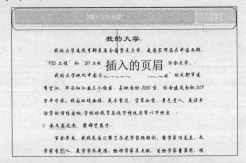

知识点拨：不使用页眉样式

在编辑页眉时，如果用户不需要使用程序中预设的页眉样式，可以打开"页眉"下拉列表后，直接单击"编辑页眉"选项即可。

5.2.2　编辑页眉和页脚内容

原始文件：实例文件 \ 第5章 \ 原始文件 \ 我的大学2.docx、学校.bmp
最终文件：实例文件 \ 第5章 \ 最终文件 \ 我的大学2.docx

为文档插入页眉或页脚后，可根据需要对其进行编辑，在页眉中可以输入文本、插入图片、日期等内容，在页脚中则可以添加页数、作者等信息。

1. 为页眉添加标题与日期

选择了相应类型的页眉后，页眉就会将需要添加的内容固定好，用户只要选中了相应的版块后，直接输入或选择相应的内容就可以了，需要为特定的页眉样式中插入图片时，则需要重新对图片的格式进行设置。

STEP01：选中目标版块。 打开"实例文件 \ 第5章 \ 原始文件 \ 我的大学2.docx"，双击页眉区域，将文档切换到页眉编辑状态，然后单击页眉中的"键入文档标题"文本框，如下左图所示。

STEP02：输入页眉内容并插入日期。 选中标题文本框后，直接输入页眉内容，然后单击"时间"下拉列表框右侧下三角按钮，在弹出的下拉列表中单击"今日"选项，如下右图所示，就完成了在页眉中添加标题与日期的操作，添加了日期后，将只显示年份，需要查看具体日期时，需要打开时间的下拉列表进行查看。

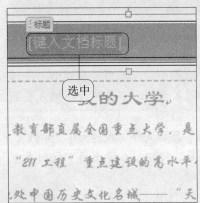
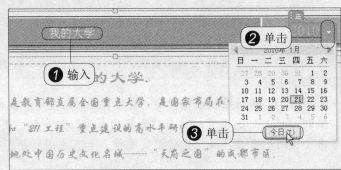

STEP03：定位光标位置并打开"插入图片"对话框。单击页眉中页眉样式外的位置，将光标定位在页眉中，切换到"页眉和页脚工具""设计"选项卡，单击"插入"组中"图片"按钮，如下左图所示。

STEP04：选择要插入的图片。弹出"插入图片"对话框，进入目标路径后，单击要插入的图片，然后单击"插入"按钮，如下右图所示。

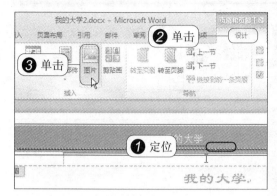

STEP05：设置图片的排列方式。将图片插入到文档中后，切换到"图片工具""格式"选项卡，单击"排列"组中"自动换行"按钮，在弹出的下拉列表中单击"浮于文字上方"图标，如下左图所示。

STEP06：缩小图片。设置了图片的排列方式后，将鼠标指向图片右上角的控点，当指针变成斜向双箭头形状时，向内拖动鼠标缩小图片，如下中图所示。

STEP07：移动图片位置完成页眉的添加。将图片缩小到与页眉中的样式同一宽度后，释放鼠标，然后将图片移动到页眉中"我的大学"字样左侧位置，然后双击文档中任意位置，切换到页面编辑状态，就完成了页眉的设置，如下右图所示。

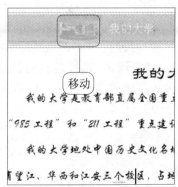

2. 在页脚中插入页码

在多数情况下，页脚中都会插入页码，用来显示当前页面在整个文档中的位置，Word2010中同样预设了一些页码的样式，为文档插入页码时，同样可以使用预设样式。

STEP01：选择要使用的页码。打开目标文档后，进入页眉编辑状态，切换到"页眉和页脚工具""设计"选项卡，单击"页眉和页脚"组中"页码"按钮，在弹出的列表中单击"镶嵌图案2"选项，如下左图所示。

STEP02：设置页码中形状边框的颜色。插入页码后，单击选中页码图形，切换到"绘图工具""格式"选项卡，单击"形状样式"组中"形状轮廓"按钮，在弹出的下拉列表中单击"黑色，文字1"图标，如下中图所示。

STEP03：显示插入的页码效果。设置了页码边框的颜色后，双击文档的页面部分，切换到页面编辑状态，即可看到添加页码后的效果，如下右图所示。

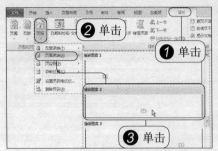
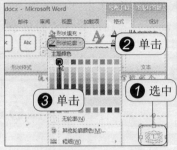

> 🕐 **知识点拨：更换页眉样式**
>
> 为文档添加了页眉后，需要更改页眉的样式时，打开"页眉"下拉列表后，重新选择要使用的页眉样式即可。

5.2.3　制作首页不同的页眉

原始文件：实例文件 \ 第 5 章 \ 原始文件 \ 计划书 . docx
最终文件：实例文件 \ 第 5 章 \ 最终文件 \ 计划书 . docx

对于一篇较长的文档一般都会有一个封面，为了区分封面与正文，它们的页眉内容也会有所不同，下面就来为文档制作首页不同的页眉。

STEP01：进入页眉编辑状态。打开"实例文件 \ 第 5 章 \ 原始文件 \ 计划书 . docx"，切换到"插入"选项卡，单击"页眉和页脚"组中"页眉"按钮，在弹出的下拉列表中单击"编辑页眉"选项，如下左图所示。

STEP02：编辑页眉并设置首页不同。进入页眉编辑状态后，在页眉中输入文本内容，然后切换到"页眉和页脚"选项卡，勾选"选项"组中"首页不同"复选框，如下中图所示。

STEP03：选择首页的页眉样式。选择了"首页不同"复选框后，首页的页眉会自动变为空白效果，单击"页眉和页脚"选项卡中"页眉"按钮，在弹出的下拉列表中单击"边线型"选项，如下右图所示。

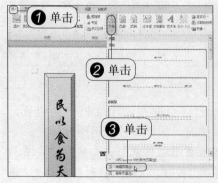
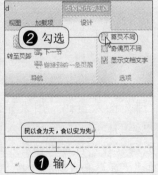
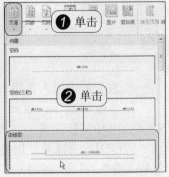

STEP04：输入页眉内容并打开"剪贴画"任务窗格。选择了页眉样式后，输入需要的文本，然后将光标定位在页眉中左侧的横线上，单击"页眉和页脚工具""设计"选项

卡"插入"组中的"剪贴画"按钮，如下左图所示。

STEP05：搜索剪贴画。弹出"剪贴画"任务窗格后，在"搜索文字"文本框中输入搜索的关键字，然后单击"搜索"按钮，如下中图所示。

STEP06：为页眉插入剪贴画。程序将剪贴画搜索出来后，显示在任务窗格的列表框中，单击要使用的剪贴画，如下右图所示。

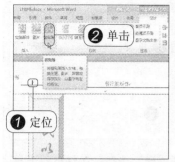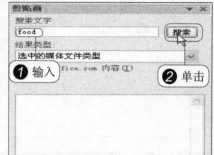

STEP07：调整剪贴画大小。将剪贴画插入到文档中后，将鼠标指向图片右上角的控点，然后向内拖动鼠标，将剪贴画调整到合适大小，如下左图所示。

STEP08：取消页眉下方的横线。将光标定位在页眉下方横线上方，单击"开始"选项卡"字体"组中的"清除格式"按钮，如下中图所示，将页眉下方的横线清除。

STEP09：显示首页不同的页眉效果。经过以上操作后，就完成了在文档中制作首页不同的页眉效果，如下右图所示。

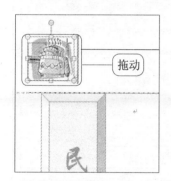

> **助跑地带——从文档第三页开始插入页码**
>
> 原始文件：实例文件＼第5章＼原始文件＼计划书1.docx
> 最终文件：实例文件＼第5章＼最终文件＼计划书1.docx
>
> 有些篇幅较长的文档，需要为正文插入页码，而这些文档的前面都会有一些封面、前言等不需要计页的内容，为这类文档插入页码时，就要从文档中的某一页开始插入，这就需要使用到分隔符的应用知识。
>
> ❶ 插入分节符。打开"实例文件＼第5章＼原始文件＼计划书1.docx"，将光标定位在第二页文档的页尾，切换到"页面布局"选项卡，单击"页面设置"组中"分隔符"按钮，在弹出的下拉列表中单击"分节符"区域内"下一页"选项如下图所示。
>
> ❷ 选择要插入的页码样式。切换到"插入"选项卡，单击"页眉和页脚"组中"页码"按钮，在弹出的下拉列表中单击"页面底端＞普通数字2"选项，如下右图所示。

❸ 取消链接到前一条页眉。为文档插入页码后，光标定位在第三页的页码处，切换到"页眉和页脚工具""设计"选项卡，单击"导航"组中的"链接到前一条页眉"按钮，如下右图所示。

❹ 打开"页码格式"对话框。单击"页眉和页脚"组中"页码"按钮，在弹出的下拉列表中单击"设置页码格式"选项，如下左图所示。

❺ 设置页码编号。弹出"页码格式"对话框，单击选中"页码编号"区域中"起始页码"单选按钮，最后单击"确定"按钮，如下中图所示。

❻ 取消第四页的链接到前一条页眉。返回文档中，将光标定位在文档中第四页的页码处，单击"导航"组中的"链接到前一条页眉"按钮，如下右图所示。

❼ 重新选择页码样式。再次单击"页眉和页脚"组中的"页码"按钮，在弹出的下拉列表中单击"页面底端＞普通数字2"选项，如下左图所示。

❽ 完成从第三页开始插入页码操作。经过以上操作后，文档中的第四页页码就会显示出"2"字样，后面的文档页码以此类推，如下右图所示。

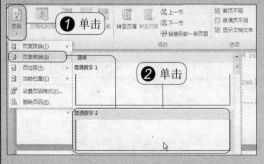

大，中，小号各一个；蒸笼一套等）↵
费:2800 元。运作资金：2000-5000 余元 ↵
照、费、税等：营业热照、税务登记以及一些其它
:55210—88210 元。↵

设置效果 ——— 2↵

精编版

5.3 设置文档的页面背景

设置文档的页面背景时，可以根据需要设置水印背景、使用颜色或图片填充背景或者为文档添加边框。例如一些注重外观的文档，可以使用颜色或图案填充背景以及为文档添加边框，而一些机要性的文档，可以为其添加上文字水印提示阅读者。

5.3.1 为文档添加水印

为文档添加水印时，水印的类型包括文字水印和图片水印两种。添加文字水印时，可以使用程序中预设的水印效果，而添加图片水印时，则需要自定义添加水印。

1. 使用程序预设文字水印

原始文件：实例文件 \ 第 5 章 \ 原始文件 \ 计划书 2.docx

最终文件：实例文件 \ 第 5 章 \ 最终文件 \ 计划书 2.docx

Word2010 中预设了机密、紧急、免责声明三种类型的文字水印，用户可根据文件的类型，为文档添加需要的水印。

STEP01：选择要添加的水印样式。打开"实例文件 \ 第 5 章 \ 原始文件 \ 计划书 2.docx"，切换到"页面布局"选项卡，单击"页面背景"组中"水印"按钮，在弹出的下拉列表中单击"免责声明"组中"草稿 1"样式图标，如下左图所示。

STEP02：显示添加水印效果。经过以上操作后，就完成了为文档添加水印的操作，在文档中每个偶数页中都会显示出所添加的水印，如下右图所示。

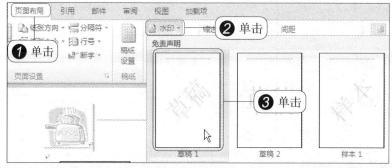

知识点拨：删除文档水印

为文档添加了水印效果后，需要将水印删除时，打开目标文档后，切换到"页面布局"选项卡，单击"页面背景"组中"水印"按钮，在弹出的下拉列表中单击"删除水印"选项，即可将添加的水印删除。

2. 自定义制作图片水印

原始文件：实例文件 \ 第 5 章 \ 原始文件 \ 面谈表.docx、标志.jpg

最终文件：实例文件 \ 第 5 章 \ 最终文件 \ 面谈表.docx

自定义添加水印时，可以添加文字与图片两种类型的水印。本节中以添加图片水印为例，来介绍一下自定义制作水印的操作。

STEP01：打开"水印"对话框。打开"实例文件 \ 第 5 章 \ 原始文件 \ 面谈表.docx"，切换到"页面布局"选项卡，单击"页面背景"组中"水印"按钮，在弹出的下拉列表中单击"自定义水印"选项，如下左图所示。

STEP02：打开"插入图片"对话框。弹出"水印"对话框，单击选中"图片水印"单选按钮，然后单击"选择图片"按钮，如下中图所示。

STEP03：选择要使用的图片。弹出"插入图片"对话框，进入目标文件所在路径，单击选中目标文件，如下右图所示，最后单击"插入"按钮。

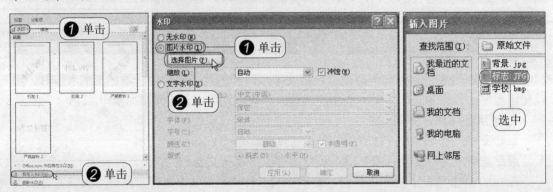

STEP04：设置水印效果。返回"水印"对话框，在"缩放"下拉列表框中选择"100%"选项，取消勾选"冲蚀"复选框，最后单击"确定"按钮，如下左图所示。

STEP05：显示添加的图片水印效果。经过以上操作后，就完成了为文档添加图片水印的操作，在文档的中央即可看到设置后的效果，如下右图所示。

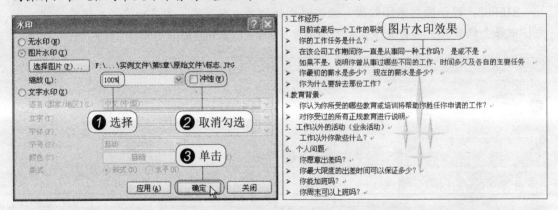

> **知识点拨：预览水印设置效果**
>
> 在"水印"对话框中，将水印设置完毕后，需要预览时，单击"应用"按钮，在文档中即可看到设置后的效果。如果用户对效果不满意，可直接在对话框中进行更改，满意则单击"确定"按钮，完成设置。

5.3.2　填充文档背景

填充文档背景时，有使用颜色填充、使用图案填充、使用纹理填充、使用图片填充四种方法，本节中以颜色填充与图片填充为例，来介绍一下填充文档背景的操作。

1. 使用颜色填充文档

原始文件：实例文件 \ 第5章 \ 原始文件 \ 古镇之行.docx

最终文件：实例文件 \ 第 5 章 \ 最终文件 \ 古镇之行 2.docx

　　使用颜色填充文档背景时，包括单色填充。双色填充以及预设颜色填充。单色填充就是使用一种颜色填充文档，双色填充是使用两种颜色，进行渐变填充，而预设颜色是使用程序中预设的配色方案对文档进行填充。本节以使用双色渐变填充文档为例，来介绍一下使用颜色填充文档的操作。

　　STEP01：打开"填充效果"对话框。打开"实例文件 \ 第 5 章 \ 原始文件 \ 古镇之行.docx"，切换到"页面布局"选项卡，单击"页面背景"组中"页面颜色"按钮，在弹出的下拉列表中单击"填充效果"选项，如下左图所示。

　　STEP02：设置渐变颜色。弹出"填充效果"对话框，单击选中"颜色"区域内"双色"单选按钮，然后单击"颜色 2"下拉列表框右侧下三角按钮，在弹出的下拉列表中单击"标准色"组中"深蓝"颜色图标，如下中图所示。

　　STEP03：选择底纹样式。单击选中"底纹样式"区域内"中心辐射"单选按钮，然后单击"确定"按钮，如下右图所示。

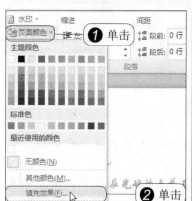 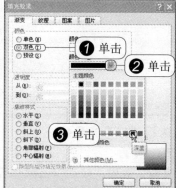 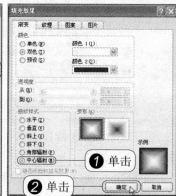

> ◎ **知识点拨**：使用单色填充文档背景
>
> 　　使用单色填充文档背景时，打开"页面颜色"下拉列表后，直接单击要使用的颜色，即可完成填充操作。

　　STEP04：显示渐变填充文档背景效果。经过以上操作后，就完成了使用渐变色填充文档背景的操作，为文档添加一种神秘色彩，如下左图所示。

渐变色填充背景效果

> ◎ **知识点拨**：取消背景填充
>
> 　　为文档填充了背景后，需要取消时，单击"页面布局"选项卡中"页面背景"组中"页面颜色"按钮，在弹出的下拉列表中单击"无颜色"选项即可完成操作。

2. 使用图片填充文档背景

原始文件：实例文件 \ 第 5 章 \ 原始文件 \ 初秋的夜 1.docx、背景.jpg

最终文件: 实例文件 \ 第5章 \ 最终文件 \ 初秋的夜1.docx

使用图片填充文档背景时，制作出的效果类似于在带有图案的信纸中书写，所以在选择填充文档背景的图片时，可以选择一些淡雅的图片进行填充。

STEP01: 打开"填充效果"对话框。 打开"实例文件 \ 第5章 \ 原始文件 \ 初秋的夜1.docx"，切换到"页面布局"选项卡，单击"页面背景"组中"页面颜色"按钮，在弹出的下拉列表中单击"填充效果"选项，如下左图所示。

STEP02: 打开"选择图片"对话框。 弹出"填充效果"对话框，切换到"图片"选项卡，单击"选择图片"按钮，如下中图所示。

STEP03: 选择要使用的图片。 弹出"选择图片"对话框，进入目标文件所在路径，单击选中目标文件，如下右图所示，最后单击"插入"按钮。

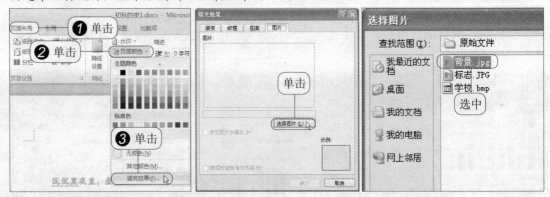

STEP04: 确定背景设置。 选择了作为背景的图片后，返回"填充效果"对话框，单击"确定"按钮，如下左图所示。

STEP05: 显示使用图片填充背景效果。 经过以上操作后，就完成了使用图片为文档添填充背景的操作，返回文档中即可看到设置后的效果，如下右图所示。

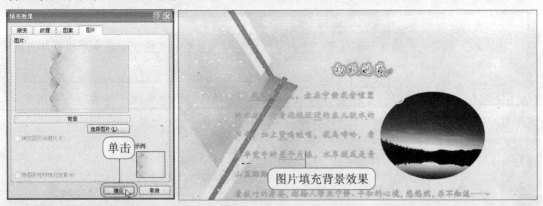

图片填充背景效果

> **知识点拨: 为文档填充纹理、图案类型的背景**
> 需要为文档填充纹理、图案类型的背景时，打开"填充效果"对话框，切换到"纹理"或"图案"选项卡，进行适当地设置即可。

5.3.3 为文档添加页面边框

原始文件: 实例文件 \ 第5章 \ 原始文件 \ 随想.docx

最终文件：实例文件 \ 第5章 \ 最终文件 \ 随想 . docx

页面边框是围绕在页面四周的边框，可起到美化文档的作用。添加时，可选择添加一些普通的实线、虚线等类型的边框，也可以选择一些花样较多的艺术型边框样式，本节中以为文档添加艺术边框为例，来介绍一下具体操作。

STEP01：**打开"边框和底纹"对话框**。打开"实例文件 \ 第5章 \ 原始文件 \ 随想 . docx"，切换到"页面布局"选项卡，单击"页面背景"组中"页面边框"按钮，如下左图所示。

STEP02：**选择边框样式**。弹出"边框和底纹"对话框，单击"页面边框"选项卡中"艺术型"下拉列表框右侧下三角按钮，在弹出的下拉列表后，向下滚动鼠标，查看边框样式，最后单击要使用的边框样式，如下中图所示。

STEP03：**设置边框颜色**。选择了边框样式后，单击"颜色"下拉列表框右侧下三角按钮，在弹出的下拉列表中单击"水绿色，强调文字颜色5，淡色60%"颜色图标，如下右图所示。

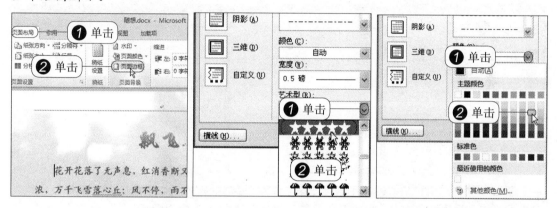

STEP04：**设置边框宽度**。单击"宽度"数值框右侧上调按钮，将边框宽度设置为"10磅"，最后单击"确定"按钮，如下左图所示。

STEP05：**显示添加边框效果**。经过以上操作后，就完成了为文档添加艺术边框的操作，如下右图所示。

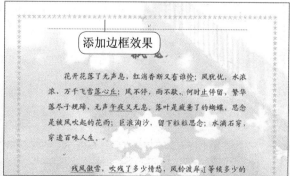

添加边框效果

> 🌀 **知识点拨：使用普通边框**
>
> 打开"边框和底纹"对话框后，在"页面边框"选项卡中的"样式"列表框中就可以选择要使用的普通边框，然后对边框宽度、颜色进行设置即可。

◆ **助跑地带**——将页面边框更改为文本边框

原始文件: 实例文件 \ 第 5 章 \ 原始文件 \ 随想 1. docx

最终文件: 实例文件 \ 第 5 章 \ 最终文件 \ 随想 1. docx

为文档添加页面边框后，边框会围绕在文本的页边距之外，如果用户需要让边框围绕在文本之外，页边距之内，可以通过更改边框选项来完成操作。

❶ 打开"边框和底纹"列表。打开"实例文件 \ 第 5 章 \ 原始文件 \ 随想 1. docx"，切换到"页面布局"选项卡，单击"页面背景"组中"页面边距"按钮，如下左图所示。

❷ 打开"边框和底纹选项"对话框。弹出"边框和底纹"对话框，单击"页面边框"选项卡右下角的"选项"按钮，如下中图所示。

❸ 设置边框的测量基准。弹出"边框和底纹选项"对话框，单击"测量基准"下拉列表框右侧下三角按钮，在弹出的下拉列表中单击"文字"选项，如下右图所示，最后单击"确定"按钮，完成设置。

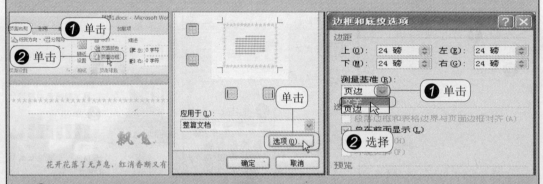

❹ 显示将页面边框更改为文本边框效果。返回"边框和底纹"对话框，单击"确定"按钮，就完成了将页面边框更改为文本边框的操作，如下图所示。

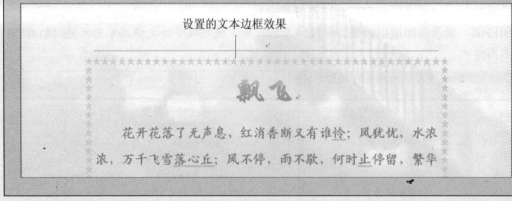

设置的文本边框效果

◎ **知识点拨: 进一步设置边框与文本的边距**

将页面边框更改为文本边框后，如果用户觉得边框与文本之间的距离不合适，可重新打开"边框和底纹选项"对话框，在"边距"区域内对"上"、"下"、"左"、"右"的边距进行设置，设置完毕后单击"确定"按钮即可。

同步实践：调整"车间生产规范"页面布局

原始文件：实例文件 \ 第 5 章 \ 原始文件 \ 车间生产规范 . docx
最终文件：实例文件 \ 第 5 章 \ 最终文件 \ 车间生产规范 . docx

　　本章中对文档的页面布局设置进行了介绍，通过本章的学习后，用户就可以根据文档的类型对文档的页面进行适当的设置，例如办公文档以简约风格设置，而抒情类的散文等文档则以华丽风格设置，下面就以实例形式来对办公文档页面布局的设置进行演练。

　　STEP01：设置文档的页边距。打开"实例文件 \ 第 5 章 \ 原始文件 \ 车间生产规范 .docx"，切换到"页面布局"选项卡，单击"页面设置"组中"页边距"按钮，在弹出的下拉列表中单击"适中"选项，如下左图所示。

　　STEP02：为文档添加水印。单击"页面背景"组"水印"按钮，在弹出的下拉列表中单击"机密"组中"严禁复印"水印选项，如下中图所示。

　　STEP03：编辑页眉。切换到"插入"选项卡，单击"页眉和页脚"组中"页眉"按钮，在弹出的下拉列表中单击"编辑页眉"选项，如下右图所示。

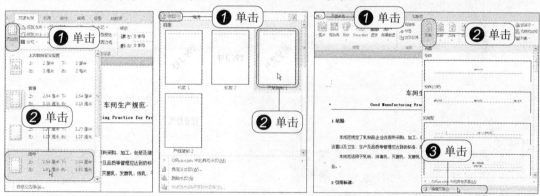

　　STEP04：输入页眉。进入页眉编辑状态后，光标定位在页眉中，直接输入需要的文本，如下左图所示。

　　STEP05：插入页码。为文档添加了页眉后，单击"页眉和页脚工具""设计"选项卡"页眉和页脚"组中"页码"按钮，在弹出的下拉列表中单击"页面底端＞加粗显示的数字1"选项，如下中图所示。

　　STEP06：显示插入的页眉和页码效果。添加了页码后，按下 Ctrl+E 快捷键，将页码居中显示，然后双击文档的正文部分，切换到正文编辑状态，完成页眉与页码的添加，如下右图所示，就完成了对"车间生产规范"的调整。

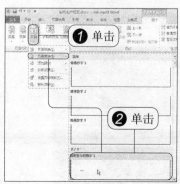

Chapter **6**

审阅与保护文档

将文档制作完毕后，为了确保文档的正确，以及确保得到最终需要的效果，可以对文档进行校对、检查或让其他人再对文档审阅一次。本章中就来对文档的转换、校对、审阅以及保护等知识进行介绍。

6.1 | 转换文档中的文本内容

本节我们主要介绍简繁转换与英汉互译的操作。

6.1.1 简繁转换

阅读或制作两个地区间通用的文档时，经常会用到 Word 程序中的简繁转换功能，而遇到一些称谓不同的词组时，可自定义进行简繁转换。

1. 简单的简繁转换

原始文件：实例文件 \ 第6章 \ 原始文件 \ 计划书前言 .docx

最终文件：实例文件 \ 第6章 \ 最终文件 \ 计划书前言 .docx

简单的简繁转换是指单纯的转换操作，需要转换时，选中目标文本后，单击相应用的"简转繁"或"繁转简"按钮，即可完成操作。

STEP01：选中目标文本。打开"实例文件 \ 第6章 \ 原始文件 \ 计划书前言 .docx"，拖动鼠标选中要转换的文本内容，如下左图所示。

STEP02：执行转换操作。切换到"审阅"选项卡，单击"中文简繁转换"组中"简转繁"按钮，如下中图所示。

STEP03：显示转换效果。经过以上操作后，所选中的文本就由简体字转换为了繁体字，如下右图所示。

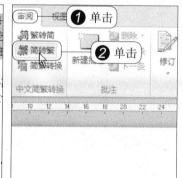

> 💡 **知识点拨：将繁体字转换为简体字**
> 需要将繁体字转换为简体字时，选中目标文本后，切换到"审阅"选项卡，单击"繁转简"按钮即可。

2. 自定义转换

原始文件：实例文件 \ 第6章 \ 原始文件 \ 服务承诺 .docx

最终文件：实例文件 \ 第6章 \ 最终文件 \ 服务承诺 .docx

自定义进行简繁转换时，可对文档中某一个词组专门进行转换，转换时可自定义设置转换后的内容，这样就可以防止由于地域不同，称呼不同，翻译过来后产生歧义。

STEP01：选中目标文本。 打开实例文件 \ 第 6 章 \ 原始文件 \ 服务承诺.docx，切换到"审阅"选项卡，单击"中文简繁转换"组中"简繁转换"按钮，如下左图所示。

STEP02：选择转换方向并打开"简体繁体自定义词典"对话框。 弹出"中文简繁转换"对话框，单击选中"方向"区域内"繁体中文转换为简体中文"单选按钮，然后单击"自定义词典"按钮，如下右图所示。

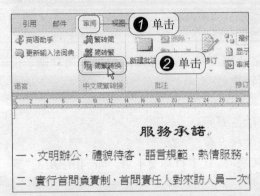
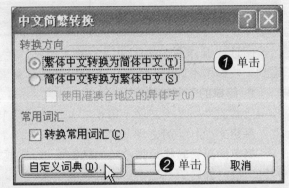

STEP03：修改词组转换。 弹出"简体繁体自定义词典"对话框，在"编辑"区域内的"添加或修改"文本框中输入要修改的内容，然后在"转换为"文本框中输入修改后的内容，最后单击"修改"按钮，如下左图所示。

STEP04：完成词组转换的修改。 程序将词组转换后的内容修改完毕后，弹出"自定义词典"对话框，提示用户此词汇已被添加到自定义词典，单击"确定"按钮，如下右图所示。按照类似方法修改其他词组，最后单击"关闭"按钮，关闭"简体繁体自定义词典"对话框。

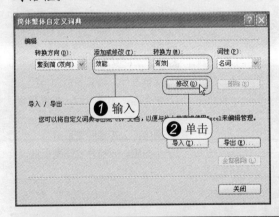
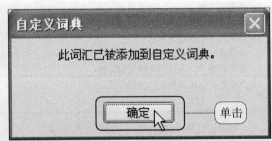

> ◎ **知识点拨：删除修改的词组**
> 当用户需要将自己定义的词组删除时，可打开"简体繁体自定义词组"对话框，然后在"添加或修改"与"转换为"文本框中输入要删除的词组，然后单击"删除"按钮，即可完成操作。

STEP05：确定繁简转换。 返回"中文简繁转换"对话框，单击"确定"按钮，如下左图所示，执行转换操作。

STEP06：完成简繁转换。 经过以上操作后，就可以完成自定义进行繁简转换的操作，对于自定义设置的转换词组，程序也进行了相应地转换，如下右图所示。

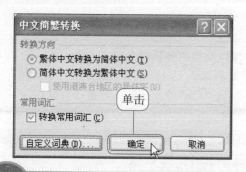

繁转简效果

八、及时处理重大涉台突发性事件，在台商台胞的合法权益。

九、严格遵守服务承诺，如违反上述承定实施责任追究。

十、有效投诉电话：83XXXX22。

6.1.2　将汉语内容翻译为英文

需要将汉语翻译为外国语言时，Word 2010中提供了阿拉伯语、保加利亚语、波兰语、丹麦语、德语、俄语、法语、英语等20多个语种，用户可根据需要选择翻译的语言，本节中就以英文为例，来介绍一下翻译的操作方法。

1. 在线翻译文档

原始文件：实例文件 \ 第6章 \ 原始文件 \ 面谈表 . docx

在线翻译文档时，将会连接到 Web 网中对所选择的内容进行编辑，该方法的优点是翻译出的内容格式不会改变，缺点是受到网络的限制。如果用户没有连接到宽带，则无法使用该方法。

STEP01：打开"翻译语言选项"对话框。 打开"实例文件 \ 第6章 \ 原始文件 \ 面谈表 . docx"，切换到"审阅"选项卡，单击"语言"组中"翻译"按钮，在弹出的下拉列表中单击"选择转换语言"选项，如下左图所示。

STEP02：设置翻译的语言。 弹出"翻译语言选项"对话框，在"翻译文档"选项卡中单击"翻译您的文档"区域内"到"框右侧下三角按钮，在弹出的下拉列表中单击"英语（美国）"选项，如下右图所示，最后单击"确定"按钮。

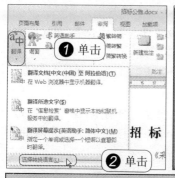

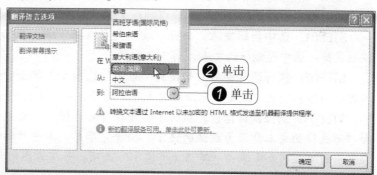

> 💡 **知识点拨**：查看当前程序所使用的翻译语言
>
> 　在打开"翻译"下拉列表后，"翻译文档"命令后面可以看到程序当前所使用的翻译语言，如果当前翻译语言刚好是用户需要翻译的语言，可直接执行翻译操作。

STEP03：执行"翻译"命令。 选择了翻译的语言后，返回文档中，单击"语言"组中的"翻译"按钮，在弹出的下拉列表中单击"翻译文档"选项，如下左图所示。

STEP04：发送翻译文档。 执行翻译命令后，弹出"翻译整个文档"对话框，询问用户"Word 将要通过 Internet 以未加密的 HTML 格式发送要翻译的文档……是否继续？"单击"发送"按钮，如下右图所示。

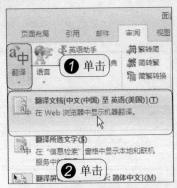

知识点拨：发送文档的必要性

使用 Web 浏览器翻译文档时，由于需要获得翻译的原文件，所以如果不发送文档程序将不会执行翻译的操作。

STEP05：查看翻译内容。发送了要翻译的文档后，系统会弹出 IE 浏览器，并对所发送的文档进行翻译，等待几秒翻译完毕后，在浏览器窗口中就会显示出原文档与翻译后文档的对比画面，如下图所示。

知识点拨：获取翻译的文档

文档在线翻译完毕后，需要将翻译后的内容粘贴到文档中时，可直接将翻译的内容复制到文档中即可。

2. 使用信息检索窗格翻译文档

原始文件：实例文件 \ 第 6 章 \ 原始文件 \ 招标公告.docx
最终文件：实例文件 \ 第 6 章 \ 最终文件 \ 招标公告.docx

使用"信息检索"窗格翻译文档时，Word 会使用程序中自带的翻译功能进行翻译，该方法的优点在于翻译的及时性，缺点则在于翻译出的内容显示不出格式效果。

STEP01：选中目标文本。打开"实例文件 \ 第 6 章 \ 原始文件 \ 招标公告.docx"，拖动鼠标，选中要翻译的文本，如下左图所示。

STEP02：执行翻译命令。切换到"审阅"选项卡，单击"语言"组中"翻译"按钮，在弹出的下拉列表中单击"翻译所选文字"选项，如下中图所示。

STEP03：选择翻译语言。执行了翻译操作后，弹出"信息检索"任务窗格，并且程序会将所选择的文本翻译为默认的语言，翻译完毕后，单击"翻译为"框右侧下三角按钮，在弹出的下拉列表中单击"英语（美国）"选项，如下右图所示。

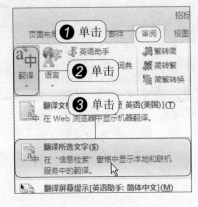

> **知识点拨：打开"信息检索"的快捷方式**
> 选中要翻译的文本后，按下 Alt 键不放，将鼠标指向选中的文本然后单击鼠标，即可打开"信息检索"对话框。

STEP04：定位英语的插入位置。 将英语翻译完毕后，将光标定位在要插入翻译好的英文的位置，如下左图所示。

STEP05：插入翻译的英文。 将文档翻译完毕后，单击"信息检索"窗格中的"插入"按钮，如下中图所示。

STEP06：显示插入的英文效果。 经过以上操作后，就完成了翻译文档语言并将其插入到文档中的操作，效果如下右图所示。

The tender notice according to kumchon notice (podkorytov-21), Fairview's me people's Government's anjuzhen " ryang the related matters are as follows: item number: TC (Duke of 2010-XXX proj eligibility requirements for open tender: code form '; with the House building general contact and over enterprise in 插入翻译后的语言 architect d above representative of the bidder must be a

6.2 对文档中的内容进行校对

文档编写完毕后，需要仔细检查一遍，尽可能地避免错误的存在。在校对的过程中，可以使用程序中自带的校对功能进行编辑，在很大程度上使检查的操作省时而又能确保精准。

6.2.1 校对文档的拼写和语法

原始文件：实例文件 \ 第 6 章 \ 原始文件 \ 企划书 . docx
最终文件：实例文件 \ 第 6 章 \ 最终文件 \ 企划书 . docx

在编写文档的过程中，会很容易忽略了语法的正确性，并且检查语法也是一件非常浪费精力的事情。如果用户必须检查文档的语法时，可使用程序的校对功能进行检查。

STEP01：定位光标的位置。 打开"实例文件 \ 第 6 章 \ 原始文件 \ 企划书 .docx"，将光标定位在要开始检查拼写和语法的位置，如下左图所示。

STEP02：打开"拼写和语法"对话框。 切换到"审阅"选项卡，单击"校对"组中"拼写和语法"按钮，如下右图所示。

STEP03：显示搜索到的错误内容。 执行了打开"拼写和语法"操作后，弹出"拼写和语法"对话框，并在"输入错误或特殊用法"文本框中显示出搜索到的第一处错误语句，并且错误的部分使用绿色文字进行显示，如下左图所示。

STEP04：更改错误内容。 查找出错误内容后，可直接在"输入错误或特殊用法"文本框中对搜索到的错误内容进行更改，然后单击"更改"按钮，如下右图所示，程序会自动对文档中的内容进行相应的更改，并且"拼写和语法"对话框中会显示出下一处语法有错误的语句。

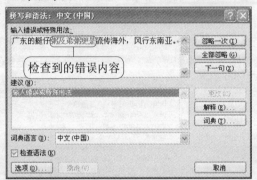
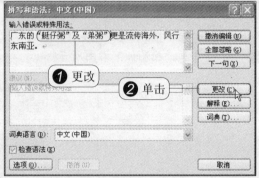

STEP05：忽略错误内容。 对于程序搜索到的有错误的内容，是用户故意设置的格式，可直接单击"忽略一次"按钮，如下左图所示，程序将跳过该处错误而对下一处错误进行追踪。

STEP06：完成拼写和语法的检查。 按照类似的操作，对文档中的其余错误进行更改，全部更改完毕后，弹出Microsoft Word对话框，提示用户拼写和语法检查已完成，单击"确定"按钮，完成检查操作。

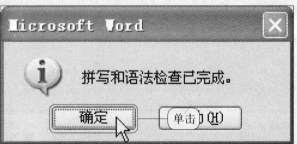

6.2.2 对文档字数进行统计

原始文件：实例文件 \ 第6章 \ 原始文件 \ 招标公告 . docx

有些公文会对字数进行限制，为了及时控制文档的数量，用户可使用 Word 程序的"字数统计"功能，随时查看文档的字数，做到即时防控。

STEP01：打开"字数统计"对话框。 打开"实例文件 \ 第6章 \ 原始文件 \ 招标公告 . docx"，切换到"审阅"选项卡，单击"校对"组中"字数统计"按钮，如下左图所示。

STEP02：查看字数统计。 弹出"字数统计"对话框，在其中即可查看到当前文档的页数、字数、行数、空格数等内容，如下右图所示，需要关闭时，直接单击"关闭"按钮。

精编版

> 助跑地带——设置Word2010在检查拼写和语法时检查的方式

Word2010 在检查拼写和语法时可采用在键入时检查拼写、使用上下文拼写检查、在键入时标记语法错误、随拼写检查语法、显示可读性统计信息 6 种方式，用户可根据需要选择是否使用以上内容，或根据需要对是否隐藏该文档的拼写或语法错误进行设置。

❶ 打开"Word 选项"窗口。打开开始编辑的文档后，单击"文件"按钮，在弹出的菜单中单击"选项"命令，如下左图所示。

❷ 打开"校对"选项标签。弹出"Word选项"窗口，单击对话框左侧的"校对"选项标签，如下中图所示。

❸ 设置"在 Word 中更正拼写和语法时"选项。窗口中显示出相关内容后，在"在 Word 中更正拼写和语法时"区域内勾选要应用选项前的复选框。

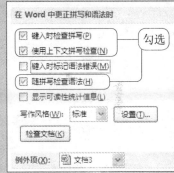

❹ 设置例外项。勾选"例外项"区域内要设置的选项前的复选框，最后单击"确定"按钮，如下图所示，就完成了设置检查拼写和语法的操作。

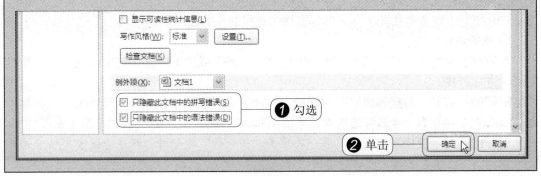

6.3 批注与修订文档

在阅读别人的文档时，对需要修改的内容或是需要向作者提的意见，可以使用修订或批注功能对文档进行标记。这样，作者在拿到文档后，一眼就可以看到用户所修改的内容，以及需要改进的要求。

6.3.1 为文档插入批注

原始文件：实例文件 \ 第 6 章 \ 原始文件 \ 招标公告 1. docx
最终文件：实例文件 \ 第 6 章 \ 最终文件 \ 招标公告 1. docx

在真实的书本中"批注"是我国文学鉴赏和批评的重要形式和传统的读书方法。在电子文档中也沿用了批注的这种特性，在阅读电子文档时，可将提出的意见要求以批注的形式添加到文档中，即不会影响文档的内容，作者又可以一目了然地看到。

STEP01：执行插入批注命令。打开"实例文件 \ 第 6 章 \ 原始文件 \ 招标公告 1. docx"，拖动鼠标选中要添加批注的文本，然后切换到"审阅"选项卡，单击"批注"组中的"批注"按钮，如下左图所示。

STEP02：编写批注内容。经过以上操作后，所选中的文本中即可插入一个空白的批注，将光标定位在该批注中，然后输入批注的内容，如下右图所示，即可完成插入批注的操作，按照同样方法，为文档的其余位置添加批注。

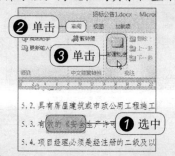 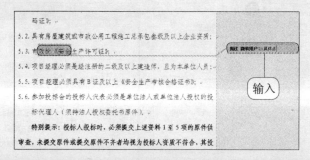

6.3.2 查找批注

原始文件：实例文件 \ 第 6 章 \ 原始文件 \ 招标公告 2. docx

作者在阅读批注过的文档时，为了能够方便地查看批注可通过不同的方法来查找批注，下面来介绍一下逐条查找批注与在审阅窗格中查找批注的操作。

1. 逐条查找批注

逐条查找批注时，是通过选项面板中的"上一条"或"下一条"按钮，逐个对文档中的批注进行查找。

STEP01：打开"边框和底纹"对话框。打开"实例文件 \ 第 6 章 \ 原始文件 \ 招标公告 2. docx"，切换到"审阅"选项卡，单击"批注"组中"下一条"按钮，如下左图所示。

STEP02：显示查找到的批注。第一次单击"下一条"按钮时，程序会选中文档中的第一个批注，要继续查看时，可再次单击"下一条"按钮，直到文档中选中了要查看的批注，如下右图所示，需要查看文档中当前位置前面的批注时，可单击"上一条"按钮进行查找。

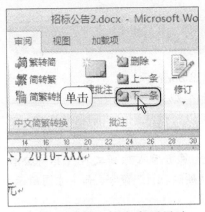

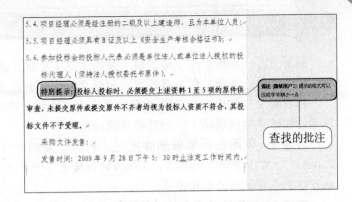

2. 在审阅窗格中查看批注

审阅窗格中可以显示出文档中全部的批注或修订内容，也可以说是文档的批注和修订的汇总，查看相应的批注时，在审阅窗格中单击相应批注即可。

STEP01：打开"审阅窗格"。打开"实例文件\第6章\原始文件\招标公告2.docx"，切换到"审阅"选项卡，单击"修订"组中"审阅窗格"按钮，在弹出的下拉列表中单击"垂直审阅窗格"选项，如下左图所示。

STEP02：选择要查看的批注。在文档窗口左侧显示出"审阅窗格"后，单击要查看的批注，如下右图所示。

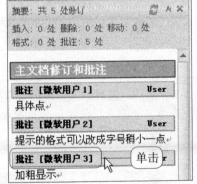

STEP03：显示查找到的批注。选择了要查看的批注后，文档中相应的批注就会处于被选中状态，如下图所示。

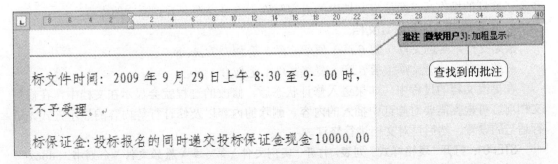

🌀 **知识点拨：更换审阅窗格的方向**

打开了"垂直审阅窗格"后，需要将其更改为"水平审阅窗格"时，可单击"审阅"选项卡"修订"组中的"审阅窗格"按钮，在弹出的下拉列表中单击"水平审阅窗格"即可。

6.3.3 删除批注

原始文件: 实例文件 \ 第6章 \ 原始文件 \ 招标公告2. docx
最终文件: 实例文件 \ 第6章 \ 最终文件 \ 招标公告2. docx

作者对文档的内容查看并且将正文修改完毕后，就可以将批注删除，删除批注时，可以通过快捷菜单或选项卡中的功能来完成操作。

方法1: 使用快捷菜单删除批注。打开"实例文件 \ 第6章 \ 原始文件 \ 招标公告2. docx"，右击要删除的批注，在弹出的快捷菜单中单击"删除批注"命令，如下左图所示，就可以完成该批注的删除操作。

方法2: 使用选项卡中的功能删除批注。选中要删除的批注，切换到"审阅"选项卡，单击"批注"组中的"删除"按钮，如下右图所示，也可以完成批注的删除操作，按照以上两种方法，将文档中所有需要删除的批注执行删除操作。

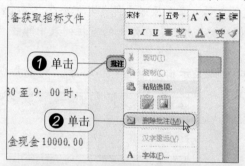 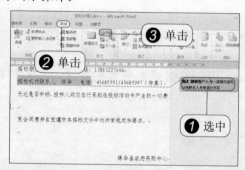

> **知识点拨: 通过删除批注的文字删除批注**
> 在为文本插入批注时，会选中批注的文本，如果将批注的文本删除，该文本所对应的批注也会自动删除。

6.3.4 修订文档内容

在Word程序中修订是指显示文档中所做的删除、插入或编辑等更改内容的标记。在执行了修订的操作后，即使将文档中的内容删除，也可以看到看到原文的内容。

1. 设置修订选项与修订文档

原始文件: 实例文件 \ 第6章 \ 原始文件 \ 企划书1. docx
最终文件: 实例文件 \ 第6章 \ 最终文件 \ 企划书1. docx

在更改文档的过程中，如果进入修订状态后，修改的过程就会显示在文档中，在修订文档前，可根据需要对修订中插入的内容、删除的内容以及修订行等内容的显示方式先进行适当的设置，然后再对文档进行修订。

STEP01: 打开"表格样式"列表。打开"实例文件 \ 第6章 \ 原始文件 \ 企划书1. docx"，切换到"审阅"选项卡，单击"修订"组中"修订"按钮，在弹出的下拉列表中单击"修订选项"，如下左图所示。

STEP02: 设置插入内容的显示方式。弹出"修订选项"对话框，单击"标记"区域内"插入内容"框右侧下三角按钮，在弹出的下拉列表中单击"仅颜色"选项，如下右图所示。

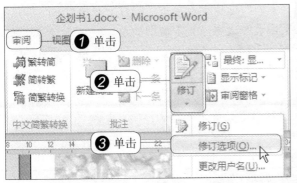

STEP03：设置插入内容的颜色与删除内容的颜色。设置了"插入内容"的显示方式后，按照同样方法，将"插入内容"的"颜色"设置为"红色"，将"删除内容"的"颜色"设置为"青绿色"，如下左图所示，最后单击"确定"按钮。

STEP04：执行修订命令。返回文档中，单击"修订"组内的"修订"按钮，在弹出的下拉列表中单击"修订"选项，如下右图所示。

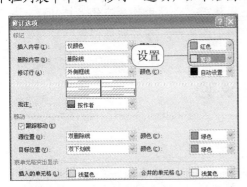
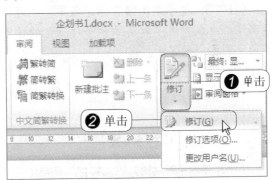

STEP05：对文档进行修订。执行了修订命令后，对文档中的内容进行更改时，在文档中就会留下修订的标志，如下图所示。

> 修订效果
>
> # 前言
>
> 　　古人云"民以食为天"，"吃"是每个人每一天必须经历的事情；虽然目前每个城市中大大小小的饭店有很多个，但是真正能够吃得好，吃得营养却不是每个饭店能够做到的，甚至大多数饭店都做不到。目前市场上餐厅主要分为西餐和中餐两种类型，各自的消费特点如下：

2. 设置修订显示的标记

原始文件：实例文件 \ 第6章 \ 原始文件 \ 秘书职务说明 .docx
最终文件：实例文件 \ 第6章 \ 最终文件 \ 秘书职务说明 .docx

执行了修订操作后，文档中会显示批注、墨迹、插入和删除、设置格式、标记区域突出显示，以及突出显示更改等标记，用户可根据需要设置文档是否对以上标记进行显示。

STEP01：打开目标文档查看修订标记。打开"实例文件 \ 第6章 \ 原始文件 \ 秘书职务说明 .docx"，就可以看到文档中显示的修订标记，如下左图所示。

STEP02:取消设置格式标记。切换到"审阅"选项卡,单击"修订"组中"显示标记"按钮,在弹出的下拉列表中取消勾选"设置格式"选项,如下右图所示。

 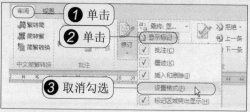

> ✪ **知识点拨:分别查看文档的原始状态与修订的最终状态**
>
> 对文档进行了修订后,需要查看文档最初未修订的原始状态时,可单击"审阅"选项卡中"修订"组的"显示以供审阅"按钮 ☑ 最终:显... ,在弹出的下拉列表中单击"原始状态"即可。需要查看修订的最终状态时,可在打开"显示以供审阅"下拉列表后,单击"最终状态",即可显示出修订后的状态。

STEP03:显示取消修订标记效果。经过以上操作后,文档中修改了格式后的修订就被隐藏了,也就完成了取消显示修订标记的操作,如下图所示,可按照类似操作取消文档中其他审阅标记的显示。

> # 秘书职务说明
>
> ## 一、工作概要
>
> 由于秘书职务涉及到减轻部门经理的行政管理负担,因此而具秘书的很大一相 部分工作是行政管理性的,包括监督其他办公室人员。

> ✪ **知识点拨:取消修订状态**
>
> 进入修订状态后,将文本修订完毕,需要恢复为编写状态时,可再次单击"审阅"选项卡下,"更改"组中的"修订"按钮,在弹出的下拉列表中单击"修订"选项,即可取消修订状态,进入正常编辑状态。

3. 接受与拒绝修订

原始文件:实例文件\第6章\原始文件\企划书2.docx
最终文件:实例文件\第6章\最终文件\企划书2.docx

查看带有修订的文档时,阅读了修订内容后,用户可根据文档的内容决定是否接受或拒绝修订。接受修订内容后,程序将会将修改后的部分显示在文档中,而被修改的内容则不会再显示出来;而拒绝修订则将修改后的部分删除,而被修改的内容不会改变。

STEP01:选择要接受的修订。打开"实例文件\第6章\原始文件\企划书2.docx",将光标定位在要接受的修订中,如下左图所示。

STEP02:接受修订。切换到"审阅"选项卡,单击"更改"组中"接受"按钮,在弹出的下拉列表中单击"接受并移到下一条"选项,如下右图所示。

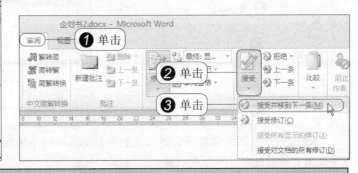

💡 **知识点拨：一次性接受所有修订**

　　阅读了修订内容后，如果用户决定接受文档中的所有修订时，可在"审阅"选项卡中单击"更改"组中的"接受"按钮，在弹出的下拉列表中直接单击"接受对文档的所有修订"，即可一次性接受所有修订内容。

　　STEP03：显示接受修订效果。经过以上操作后，文档中该处的修订位置就会将修改后的内容以正常效果显示，程序自动选中下一处修订文本，如下左图所示，按照同样方法对文档中其余需要接受的修订进行接受操作。

　　STEP04：查找要拒绝的修订。单击"更改"组中"上一条"或"下一条"按钮，直到选中要编辑的修订，如下中图所示。

　　STEP05：拒绝修订。单击"更改"组中"拒绝"按钮，在弹出的下拉列表中单击"拒绝修订"选项，如下右图所示，按照同样方法，将其余不需要更改的修订也执行拒绝操作。

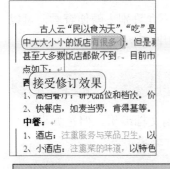

🏃 **助跑地带——更改批注与修订的用户信息**

　　原始文件：实例文件 \ 第 6 章 \ 原始文件 \ 企划书 3.docx
　　最终文件：实例文件 \ 第 6 章 \ 最终文件 \ 企划书 3.docx

　　为文档添加批注时，批注中会显示出当前电脑用户的信息情况，如果用户想要在批注中显示别的信息，可通过更改用户信息来达到目的。

　　❶ **执行更改用户名命令。**打开"实例文件 \ 第 6 章 \ 原始文件 \ 企划书 3.docx"，切换到"审阅"选项卡，单击"更改"组中"修订"按钮，在弹出的下拉列表中单击"更改用户名"选项，如下左图所示。

　　❷ **设置用户名与缩写。**弹出"Word 选项"窗口，在"对 Microsoft Office"进行个性化设置区域内的"用户名"与"缩写"文本框内输入用户要设置的信息，如下右图所示，最后

单击"确定"按钮。

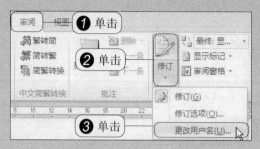
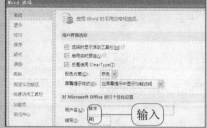

❸ **显示更改用户名效果。** 返回文档中新插入的一个批注，在批注中就会显示出用户所设置的用户名的缩写，如下图所示。

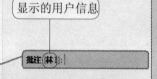

> ◎ **知识点拨：更改批注框的大小、位置等格式**
>
> 需要对批注框的大小、位置等内容进行更改时，可单击"审阅"选项卡中"更改"组内的"修订"按钮，在弹出的下拉列表中单击"修订选项"，在打开的"修订选项"对话框"批注框"区域内即可对批注框的大小、位置等选项进行设置。

6.4 | 保护文档

对于一些重要的文档，为了防止别人对文档进行更改，或不允许别人随便查看，可以对文档进行保护，保护的类别主要包括限制编辑与添加密码保护两种。

6.4.1 限制文档的编辑与取消保护

在 Word 程序中，为了防止别人对文档进行误编辑，可限制文档编辑，但是如果用户自己需要对文档进行编辑时，可取消文档保护，然后就可以进行编辑了。

1. 限制文档编辑

原始文件：实例文件 \ 第6章 \ 原始文件 \ 车间生产规范 . docx
最终文件：实例文件 \ 第6章 \ 最终文件 \ 车间生产规范 . docx

为了防止文档的阅读者随便对文档进行修改，可以对文档进行限制编辑的操作。在限制时，用户可根据需要设置限制编辑格式或不允许任何内容的编辑。

STEP01：打开"限制编辑"任务窗格。 打开"实例文件 \ 第6章 \ 原始文件 \ 车间生产规范 . docx"，切换到"审阅"选项卡，单击"保护"组中"限制编辑"按钮，如下图所示。

STEP02：选择编辑限制选项。弹出"限制格式和编辑"任务窗格，勾选"2. 编辑限制"区域内"仅允许在文档中进行此类型的编辑"复选框，如下左图所示。

STEP03：启动强制保护。设置了编辑限制后，单击任务窗格中的"是，启动强制保护"按钮，如下中图所示。

STEP04：设置保护密码。弹出"启动强制保护"对话框，在"密码"区域内"新密码"文本框中输入要设置的密码内容，然后在"确认新密码"文本框中再次输入密码进行确认，最后单击"确定"按钮，如下右图所示。

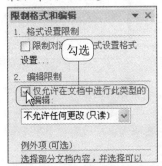  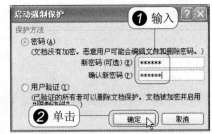

> **提示：本例密码**
> 本例中所设置的保护密码为 123654。

STEP05：显示限制编辑效果。启动强制保护并设置了密码后，只要用户试图改变文档中的任意一处文本，就会弹出"限制格式和编辑"任务窗格，提示用户文档受保护，以防止误编辑，如下图所示。

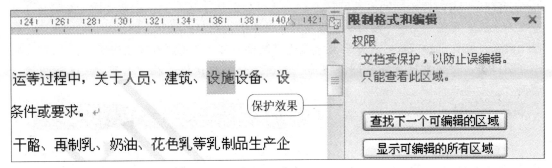

2. 取消文档保护

限制了文档的编辑后，就算是用户本人也不能进行编辑，当用户需要对文档编辑时，可取消文档的保护，然后再进行编辑。

STEP01：执行停止保护命令。在受保护的文档中执行任何操作后，都会弹出"限制格式和编辑"任务窗格，单击"停止保护"按钮，如下左图所示。

STEP02：输入保护密码。弹出"取消保护文档"对话框，在"密码"文本框中输入限制文档编辑时设置的密码，然后单击"确定"按钮，如下中图所示，即可取消限制编辑的操作。

STEP03：显示取消保护效果。取消了限制编辑的操作后，"限制格式和编辑"任务窗格就会恢复为未设置限制时的内容，如下右图所示，并且文档也可以进行编辑了。

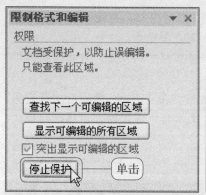
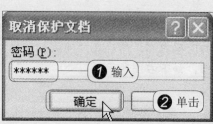
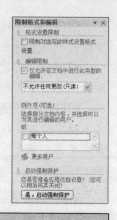

> 🌀 **知识点拨：限制格式编辑**
>
> 在限制文档的编辑时，也可以只对文档的格式编辑进行限制，设置时，打开"限制格式和编辑"任务窗格后，勾选"格式设置限制"区域内"限制对选定的样式设置格式"复选框，然后单击"设置"链接，打开"设置"对话框，对限制的格式进行设置后，启用强制保护即可。

6.4.2 对文档进行加密

原始文件：实例文件 \ 第6章 \ 原始文件 \ 车间生产规范1. docx
最终文件：实例文件 \ 第6章 \ 最终文件 \ 车间生产规范1. docx

当用户的文档属于绝对机密时，为了防止别人看到，可对文档进行加密保护，这样在每次查看该文档时，只有知道密码的用户才能看到。减小文档被外传的概率。

STEP01：选择要绘制的自选图形。 打开"实例文件 \ 第6章 \ 原始文件 \ 车间生产规范1. docx"，单击"文件"按钮，在弹出的菜单中自动切换到"信息"标签，然后单击"权限"按钮，在弹出的下拉列表中单击"用密码进行加密"选项，如下左图所示。

STEP02：设置文档加密密码。 弹出"加密文档"对话框，在"密码"文本框中输入密码，然后单击"确定"按钮，如下右图所示。

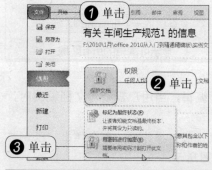
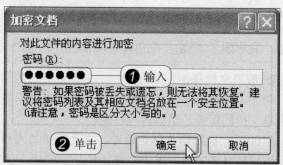

> 🌀 **提示：本例密码**
>
> 本例中所设置的保护密码为123654。

STEP03：确认密码。 弹出"确认密码"对话框，在"重新输入密码"文本框中再次输入所设置的密码，然后单击"确定"按钮，如下左图所示。

STEP04：显示添加密码效果。 设置了密码保护后，将文档保存，再重新打开该文档时，就会弹出"密码"对话框，如下右图所示，输入了正确的密码后，才能打开该文档。

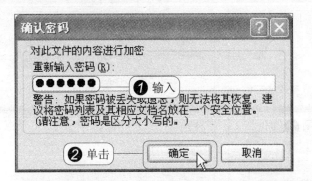

保护效果

> 📀 **知识点拨：取消加密保护**
>
> 　　对文档进行加密后，需要取消保护时，可在打开文档后，单击"文件"按钮，在弹出的下拉列表中单击"信息"标签中的"保护文档"按钮，在弹出的下拉列表中单击"用密码进行保护"按钮，弹出"加密文档"对话框后，删除"密码"文本框中的内容，然后单击"确定"按钮，即可完成取消加密保护的操作。

同步实践：审阅"请假制度.docx"文档

原始文件：实例文件 \ 第6章 \ 原始文件 \ 请假制度.docx

最终文件：实例文件 \ 第6章 \ 最终文件 \ 请假制度.docx

　　本章对制作好文档后的审阅工作进行了介绍，通过本章的学习可以掌握文本中不同内容、不同语言间的转换，对文档的校对操作，批注与修订文档以及保护文档的操作，下面结合本章所学知识来对请假制度文档进行审阅。

　　STEP01：打开"字数统计"对话框。打开"实例文件 \ 第6章 \ 原始文件 \ 请假制度.docx"，切换到"审阅"选项卡，单击"校对"组中"字数统计"按钮，如下左图所示。

　　STEP02：查看字数统计。弹出"字数统计"对话框，查看完字数信息后，单击"关闭"按钮，如下右图所示。

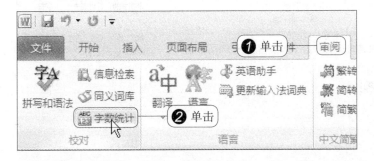

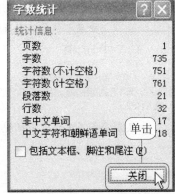

　　STEP03：执行"更改用户名"命令。返回文档，单击"更改"组中"修订"按钮，在弹出的下拉列表中单击"更改用户名"选项，如下左图所示。

　　STEP04：更改用户名缩写。弹出"Word选项"窗口，在"对MicrosoftOffice进行个性化设置"组中的"缩写"文本框内直接输入用户的缩写名称，如下右图所示，然后单击"确定"按钮。

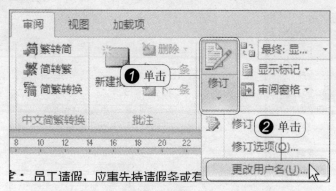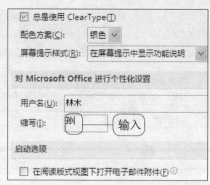

STEP05：为文档插入批注。 返回文档中阅读了相关内容后，选中要添加批注的文本，然后单击"审阅"选项卡"批注"组中的"新建批注"按钮，如下左图所示。

STEP06：编辑批注。 插入批注后，在批注框内输入批注的内容，如下中图所示，按照同样方法，添加其他批注内容。

STEP07：执行修订操作。 单击"审阅"选项卡中"更改"组中的"修订"按钮，在弹出的下拉列表中单击"修订"选项，如下右图所示。

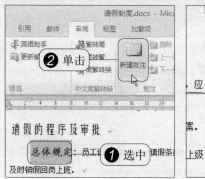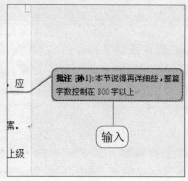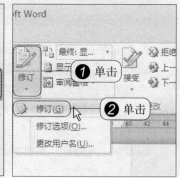

STEP08：对文档进行修订。 执行了修订操作后，对文档中需要更改的内容进行修改、批注操作，完成文档的审阅，如下图所示。

Chapter 7

Word 2010的高效办公

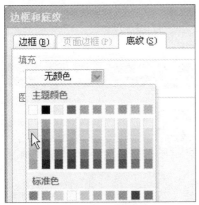

高效办公是指做事的效率很高，可以达到事半功倍的作用，在Word 2010有一些功能就可以帮助用户做出事半功倍的效果，本章中就来将这些能够提高工作效率的功能进行介绍，让我们在有限的时间内做出更多的事情来。

7.1 | 项目符号的使用

项目符号一般放于文本的最前端，可用于强调效果，也可用于对文本的条列进行区分。应用项目符号可以使条例较多的文档看起来清晰美观，所以在使用项目符号时，尽量选择一些外观漂亮的符号应用。

7.1.1 使用项目符号库内的符号

原始文件：实例文件 \ 第7章 \ 原始文件 \ 面谈表 . docx
最终文件：实例文件 \ 第7章 \ 最终文件 \ 面谈表 . docx

为电脑安装了 Office 2010 程序后，Word 的项目符号列表库中就预设了几种比较精典的项目符号，为文档添加项目符号时，可直接使用项目符号库内符号。

STEP01：选中要添加项目符号的文本。 打开"实例文件 \ 第7章 \ 原始文件 \ 面谈表 . docx"，拖动鼠标选中要添加项目符号的文本，如下左图所示。

STEP02：选择要使用的项目符号。 单击"开始"选项卡中"段落"组内"项目符号"按钮，在弹出的下拉列表中，单击"项目符号库"区域内第一排第四个符号样式，如下中图所示。

STEP03：显示应用项目符号效果。 经过以上操作后，就完成了为文本添加项目符号的操作，如下右图所示。

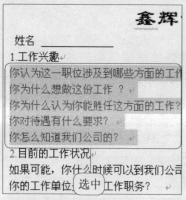  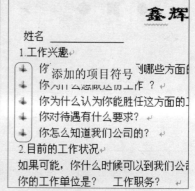

7.1.2 定义新的项目符号

原始文件：实例文件 \ 第7章 \ 原始文件 \ 违规手册 . docx
最终文件：实例文件 \ 第7章 \ 最终文件 \ 违规手册 . docx

除了项目符号库中的符号，还有很多漂亮、简约的符号可用于项目符号的使用，但是需要用户自己进行添加。

STEP01：选中要添加项目符号的文本。 打开"实例文件 \ 第7章 \ 原始文件 \ 违规手册 . docx"，拖动鼠标选中要添加项目符号的文本，如下左图所示。

STEP02：打开"定义新项目符号"对话框。 单击"开始"选项卡中"段落"组内"项目符号"按钮，在弹出的下拉列表中单击"定义新项目符号"选项，如下中图所示。

STEP03：打开"图片项目符号"对话框。 弹出"定义新项目符号"对话框，单击"图片"

按钮，如下右图所示。

STEP04：选择要使用的项目符号。 弹出"图片项目符号"对话框，单击要作为项目符号的图片，然后单击"确定"按钮，如下左图所示。

STEP05：完成项目符号的定义。 返回"定义新项目符号"对话框，在"预览"列表框中即可看到应用效果，单击"确定"按钮，如下中图所示。

STEP06：显示应用项目符号效果。 经过以上操作后，就完成了为文本自定义添加项目符号的操作，如下右图所示。

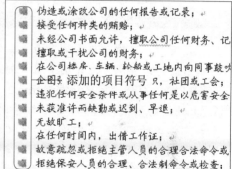

7.2 | 编号的应用

编号是以某种有顺序的数据为依据，对文本内容进行有规律地排序，应用编号后，可以使文档内容更加清晰明了。

7.2.1　为文本应用"001"编号样式

原始文件：实例文件 \ 第7章 \ 原始文件 \ 面谈表.docx
最终文件：实例文件 \ 第7章 \ 最终文件 \ 面谈表.docx

Word2010中同样预设了一些编号样式，用户可直接应用预设的编号，在 Word2010 中新增加"001"的编号样式，让用户有更多的选择，下面就来为文本应用该样式。

STEP01：选中要添加项目符号的文本。 打开"实例文件 \ 第7章 \ 原始文件 \ 面谈表.docx"，拖动鼠标选中要添加编号的文本，如下左图所示。

STEP02：选择要使用的编号样式。 单击"开始"选项卡中"段落"组内"编号"按钮，在弹出的下拉列表中单击第1排第1个样式，如下中图所示。

STEP03：显示应用编号效果。经过以上操作后，就完成了为文本应用编号的操作，如下右图所示。

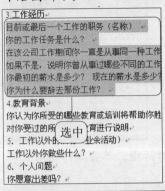
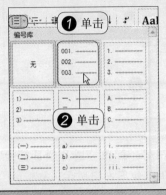

> **知识点拨**：应用编号样式后继续编号
>
> 为文档添加编号后，程序会为所有选中的段落自动应用编号，当用户需要为文档中添加更多的编号时，可将光标定位在开始编号的上一段落的末尾，然后按下Enter键，程序会根据上一个编号的数值，自动继续编号。

7.2.2 自定义编号格式

原始文件：实例文件 \ 第7章 \ 原始文件 \ 总则 .docx
最终文件：实例文件 \ 第7章 \ 最终文件 \ 总则 .docx

STEP01：打开"定义新编号格式"对话框。打开"实例文件 \ 第7章 \ 原始文件 \ 总则 .docx"，拖动鼠标选中要添加编号的文本，单击"开始"选项卡中"段落"组内"编号"按钮，在弹出的下拉列表中单击"定义新编号格式"选项，如下左图所示。

STEP02：选择编号样式。弹出"定义新编号格式"对话框，单击"编号样式"框右侧下三角按钮，在弹出的下拉列表中单击要使用的编号样式"一．二．三．（简）"选项，如下中图所示。

STEP03：打开"字体"对话框。选择了编号的样式后，单击对话框右侧"字体"按钮，如下右图所示。

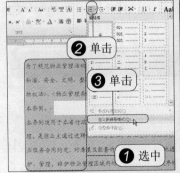

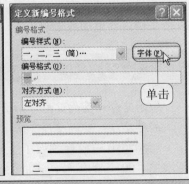

> **知识点拨**：设置项目符号的对齐方式
>
> 在多数情况下，应用了编号的文本都会设置为左对齐，如果用户需要自定义设置对齐方式时，可在打开"定义新编号格式"对话框后，通过"对齐方式"框进行设置。

STEP04：**设置编号字体。**弹出"字体"对话框，将"字体"设置为"楷体 GB2312"，"字形"为"加粗"，"字号"为"四号"，如下左图所示，最后单击"确定"按钮。

STEP05：**设置编号格式。**返回"定义新编号格式"对话框，在"编号格式"文本框中编号的前方与后方分别输入适当字符，最后单击"确定"按钮，如下中图所示。

STEP06：**显示自定义设置边框效果。**经过以上操作后，返回文档中就可以看到自定义设置的编号效果，如下右图所示。

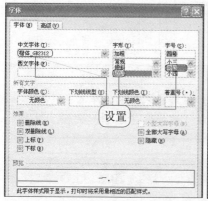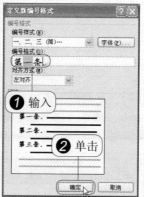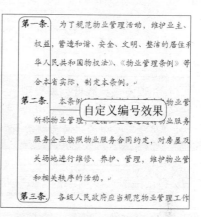

🌀 **知识点拨：自定义编号的存放位置**

　　自定义制作好编号后，编号会自动保存在当前文档的"编号"下拉列表中的"文档编号格式"区域中，使用时可直接单击该样式。

7.3 | 多级列表的应用

　　多级列表应用于正文级别较多的文档中，例如文档的内容除了二级外，还有三级、四级，应用了多级列表后，不同级别的内容会以不同的形式显示出来，对其加以区分。使用多级列表时，同样既可以应用预设的编号样式，又可以自定义多级编号样式。

7.3.1 应用多级列表的编号

原始文件：实例文件 \ 第 7 章 \ 原始文件 \ 招标公告 .docx
最终文件：实例文件 \ 第 7 章 \ 最终文件 \ 招标公告 .docx

STEP01：**选择要使用的多级编号样式。**打开"实例文件 \ 第 7 章 \ 原始文件 \ 招标公告 .docx"，拖动鼠标选中要添加多级编号的文本，单击"开始"选项卡中"段落"组内"多级列表"按钮，在弹出的下拉列表中单击"列表库"中第一排第二个编号样式，如下左图所示。

STEP02：**提升编号级别。**选择了编号样式后，程序自动为选中的文本应用二级列表样式，将光标定位在要提升为一级列表的段落内，单击"开始"选项卡中"段落"组内的"减少缩进量"按钮，如下中图所示。

STEP03：**显示应用多级列表效果。**按照同样方法，将所有需要提升为一级列表的段落进行提升，完成多级列表的应用，如下右图所示。

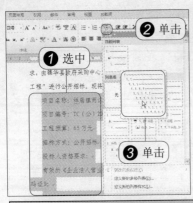 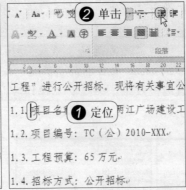 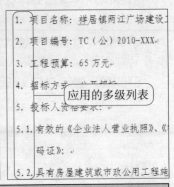

応用的多级列表

> **知识点拨：降低列表级别**
>
> 应用了多级列表后，需要降低列表级别时，可通过增加缩进量来完成，降低一级单击一次"段落"组中的"增加缩进量"按钮，降低二级则单击两次"增加缩进量"按钮，以此类推。

7.3.2 定义新的多级列表

原始文件：实例文件 \ 第7章 \ 原始文件 \ 资料报送部门列表.docx
最终文件：实例文件 \ 第7章 \ 最终文件 \ 资料报送部门列表.docx

使用多级列表时，如果程序中预设的列表样式不符合用户的要求，可自己动手定义多级列表，定义后的列表将直接应用到所选择的文档中。

STEP01：打开"定义新多级列表"对话框。 打开"实例文件 \ 第7章 \ 原始文件 \ 资料报送部门列表.docx"，选中要添加多级列表的文本，单击"开始"选项卡"段落"组中"多级列表"按钮，在弹出的下拉列表中单击"定义新的多级列表"选项，如下左图所示。

STEP02：设置第一级编号格式。 弹出"定义新多级列表"对话框，默认选中"单击要修改的级别"列表框中"1"，在"输入编号的格式"文本框中输入要设置编号格式，如下中图所示。

STEP03：打开"符号"对话框。 单击"单击要修改的级别"列表框中的"2"选项，然后单击"此级别的编号样式"框右侧下三角按钮，在弹出的列表中单击"新建项目符号"选项，如下右图所示。

 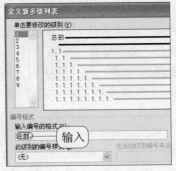 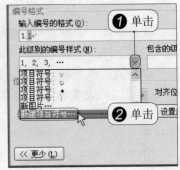

STEP04：选择要使用的编号样式。 弹出"符号"对话框，将"字体"设置为"Windings2"，然后单击要使用的编号样式，最后单击"确定"按钮，如下左图所示。

STEP05：设置三级列表样式。 返回"定义新多级列表"对话框，单击"单击要修改的级别"列表框中的"3"选项，将编号格式设置为"项目符号◆"，最后单击"确定"按钮，如下右图所示。

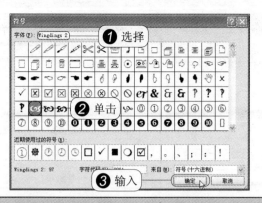

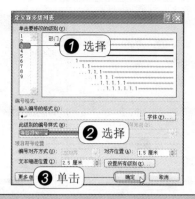

知识点拨：自定义设置符号的颜色、大小等格式

自定义设置多级列表时，选择了符号作为编号后，可单击"字体"按钮，在打开的"字体"对话框中，可对编号的颜色、大小等格式进行设置。

STEP06：降低编号级别。 返回文档中后，程序自动为选中的文本应用新设置的多级列表样式，将光标定位在要降为二级列表的段落内，单击"开始"选项卡中"段落"组内的"增加缩进量"按钮，如下左图所示，然后将光标定位在需要设置为三级列表的段落内，连续两次单击"段落"组中的"增加缩进量"按钮。

STEP07：显示定义新多级列表效果。 经过以上操作后，就完成了为文档设置并应用新多级列表的操作，按照同样的操作，将文档中的其余文本设置好级别，如下右图所示。

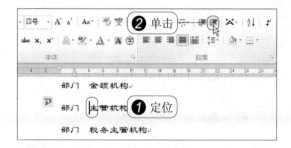

7.3.3　定义新的列表样式

原始文件：实例文件 \ 第 7 章 \ 原始文件 \ 招标公告 1. docx
最终文件：实例文件 \ 第 7 章 \ 最终文件 \ 招标公告 1. docx

当用户觉得程序中预设的多级列表样式太少，不能满足自己的需求时，可自己动手建立新的多级列表样式，用户所建立的多级列表样式，将会显示在当前文档的"多级列表"中"列表样式"组内，需要使用新的多级列表样式时，与应用预设的多级列表样式方法相同。

STEP01：打开"定义新列表样式"对话框。 打开"实例文件 \ 第 7 章 \ 原始文件 \ 招标公告 1. docx"，单击"开始"选项卡"段落"组中"多级列表"按钮，在弹出的下拉列表中单击"定义新的列表样式"选项，如下左图所示。

STEP02：为新定义的列表样式设置名称。 弹出"定义新列表样式"对话框，在"名称"文本框中输入新多级列表样式的名称，如下中图所示。

STEP03：打开"修改多级列表"对话框。 单击对话框左下角"格式"按钮，在弹出的下拉列表中单击"编号"选项，如下右图所示。

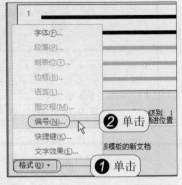

STEP04：设置一级列表样式。弹出"修改多级列表"对话框，在"单击要修改的级别"列表框中单击"1"选项，然后在"输入编号的格式"文本框中输入编号内容，最后将"此级别的编号样式"设置为"一．二．三．（简）……"选项，如下左图所示。

STEP05：设置二级列表样式。在"单击要修改的级别"列表框中单击"2"选项，然后在"输入编号的格式"文本框中输入编号内容，如下中图所示，最后依次单击各对话框中的"确定"按钮。

STEP06：查看新定义的列表样式。返回文档中单击"段落"组内"多级列表"按钮，在弹出的下拉列表中就可以看到新定义的列表样式，如下右图所示。

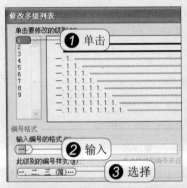
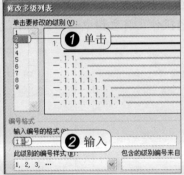

7.4 | 样式的应用

样式是多种格式的集合，一个样式中可能包括字体、大小、颜色、底纹、间距等格式，为文档应用样式时，只要一键即可。所以当文档中有多处内容需要应用同样的多种格式时，可直接将这些格式设置为样式，快速地将其应用到文档中多个内容处。

7.4.1 使用程序预设样式

原始文件：实例文件 \ 第7章 \ 原始文件 \ 车间生产公告 . docx
最终文件：实例文件 \ 第7章 \ 最终文件 \ 车间生产公告 . docx

Word 程序中预设了一些标题、正文、页眉等样式，当用户需要为文档设置标题的样式时，可直接使用程序的预设样式完成操作。

STEP01：为文本应用标题样式。打开"实例文件 \ 第7章 \ 原始文件 \ 车间生产公告 .docx"，单击选中要应用样式的段落，单击"开始"选项卡"样式"组"标题"样式图标，如下左图所示。

STEP02：显示应用标题样式效果。经过以上操作后，所选中的文本就应用了"标题"的样式，在该文本的左侧可以看到应用样式时所出现的小黑点，将光标定位在另一处要应用样式的段落内，如下右图所示。

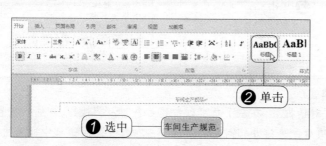
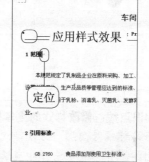

STEP03：应用标题1样式。单击"开始"选项卡"样式"组"标题1"样式图标，如下左图所示。

STEP04：更改样式效果。为文档应用了标题样式后，在"开始"选项卡"字体"组中将"字号"设置为"五号"，如下中图所示。

STEP05：显示应用标题样式效果。经过以上操作后，就完成了为文本应用及更改样式的操作，如下右图所示，按照类似方法为其他段落也应用适当的样式。

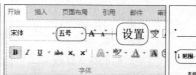

知识点拨：查看更多预设样式

　　Word2010中预设了标题、正文、无间隔、不明显强调、强调、引用等十多种样式效果，将光标定位在要应用样式的段落内后，单击"开始"选项卡"样式"组列表框右下角的快翻按钮，在弹出的下拉列表中即可看到预设的全部样式，单击相应图标，即可完成样式的应用。

7.4.2　更改样式

原始文件：实例文件＼第7章＼原始文件＼工作总结.docx
最终文件：实例文件＼第7章＼最终文件＼工作总结.docx

　　当用户经常使用的样式，是在预设样式的基础上进行简单编辑的效果时，可以直接将预设更改为常用的效果，这样用户在应用了样式后，就不需要再次进行更改了。

STEP01：打开"样式"任务窗格。打开"实例文件＼第7章＼原始文件＼工作总结.docx"，单击"开始"选项卡"样式"组右下角的对话框启动器，如下左图所示。

STEP02：打开"修改样式"对话框。弹出"样式"任务窗格，将鼠标指向要修改的样式，然后单击该样式右侧的下三角按钮，在弹出的下拉列表中单击"修改"选项，如下中图所示。

STEP03：输入样式名称并设置字体。弹出"修改样式"对话框，在"名称"文本框中输入修改后的样式名称，然后单击"格式"区域内"字体"框右侧下三角按钮，在弹出的下拉列表中单击要使用的字体选项，如下右图所示。

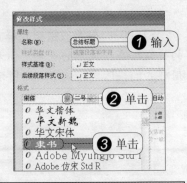

💿 **知识点拨：修改样式的更多格式**

　　修改样式时,打开"修改样式"对话框后,在左下角可以看到一个"格式"按钮,单击该按钮,在弹出的下拉列表中选择相应选项后,可打开相对应的对话框,在打开的对话框中即可进行更多格式的修改。

　　STEP04：设置段落对齐方式。设置了样式的字体后,单击段落对齐方式区域内"居中对齐"按钮,如下左图所示,最后单击"确定"按钮。

　　STEP05：显示更改样式后效果。返回"样式"任务窗格,在其中就可以看到修改后的样式,名称也进行了相应地变化,如下中图所示。

💿 **知识点拨：清除样式**

　　为文本应用了样式后,对效果不满意需要清除时,单击"样式"任务窗格中的"全部清除"选项,即可清除所应用的样式。

7.4.3　新建样式

　　原始文件: 实例文件 \ 第7章 \ 原始文件 \ 秘书职务说明. docx
　　最终文件: 实例文件 \ 第7章 \ 最终文件 \ 秘书职务说明. docx

　　对于用户需要的而程序中又没有的样式,用户可以自己动手建立新的样式,新建的样式将会保存到当前文档的"样式"任务窗格中,应用时,直接单击新建的样式图标即可。

　　STEP01：定位要应用样式的段落。打开"实例文件 \ 第7章 \ 原始文件 \ 秘书职务说明. docx",将光标定位在要应用样式的段落内,如下左图所示。

　　STEP02：打开"根据格式设置创建新样式"对话框。打开"样式"任务窗格,单击"新建样式"按钮,如下中图所示。

　　STEP03：输入样式名称并设置字形与字号。弹出"根据格式设置创建新样式"对话框,在"名称"文本框中输入样式名称,然后单击"格式"区域内"加粗"按钮,最后将"字号"设置为"四号",如下右图所示。

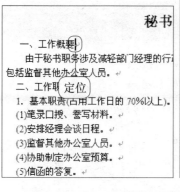

STEP04：打开"边框和底纹"对话框。设置了样式的字体效果后，单击"格式"按钮，在弹出的下拉列表中单击"边框"选项，如下左图所示。

STEP05：设置样式的底纹效果。弹出"边框和底纹"对话框，切换到"底纹"选项卡，单击"填充"框右侧下三角按钮，在弹出的下拉列表中单击"白色，背景1，深色15%"颜色图标，如下中图所示，最后单击"确定"按钮。

STEP06：打开"段落"对话框。返回"根据格式设置创建新样式"对话框，单击"格式"按钮，在弹出的下拉列表中单击"段落"选项，如下右图所示。

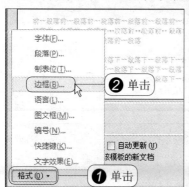
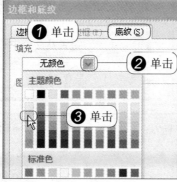
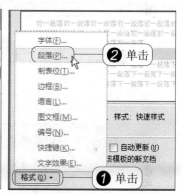

STEP07：设置段落间距。弹出"段落"对话框，在"缩进和间距"选项的"间距"区域内，单击"段前"数值框右侧上调按钮，将数值设置为"0.5行"，按照同样操作，将"段后"也设置为"0.5行"，如下左图所示，最后依次单击各对话框中的"确定"按钮。

STEP08：显示新建的样式。返回文档中，在"样式"列表框中即可看到新建的样式，如下中图所示。

STEP09：显示应用样式后效果。创建的样式后，光标所在的段落会自动应用所创建的样式效果，如下右图所示。

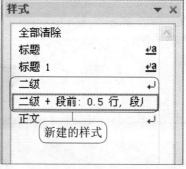
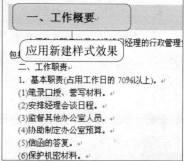

7.4.4 删除样式

原始文件：实例文件 \ 第 7 章 \ 原始文件 \ 秘书职务说明 1. docx

最终文件：实例文件 \ 第 7 章 \ 最终文件 \ 秘书职务说明 1. docx

对于新建的样式，在建立后，却发现不再需要时，可直接将该样式删除。删除样式后，所有应用该样式的文本将恢复为文档的默认效果。

STEP01：执行删除样式命令。 打开"实例文件 \ 第 7 章 \ 原始文件 \ 秘书职务说明 1. docx"，打开"样式"任务窗格，右击要删除的样式选项，在弹出的快捷菜单中单击"删除"命令，如下左图所示。

STEP02：确认删除样式。 执行了删除样式的操作后，弹出"Microsoft Word"提示框，询问用户是否删除所选样式，单击"是"按钮，如下右图所示，即可将所选择的样式删除，同时文档中应用过该样式的文本也会恢复为原来的正文效果。

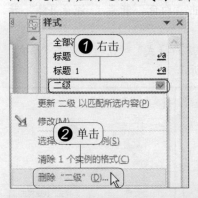
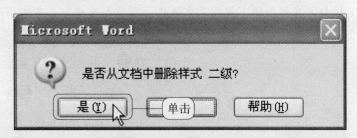

助跑地带——一键清除应用的样式

原始文件：实例文件 \ 第 7 章 \ 原始文件 \ 风景介绍 .docx

最终文件：实例文件 \ 第 7 章 \ 最终文件 \ 风景介绍 .docx

为文档应用了不同格式的设置后，需要将文本恢复为默认设置时，无论所应用的格式有多少，样式有多复杂，只要单击一个按钮就可以搞定，即"清除格式"按钮。

❶ 清除文本格式。 打开"实例文件 \ 第 7 章 \ 原始文件 \ 风景介绍 .docx"，选中要清除格式的文本，单击"开始"选项卡中"字体"组内"清除格式"按钮，如下左图所示。

❷ 显示清除格式效果。 经过以上操作后，就可以清除选中文本所应用的所有格式，如下右图所示。

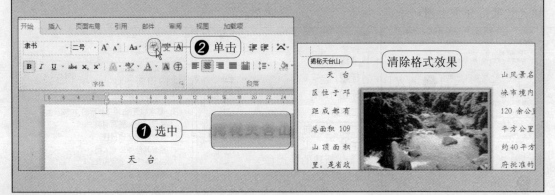

7.5 | 查找功能的使用

在篇幅较长的文档中要找出一个字符或一种格式时，即会浪费很多时间，又有可能出现遗漏的情况。如果使用"查找"功能进行查找，可以很方便地完成操作。

7.5.1 使用导航窗格搜索文本

原始文件：实例文件 \ 第7章 \ 原始文件 \ 车间生产规范.docx

Word2010中新增加了导航窗格，通过窗格可查看文档结构，也可以对文档中的某些文本内容进行搜索，搜索到需要的内容后，程序会自动将其进行突出显示。

STEP01：打开"导航窗格"。打开"实例文件 \ 第7章 \ 原始文件 \ 车间生产规范.docx"，切换到"视图"选项卡下，勾选"显示"组中"导航窗格"复选框，如下左图所示，打开"导航"任务窗格。

STEP02：输入查找的内容。打开任务窗格后，在窗格上方的搜索文本框中输入要搜索的文本内容，如下中图所示。

STEP03：显示查找到的内容。在"导航"任务窗格中，将搜索的内容输入完毕后，程序会自动执行搜索操作，搜索完毕后，程序会自动将搜索到的内容以突出显示的形式显示出来，如下右图所示。

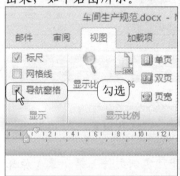

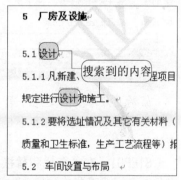

> ◎ **知识点拨：搜索部分内容**
> 需要在文档中的某个段落或某个区域中搜索需要的内容时，打开"导航窗格"后，在文档中选中需要的区域，然后输入搜索内容即可。

7.5.2 在"查找和替换"对话框中查找文本

原始文件：实例文件 \ 第7章 \ 原始文件 \ 车间生产规范.docx

查找文本时，也可以通过"查找和替换"对话框来完成查找操作，使用这种方法，可以对文档中的内容一处一处地进行查找，也可以在固定的区域内查找，具有灵活的特点。

STEP01：打开"查找和替换"对话框。打开"实例文件 \ 第7章 \ 原始文件 \ 车间生产规范.docx"，单击"开始"选项卡"编辑"组内下三角按钮，弹出列表后，单击"替换"选项，如下左图所示。

STEP02：输入查找的内容并设置查找范围。弹出"查找和替换"对话框，切换到"查找"

选项卡，在"查找内容"文本框中输入要查找的内容，然后单击"在以下项中查找"按钮，在弹出的下拉列表中单击"主文档"选项，如下右图所示。

 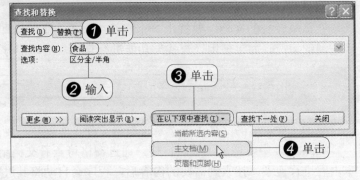

STEP03：**显示查找到的内容**。经过以上操作后，程序会自动执行查找操作，查找完毕后，所有查找到的内容都会处于选中状态，如下左图所示。

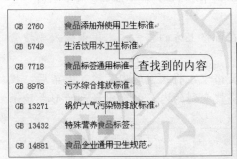

> **知识点拨：突出显示查找到的内容**
>
> 使用"查找和替换"对话框，将内容查找完毕后，单击"阅读突出显示"按钮，在弹出的下拉列表中单击"全部突出显示"选项，即可将查找到的内容全部突出显示出来。

7.5.3 查找文本中某种格式

原始文件：实例文件 \ 第7章 \ 原始文件 \ 车间生产规范.docx

当用户要查找的内容不是文本，而是某些格式时，可使用"查找和替换"对话框实现查找的目的。

STEP01：**在"查找和替换"对话框中显示更多内容**。打开"实例文件 \ 第7章 \ 原始文件 \ 车间生产规范.docx"，打开"查找和替换"对话框，在"查找"选项卡中单击"更多"按钮，如下左图所示。

STEP02：**打开"查找字体"对话框**。对话框中显示出更多内容后，单击"格式"按钮，在弹出的下拉列表中单击"字体"选项，如下中图所示。

STEP03：**设置要查找的字体**。弹出"查找字体"对话框，在"字体"选项卡中单击"字体"框右侧下三角按钮，在弹出的下拉列表中单击"宋体"选项，如下右图所示。

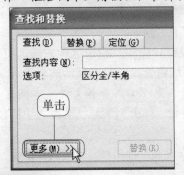 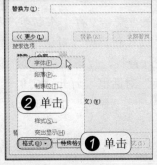 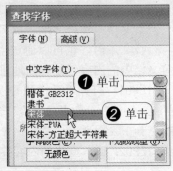

STEP04：设置字形。单击"字形"列表框内"加粗"按钮，最后单击"确定"按钮，如下左图所示。

STEP05：突出显示查找的内容。返回"查找和替换"对话框，单击"阅读突出显示"按钮，在弹出的下拉列表中单击"全部突出显示"选项，如下中图所示。

STEP06：显示查找到的格式。经过以上操作后，文档中所有要查找的格式都会以黄色填充效果突出显示，如下右图所示，将需要的内容查找出来后，就可以执行更改或删除等操作。

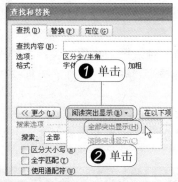
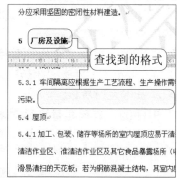

> 助跑地带——使用通配符查找文本

原始文件：实例文件 \ 第7章 \ 原始文件 \ 畅销书目表 .docx

　　通配符，可用于查找文件时使用，通配符可代替一个或多个真正字符。当用户不知道真正字符或者要查找的内容中只限制部分内容，而其他不限制的内容就可以使用通配符代替。常用的通配符包括"*"与"？"等，其中"*"表示多个任意字符，而"？"表示一个任意字符。

❶ **使用通配符。**打开"实例文件 \ 第7章 \ 原始文件 \ 畅销书目表 .docx"，打开"查找和替换"对话框，在"查找"选项卡中显示出更多查找内容后，勾选"使用通配符"复选框如下左图所示。

❷ **设置查找内容。**在"查找内容"文本框中输入要查找的内容 V 与 m 中包括多个任意字符的单词"V*m"，然后单击"在以下项中查找"按钮，在弹出的下拉列表中单击"当前所选内容"选项，如下中图所示。

❸ **显示查找到的内容。**经过以上操作后，文档中所有 V 与 m 中包括多个任意字符的单词就会被查找出来，并处于选中状态，如下右图所示。

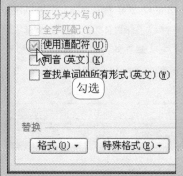
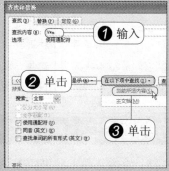

[美]H.W.布朗兹	26.00	2003.1
[英]约翰·加赛德	20.00	2005.1
[美]Victor Vroom	35.00	2007.5
[美]Victor Verym	35.00	2007.5
[美]Victor Vhoom	35.00	
[美]Victor Verym	35.00	
[美]Victor Vroam	35.00	2007.5
[英]迈克尔·科伦斯	20.00	2008.5
[英]迈克尔·科伦斯	18.00	2008.5
[英]帕特里·夏韦林顿	19.00	2008.5

7.6 | 替换文档中的内容

　　替换功能用于将文档中的某些内容替换为其他内容，使用该功能时，将会与查找功能一起使用，替换的内容包括文本、格式两种类型，可帮助用户提高工作效率。

7.6.1 替换文本的操作

原始文件：实例文件 \ 第7章 \ 原始文件 \ 车间生产规范.docx
最终文件：实例文件 \ 第7章 \ 最终文件 \ 车间生产规范.docx

替换文本是替换功能最简单也是最常用的方法，执行替换操作时，需要通过"查找和替换"对话框来完成。

STEP01：打开"查找和替换"对话框。打开"实例文件 \ 第7章 \ 原始文件 \ 车间生产规范.docx"，单击"开始"选项卡"编辑"组内下三角按钮，弹出列表后，单击"替换"选项，如下左图所示。

STEP02：查找要替换的文本。弹出"查找和替换"对话框，在"替换"选项卡的"查找内容"与"替换为"文本框中分别输入要查找的内容，然后单击"查找下一处"按钮，如下右图所示。

STEP03：替换文本。单击"查找下一处"按钮后，文档中第一处查找到的内容就会处于选中状态，需要向下查找时，再次单击"查找下一处"按钮，出现要替换的内容后，单击"替换"按钮，如下左图所示。

STEP04：显示替换效果。经过以上操作后，查找到的内容就被替换完毕，如下中图所示，还需要替换时，再次单击"查找下一处"按钮即可。

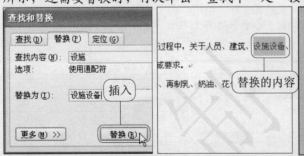

> **知识点拨：打开"查找和替换"对话框的快捷键**
>
> 打开"查找和替换"对话框的快捷键为 Ctrl+H 或 Ctrl+G，按下 Ctrl+H，打开"查找和替换"对话框切换到"替换"选项卡，而按下 Ctrl+G 后，切换到"定位"选项卡。

7.6.2 替换文本格式的应用

原始文件：实例文件 \ 第7章 \ 原始文件 \ 秘书职务说明2.docx
最终文件：实例文件 \ 第7章 \ 最终文件 \ 秘书职务说明2.docx

替换文本格式是指将不更改文本的内容，只对文本的字体、段落、边框、底纹等格式进行更改，所以在设置查找与替换内容时，可不必输入文字，而是直接设置要查找与替换的格式。

STEP01：在"查找和替换"对话框中显示出更多内容。打开"实例文件 \ 第7章 \ 原始文件\秘书职务说明 2.docx", 打开"查找和替换"对话框, 在"替换"选项卡中单击"更多"按钮, 如下左图所示。

STEP02: **打开"查找字体"对话框。** 将光标定位在"查找内容"文本框内, 然后单击"格式"按钮, 在弹出的下拉列表中单击"字体"选项, 如下中图所示。

STEP03: **设置查找字体。** 弹出"查找字体"对话框, 在"字体"选项卡中将"中文字体"设置为"宋体", "字号"设置为"四号", 然后单击"确定"按钮, 如下右图所示。

STEP04: **打开"替换字体"对话框。** 返回"查找和替换"对话框, 在"查找内容"文本框下方就可以看到设置的格式, 将光标定位在"替换为"文本框内, 然后单击"格式"按钮, 在弹出的下拉列表中单击"字体"选项, 如下左图所示。

STEP05: **设置替换的格式。** 弹出"替换字体"对话框, 在"字体"选项卡中将"中文字体"设置为"隶书", "字形"为"加粗", "字号"为"三号", "字体颜色"为"红色, 强调文字颜色2, 深色25%", 如下中图所示, 最后单击"确定"按钮。

STEP06: **替换全部内容。** 设置好格式后, 返回"查找和替换"对话框, 单击"全部替换"按钮, 如下右图所示。

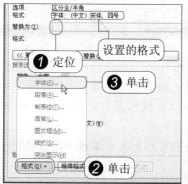
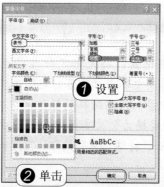

> **💡 知识点拨: 取消格式的限定**
>
> 在"查找和替换"对话框中为"查找内容"和"替换为"设置了格式后, 需要取消格式时, 可单击对话框下方的"不限定格式"按钮, 即可将设置好的格式取消。

STEP07: **显示完成替换的数量。** 程序将查找到的内容全部替换完毕后, 弹出"Microsoft Word"提示框, 提示"Word已完成对文档的搜索并完成了7处替换", 单击"确定"按钮, 如下左图所示。

STEP08: **显示替换效果。** 经过以上操作后, 就完成了替换文本格式的操作, 在文档中即可看到替换后的效果, 如下右图所示。

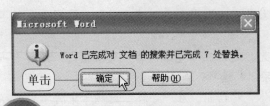

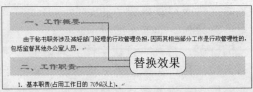

替换效果

7.6.3　特殊格式之间的替换

原始文件：实例文件 \ 第7章 \ 原始文件 \ 面谈表.docx
最终文件：实例文件 \ 第7章 \ 最终文件 \ 面谈表.docx

特殊格式是指文档中的段落符号、制表位、分栏符、省略符号等内容，程序对以上内容设定了特殊的符号，下面就以段落标题格式的替换为例，来介绍一下特殊格式之间的替换操作。

STEP01：定位开始查找的位置。打开"实例文件 \ 第7章 \ 原始文件 \ 面谈表.docx"，将光标定位在正文中开始执行查找与替换的位置，如下左图所示。

STEP02：在"查找和替换"对话框中显示出更多内容。打开"查找和替换"对话框，在"替换"选项卡中单击"更多"按钮，如下中图所示。

STEP03：设置搜索范围。单击"搜索选项"区域内"搜索"框右侧下三角按钮，在弹出的下拉列表中单击"向下"选项，如下右图所示。

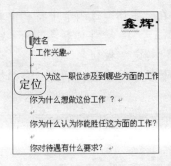

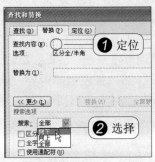

STEP04：选择要查找的特殊格式。将光标定位在"查找内容"文本框内，单击"特殊格式"按钮，在弹出的下拉列表中单击"段落标记"选项，如下左图所示。

STEP05：重新定位光标的位置。按照同样的操作，再为"查找内容"文本框添加一个段落标记，然后将光标定位在"替换为"文本框内，如下中图所示。

STEP06：设置替换内容。单击"特殊格式"按钮，在弹出的下拉列表中单击"段落标记"选项，如下右图所示。

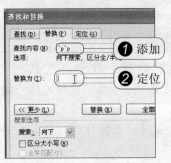

STEP07：**替换全部内容**。设置好查找与替换的特殊格式后，单击"全部替换"按钮，如下左图所示。

STEP08：**显示完成替换的数量**。程序将查找到的内容全部替换完毕后，弹出"MicrosoftWord"提示框，提示用户已完成对文档的搜索并完成了替换数量，并询问用户是否从开始处搜索，单击"否"按钮，如下右图所示，表示不重新搜查。需要从头开始搜索时，则单击"是"按钮，程序会自动重新对文档进行查找与替换。

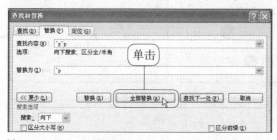

STEP09：**显示替换效果**。经过以上操作后，就完成了替换特殊格式的操作，在文档中即可看到替换后的效果，如下右图所示。

姓名 ＿＿＿＿＿＿＿　　　　　申请职位＿＿＿＿＿＿＿＿＿＿＿＿

1.工作兴趣

你认为这一职位涉及到哪些方面的工作？
你为什么想做这份工作？　　　　　　　　　　替换效果
你为什么认为你能胜任这方面的工作？

同步实践：使用查找替换功能统一更改"企划书"的二级标题样式

原始文件：实例文件 \ 第7章 \ 原始文件 \ 企划书.docx
最终文件：实例文件 \ 第7章 \ 最终文件 \ 企划书.docx

本章中对 Word2010 的高效办公操作进行了介绍，掌握了本章的知识点后，用户就可以更高效的工作，下面利用本章所介绍的知识，快速地为"企划书"的二级标题更改样式。

STEP01：**打开目标文件**。打开"实例文件 \ 第7章 \ 原始文件 \ 企划书.docx"，如下图所示。

> **一、市场研究及竞争状况**
>
> 　　目前人们对粥的认识还局限于一般的状态，品种单一，常见的白粥配咸菜，八宝粥(红)豆粥小米粥，皮蛋粥等少量品种，且对效用宣传较少，销售方式也陈旧，尚无专门粥店和相应的营销网络，市场缺口很大，无明显的竞争。
> 　　普通粥仅能充饥填肚价低利少，人们选择性强。而我们推出的是具有食疗保健，美容益寿为

STEP02：**显示"查找和替换"对话框更多内容**。打开"查找和替换"对话框，在"替换"选项卡单击"更多"按钮，如下左图所示。

STEP03：**打开"查找样式"对话框**。单击"格式"按钮，在弹出的下拉列表中单击"样式"选项，如下中图所示。

STEP04：**选择要查找的样式**。弹出"查找样式"对话框后，在"查找样式"列表框中

单击"标题"选项，然后单击"确定"按钮，如下右图所示。

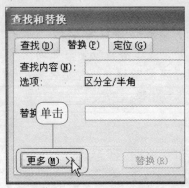

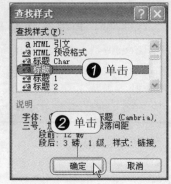

STEP05：定位光标位置。返回"查找和替换"对话框，在"查找内容"文本框下方就可以看到设置的格式，将光标定位在"替换为"文本框，如下左图所示。

STEP06：打开"查找样式"对话框。单击"格式"按钮，在弹出的下拉列表中单击"样式"选项，如下中图所示。

STEP07：选择要查找的样式。弹出"查找样式"对话框后，在"查找样式"列表框中单击"标题"选项，然后单击"确定"按钮，如下右图所示。

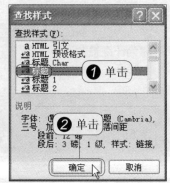

STEP08：打开"替换字体"对话框。返回"查找和替换"对话框，单击"格式"按钮，在弹出的下拉列表中单击"字体"选项，如下左图所示。

STEP09：设置替换字体。弹出"替换字体"对话框，在"字体"选项卡中将"中文字体"设置为"隶书"，添加"着重号"，最后单击"确定"按钮，如下中图所示。

STEP10：打开"替换段落"对话框。返回"查找和替换"对话框，单击"格式"按钮，在弹出的下拉列表中单击"段落"选项，如下右图所示。

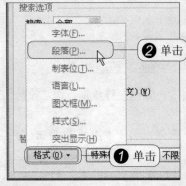

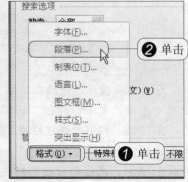

STEP11：设置替换的段落格式。弹出"替换段落"对话框，在"缩进和间距"选项卡中将"对齐方式"设置为"左对齐"，"特殊格式"为"无"，"段前"与"段后"间距设置为"0.5行"，如下左图所示，最后单击"确定"按钮。

STEP12：替换全部内容。设置好查找与替换的特殊格式后，返回"查找和替换"对话框，单击"全部替换"按钮，如下右图所示。

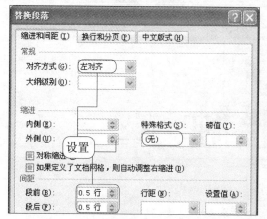

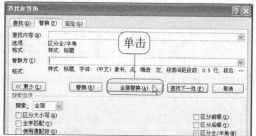

STEP13：显示完成替换的数量。程序将查找到的内容全部替换完毕后，弹出"Microsoft Word"提示框，提示"Word已完成对文档搜索并完成了替换的数量"，单击"确定"按钮，如下左图所示。

STEP14：显示替换效果。经过以上操作后，就完成了替换文档中样式的操作，在文档中即可看到替换后的效果，如下右图所示。

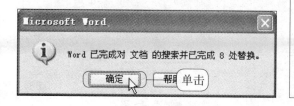

Chapter 8

Excel 2010初接触

E xcel 2010是Office 2010的另一核心组件，它是一个强大的数据处理软件。利用它不仅可以制作电子表格，还可以对其中的数据进行编辑和处理，包括处理复杂的计算、统计分析、创建报表或图表以及进行分类和查找等。本章将着重介绍Excel 2010的一些基本知识，包括其操作界面以及工作簿、工作表、单元格的一些基本操作，为后面的学习打下基础。

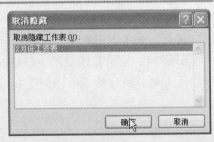

8.1 认识工作簿、工作表与单元格

在 Excel 中使用最频繁的就是工作簿、工作表和单元格，他们是构成 Excel 的支架，也是 Excel 主要的操作对象。

工作簿：工作簿是计算和存储数据的文件，用于保存表格中的内容，Excel 2010 工作簿的扩展名为 .xlsx。启动 Excel 2010 后，系统会自动新建一个名为"工作簿1"的工作簿，如下左图所示。

工作表：工作表是构成工作簿的主要元素，默认情况下工作簿中包括 3 张工作表，每张工作表都有自己的名称。工作表主要用于处理和存储数据，常称为电子表格，如下右图所示。

名为"员工信息表"的工作簿

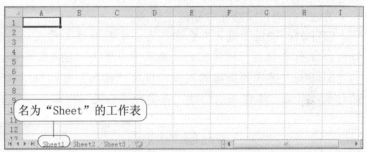
名为"Sheet"的工作表

单元格和单元格区域：单元格是 Excel 中最基本的存储数据单元格，通过对应的行标和列标进行命名和引用，任何数据都只能在单元格中输入，而多个连续的单元格则称为单元格区域，如下左图所示为单元格，如下右图所示为单元格区域。

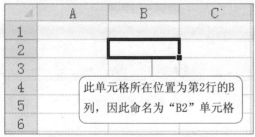
此单元格所在位置为第2行的B列，因此命名为"B2"单元格

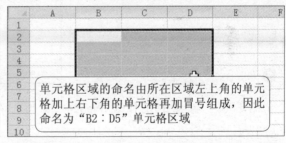
单元格区域的命名由所在区域左上角的单元格加上右下角的单元格再加冒号组成，因此命名为"B2：D5"单元格区域

工作簿、工作表和单元格的关系：在 Excel 2010 中，工作表是处理数据的主要场所；单元格是工作表中最基本的存储和处理数据的单元，一个工作簿包含多张工作表。因此他们之间为相互包含的关系，可用下面的图示来表示。

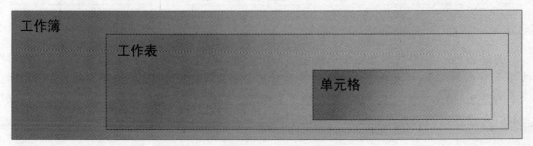
工作簿
工作表
单元格

8.2 | 工作表的基础操作

工作表是处理数据的主要场所，本节主要讲述工作表的新建、重命名、移动或复制、删除等基本操作。这些操作通常是通过工作表标签来完成的。

工作表标签位于操作界面的左下角，用来表示工作表（Sheet）的名称。上浮且呈白色显示的标签为当前工作表的标签，此时屏幕上显示的是该工作表中的内容。

8.2.1 | 新建工作表

工作簿默认的 3 个工作表有时无法满足用户的需求，这时就需要在工作簿中新建工作表，新建工作表通常有 3 种方法。

方法 1：通过快捷命令新建工作表。

STEP01：选择"插入"命令。 右击需要新建工作表后面的一张工作表标签，例如右击 Sheet1 工作表标签，从弹出的快捷菜单中单击"插入"命令，如下左图所示。

STEP02：选择要新建的对象。 弹出"插入"对话框，在"常用"选项卡下选择要插入的对象，单击"工作表"图标，再单击"确定"按钮，如下右图所示。

STEP03：新建的工作表 Sheet4。 此时，在 Sheet1 工作表前面新建了一个工作表 Sheet4，如下图所示。

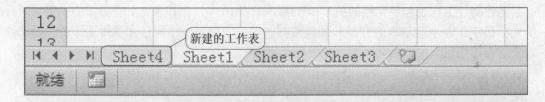

方法 2：通过"开始"选项卡下按钮插入工作表。 选择要插入工作表的位置，在"开始"选项卡下单击"插入"按钮，从展开的下拉列表中单击"插入工作表"选项，如下左图所示。

方法 3：单击"插入工作表"按钮插入工作表。 单击工作表标签区域中的"插入工作表"按钮，同样可以插入工作表，如下右图所示。

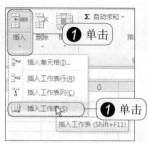

单击插入新工作表

8.2.2　重命名工作表

为了让工作表更易区分，通常需对工作表进行重命名，这样通过工作表标签即可了解工作表中的大致内容。

STEP01：执行重命名操作。 右击需要重命名的工作表标签，例如右击"Sheet1"，从弹出的快捷菜单中单击"重命名"命令，如下左图所示。

STEP02：工作表标签呈编辑状态。 此时，"Sheet1"工作表标签呈高亮状态，即为可编辑状态，如下中图所示。

STEP03：输入工作表新名称。 输入工作表的新名称，例如输入"工资表"，然后按下Enter键确认输入，完成重命名工作表，如下右图所示。

> **知识点拨：通过"开始"选项卡下的按钮重命名**
> 用户还可以选中要重命名的工作表标签后，在"开始"选项卡下单击"格式"按钮，从展开下拉列表中单击"重命名工作表"选项即可。

可编辑状态

输入新名称

8.2.3　更改工作表标签的颜色

为了更进一步的区分工作簿中的多个工作表，用户还可以根据自己的需要为不同的工作表标签设置不同的颜色。

STEP01：选择标签颜色。 右击需要着色的工作表标签，从弹出的快捷菜单中指向"工作表标签颜色"命令，再在其展开的颜色列表中选择标签颜色，例如选择"红色"，如下左图所示。

STEP02：为其他标签着色。 相同的方法，为其他工作表标签着上不同的颜色，如下右图所示。

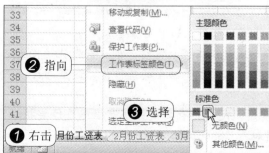

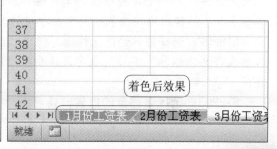

着色后效果

8.2.4 移动或复制工作表

移动和复制工作表分为两种情况:一是在同一工作簿中移动或复制工作表,二是在不同的工作簿之间移动或复制工作表。下面分别对其进行介绍。

1. 在同一工作簿中移动工作表

在同一工作簿中移动工作表的方法较简单。例如,要将工作表"1月份工资表"移至"3月份工资表"的后面,操作步骤如下。

STEP01:拖动工作表标签。按住鼠标左键将需要移动的工作表标签"1月份工资表"沿着标签行拖动,此时鼠标指针变成 形状,并有一个 ▼ 图标随鼠标指针的移动而移动,用以指示工作表将其移动后的位置,如下左图所示。

STEP02:移动工作表后的效果。当到达指定位置时松开鼠标左键,工作表将移动到 ▼ 图标所指示的位置处,这里当 ▼ 图标移至"3月份工资表"标签后时松开鼠标左键,"1月份工资表"即被移至"3月份工资表"的后面,如下右图所示。

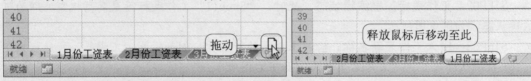

2. 在同一工作簿中复制工作表

在同一工作簿中复制工作表与移动工作表类似,只需用鼠标指针拖动要复制的工作表即可,只是在拖动时必须按住 Ctrl 键。操作方法如下:

STEP01:复制工作表。按住鼠标左键拖动要复制的工作表标签"1月份工资表",在拖动同时按住 Ctrl 键,此时鼠标指针变成 形状,如下左图所示。

STEP02:复制工作表后的效果。拖曳至需要粘贴的位置后松开鼠标左键,工作表将粘贴到 ▼ 图标所指示的位置处,并自动将粘贴的工作表名称命名为"1月份工资表(2)",如下右图所示。

 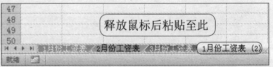

3. 在不同工作簿中移动或复制工作表

例如,要将工作簿1中的"1月份工资表"移动到工作簿2中的Sheet1工作表之前,其操作方法如下。

STEP01:执行移动或复制工作表操作。同时打开两个工作簿,一个是包含要移动工作表的工作簿,另一个是要移至的工作簿。右击需要移动的工作表标签,例如右击"1月份工资表",从弹出的快捷菜单中单击"移动或复制"命令,如下左图所示。

STEP02:选择要移至的工作簿。弹出"移动或复制工作表"对话框,首先从"将选定工作表移至工作簿"下拉列表中选择要将"1月份工资表"移至的工作簿,这里选择"工作簿2",如下中图所示。

STEP03:选择要移至的位置。接着在"下列选定工作表之前"列表框中选择要将"1月份工资表"移动位置前面的一个工作表,例如选"Sheet1",如下右图所示。

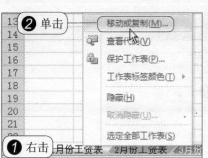

STEP04：**查看移动后的工作表**。单击"确定"按钮，关闭"移动或复制工作表"对话框，此时打开"工作簿2"，可以看到"1月份工资表"已经移动到了"Sheet1"工作表之前，如下左图所示。

> 💡 **知识点拨：在不同工作簿复制工作表**
>
> 　　若用户需要将一个工作簿中的工作表复制到另一个工作簿中，只需在弹出的"移动或复制工作表"对话框中设置好要复制的工作簿和移至位置后，勾选"建立副本"复选框即可。

8.2.5　隐藏与显示工作表

　　在参加会议或演讲等活动时，若不想表格中重要的数据外泄，可将数据所在的工作表进行隐藏，待需要时再将其显示出来。

　　STEP01：**执行隐藏操作**。右击需要隐藏的工作表标签，例如右击"2月份工资表"，从弹出的快捷菜单中单击"隐藏"命令，如下左图所示。

　　STEP02：**隐藏工作表后的效果**。此时，可以看到"2月份工资表"被隐藏了，如下右图所示。

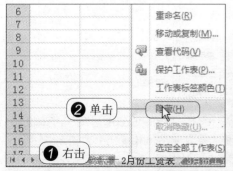

> 💡 **知识点拨：通过"开始"选项卡执行隐藏操作**
>
> 　　用户还可以选中要隐藏的工作表标签，然后在"开始"选项卡下单击"格式"按钮，从展开的下拉列表中指向"隐藏和取消隐藏"选项，再在其展开下拉列表中单击"隐藏工作表"选项。

　　STEP03：**执行取消隐藏操作**。若用户需要重新显示工作表，可右击任意工作表标签，从弹出的快捷菜单中单击"取消隐藏"命令，如下左图所示。

　　STEP04：**选择要取消隐藏的工作表**。弹出"取消隐藏"对话框，在"取消隐藏工作表"列表框中选择要取消隐藏的工作表名称，例如选择"2月份工资表"，再单击"确定"按钮，如下右图所示。

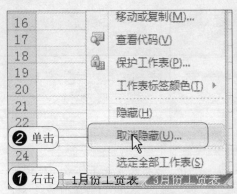

知识点拨：删除工作表

对于不再使用的工作表，用户可以将其删除，删除方法为：右击需删除的工作表标签，从弹出的快捷菜单中单击"删除"命令即可。

助跑地带——更改新建工作簿时默认的工作表数量

通过前面的介绍，读者已经知道了默认情况下，启动 Excel 2010 后工作簿中包含了 3 个工作表，若用户想更改默认情况下新建工作簿时默认的工作表数量，使其不再是 3 个，而是更多的数目，可按照以下方法进行操作。

❶ 打开"Excel 选项"对话框。单击"文件"按钮，从弹出的菜单中单击"选项"命令，如下左图所示。

❷ 切换至"常规"选项卡。弹出"Excel 选项"对话框，单击"常规"选项标签，切换至"常规"选项卡下，如下中图所示。

❸ 设置包含的工作表数。在"新建工作簿时"选项组的"包含的工作表数"文本框中输入新建工作簿时默认的工作表数量，例如输入"5"，如下右图所示。

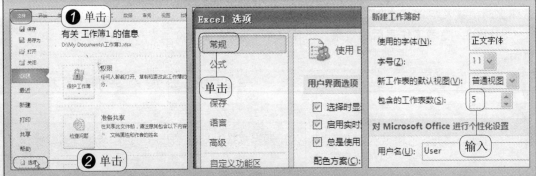

❹ 新建工作簿查看默认工作簿数目。单击"确定"按钮，关闭"Excel 选项"对话框，新建一个工作簿，此时可以看到新建工作簿中默认情况下含有 5 个工作表，如下图所示。

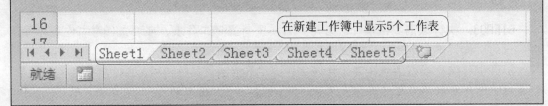

8.3 | 在单元格中输入数据

电子表格主要用来存储和处理数据，因此数据的输入和编辑是制作电子表格的前提，在Excel 中有两种数据类型，即文本和数值，用户采用不同的输入方法会达到不同的输入速度。

8.3.1 在多个单元格中同时输入同一文字

原始文件：实例文件 \ 第 8 章 \ 原始文件 \ 本周时间安排 . xlsx

最终文件：实例文件 \ 第 8 章 \ 最终文件 \ 多个单元格输入同一个文字 . xlsx

如果用户需要在多个单元格中输入相同的文本内容，可以选择要输入文本的单元格区域，然后输入需要的文本按下 Ctrl+Enter 组合键即可。

STEP01：选择要输入文本的单元格区域。打开"实例文件 \ 第 8 章 \ 原始文件 \ 本周时间安排 . xlsx"，选择要输入同一文本的单元格区域 B3:F3，如下左图所示。

STEP02：输入文本。将光标定位在编辑栏中，输入文本内容"开会"，如下右图所示。

STEP03：确认输入。按下 Ctrl+Enter 组合键，此时在编辑栏中所输入的文本内容统一填充到了所选择的单元格区域中，如下图所示。

8.3.2 在一列单元格中快速输入同一数字

原始文件：实例文件 \ 第 8 章 \ 原始文件 \2010 年计划销量 . xlsx

最终文件：实例文件 \ 第 8 章 \ 最终文件 \ 快速输入同一数字 . xlsx

若用户需要在同一列中输入同一数字，例如输入同一销量，如果逐一输入太过麻烦，此时可利用 Excel 中的填充柄快速输入，既方便又快捷。

STEP01：输入数字。打开"实例文件 \ 第 8 章 \ 原始文件 \2010 年计划销量 . xlsx"，在 B3 单元格中输入第一个季度的销量，并将鼠标指针移至 B3 单元格右下角，此时鼠标指针变成十字形式，如下左图所示。

STEP02：拖动填充柄。按住鼠标左键不放并拖动至所需填充的位置 B6 单元格，如下中图所示。

STEP03：填充结果。释放鼠标左键，即可在拖曳过的单元格中填充相同的数字"3000"，如下右图所示。

8.3.3 输入以 0 开头的数字

原始文件：实例文件 \ 第 8 章 \ 原始文件 \ 经销商名单 .xlsx

最终文件：实例文件 \ 第 8 章 \ 最终文件 \ 输入以 0 开头的数字 .xlsx

当用户在单元格中输入以"0"开头的数字时，例如输入"001"，系统将显示为"1"，而不会完整地显示为"001"，那么如何才能输入以"0"开头的数字呢？通过本节的介绍用户即可了解输入的方法。

STEP01：选择要输入数字的单元格区域。打开"实例文件 \ 第 8 章 \ 原始文件 \ 经销商名单 .x1sx"，选择要输入以"0"开头数字的单元格区域，这里选择 A2:A7 单元格区域，如下左图所示。

STEP02：打开"设置单元格格式"对话框。在"开始"选项卡下单击"数字"组对话框启动器，如下中图所示。

STEP03：设置自定义数字格式。弹出"设置单元格格式"对话框，在"分类"列表框中单击"自定义"选项，在"类型"文本框中输入"000"，如下右图所示。

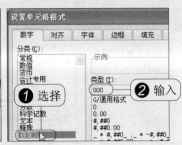

STEP04：输入以 0 开头的数字。单击"确定"按钮，返回工作表中，在 A2:A7 单元格区域分别输入不同的以 0 开头的数字，输入完毕后效果如下图所示。

	A	B	C	D	E
1	编号	经销商名称	法人代表		
2	001	明朝酒店	张俊		
3	002	日东集团	李晓莉		
4	003	范氏企业	王志平		
5	004	三立电器	张磊	输入以0开头的数字	
6	005	国荣电子	邓东		
7	006	立泰实业	王丽丽		

8.3.4 自动填充日期

原始文件：实例文件 \ 第 8 章 \ 原始文件 \ 每日销量记录 .xlsx

最终文件：实例文件 \ 第8章 \ 最终文件 \ 自动填充日期.xlsx

填充日期时可以选用不同的日期单位，例如工作日，则填充的日期将忽略周末或其他国家法定节假日。

STEP01：输入起始数据。 打开"实例文件 \ 第8章 \ 原始文件 \ 每日销量记录.xlsx"，在 A2 单元格中输入日期"2010-1-21"，如下左图所示。

STEP02：选择需填充区域。 选择需要填充的单元格区域 A2:A10，同时也包括起始数据所在的单元格，如下中图所示。

STEP03：打开"序列"对话框。 在"开始"选项卡下单击"填充"按钮，从展开的下拉列表中单击"系列"选项，如下右图所示。

  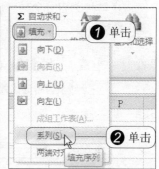

STEP04：设置日期填充。 弹出"序列"对话框，单击"日期"单选按钮，再选中填充单位为"工作日"，设置"步长值"为"1"，如下左图所示。

STEP05：填充工作日结果。 单击"确定"按钮，返回工作表中，此时在选择的区域可以看到所填充的日期忽略了 1-23 和 1-24 这两天周末，如下右图所示。

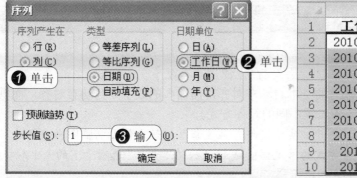

⊙ **助跑地带**——让输入的数字转换为百分比数字

原始文件：实例文件 \ 第8章 \ 原始文件 \ 各季度销售额比例.xlsx

最终文件：实例文件 \ 的8章 \ 最终文件 \ 转换为百分比.xlsx

很多时候百分比形式的数字更能够代表该数字占总量的比例，当用户在单元格中输入小数数字时，如果想让这些小数数字使用百分比形式显示，可按照如下方法进行操作将其转换为百分比形式。

❶ **选择要转换为百分比数字的单元格区域。** 打开"实例文件 \ 第8章 \ 原始文件 \ 各季度销售额比例.xlsx"，选择要转换为百分比数字的单元格区域 C2:C5，如下左图所示。

❷ **选择数字类型。** 在"开始"选项卡下单击"数字"文本框右侧下三角按钮，从展开下拉列表中选择"百分比"类型，如下右图所示。

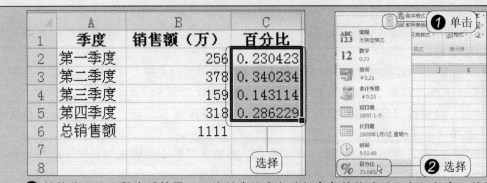

❸ 转换为百分比数字后效果。此时所选区域内的数字都转换为了百分比数字，效果如下左图所示。

知识点拨：
如果用户不想使转换后的百分比数字保留默认的 2 位小数位数，可通过在"开始"选项卡下单击"增加小数位数"按钮或"减少小数位数"按钮来增减保留的小数位数。

8.4 设置单元格的对齐方式

在"开始"选项卡下的"对齐方式"组中，用户可按照自己的需求设置表格中不同部分数据的对齐方式、文本控制以及文字方向，下面就分别介绍这几个方面的设置。

8.4.1 设置文本的对齐方式

原始文件：实例文件 \ 第 8 章 \ 原始文件 \ 电脑图书市场购买调查表 . xlsx
最终文件：实例文件 \ 第 8 章 \ 最终文件 \ 设置文本对齐方式 . xlsx

默认情况下在单元格中输入的文本自动左对齐，而输入的数字则自动右对齐，而垂直方向都为居中，用户可根据需求设置不同的对齐方式。

STEP01：选择对齐方式。打开"实例文件 \ 第 8 章 \ 原始文件 \ 电脑图书市场购买调查表 . xlsx"，选择要设置对齐方式的单元格区域 A2：F2，在"开始"选项卡下的"对齐方式"组中单击"居中"按钮，如下左图所示。

STEP02：居中对齐后效果。此时所选择区域的文本自动居中对齐，效果如下右图所示。

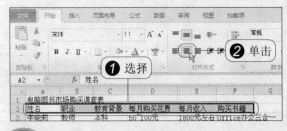

8.4.2 设置文本的自动换行

原始文件：实例文件 \ 第 8 章 \ 原始文件 \ 电脑图书市场购买调查表 . xlsx

最终文件：实例文件＼第8章＼最终文件＼设置文本自动换行.xlsx

如果在单元格中输入的数据过多，又希望数据在单元格内以多行显示，可以设置单元格格式以自动换行，也可以输入手动换行符。

STEP01：选择要进行自动换行的区域。 打开"实例文件＼第8章＼原始文件＼电脑图书市场购买调查表.xlsx"，选择要进行自动换行的单元格区域F3:F10，如下左图所示。

STEP02：执行自动换行操作。 在"开始"选项卡下单击"对齐方式"组中的"自动换行"按钮，如下中图所示。

STEP03：自动换行后效果。 此时所选单元格区域内的文本自动换行，以多行显示，显示效果如下右图所示。

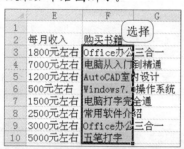 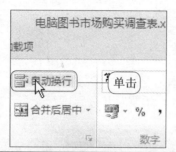 

知识点拨：手动换行

除了上面介绍的通过单击"自动换行"按钮实现换行外，用户还可以在单元格中输入文本时按下Alt+Enter组合键强制换行。

8.4.3　设置文本的方向

原始文件：实例文件＼第8章＼原始文件＼电脑图书市场购买调查表.xlsx
最终文件：实例文件＼第8章＼最终文件＼设置文本方向.xlsx

在制作表格的时候，为了标记较窄的列，往往需要设置文字的方向，沿对角或垂直方向旋转文字。

STEP01：选择要设置文本方向的区域。 打开"实例文件＼第8章＼原始文件＼电脑图书市场购买调查表.xlsx"，选择要设置文本旋转方向的单元格区域A2:F2，如下左图所示。

STEP02：选择旋转方向。 在"开始"选项卡下单击"对齐方式"组中的"文字方向"按钮，从展开的下拉列表中选择旋转角度，例如选择"逆时针角度"选项，如下右图所示。

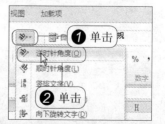

知识点拨：通过"设置单元格格式"对话框设置对其方式

除了通过在"开始"选项卡下的"对齐方式"组中设置单元格或单元格区域的对齐方式、自动换行或文本方向外，用户还可以单击"对齐方式"组快翻按钮，打开"设置单元格格式"对话框，在"对齐"选项卡下进行设置。

STEP03：逆时针方向旋转后效果。此时所选区域的文本内容都按照逆时针方向进行了旋转，效果如下图所示。

逆时针旋转效果

8.5 | 编辑单元格

单元格是工作表中最基本地存储和处理数据的单元，其基本操作主要包括插入、合并和拆分、移动、复制和删除等，本节对其分别进行介绍。

8.5.1 插入单元格

原始文件：实例文件 \ 第8章 \ 原始文件 \ 电脑图书市场购买调查表 . xlsx

当编辑好表格后发现还需在表格中添加一些内容，此时可在原有表格的基础上插入单元格以添加遗漏的数据。

STEP01：选择插入位置。打开"实例文件 \ 第8章 \ 原始文件 \ 电脑图书市场购买调查表 . xlsx"，选择要插入单元格的位置，例如选择B3单元格，如下左图所示。

STEP02：选择插入对象。在"开始"选项卡下单击"插入"按钮右侧下三角按钮，从展开的下拉列表中选择插入对象，例如单击"插入工作表列"选项，如下中图所示。

STEP03：插入整列后效果。此时在原来的第B列单元格之前插入了一列单元格，原来的第B列位置的单元格全部右移一列，如下右图所示。

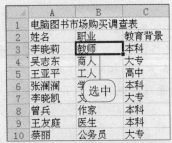

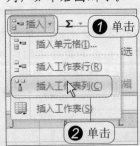

① 单击

② 单击

插入一列

> **知识点拨：通过快捷菜单插入单元格**
>
> 用户还可以右击需插入单元格的位置，从弹出的快捷菜单中单击"插入"命令，弹出"插入"对话框，在该对话框中有四个选项，分别是"活动单元格右移"、"活动单元格下移"、"整行"和"整列"，用户可根据需要插入的具体对象进行选择即可。

8.5.2 调整单元格大小

原始文件：实例文件 \ 第8章 \ 原始文件 \ 电脑图书市场购买调查表 . xlsx

最终文件：实例文件 \ 第8章 \ 最终文件 \ 调整单元格大小 . xlsx

新建工作簿文件时，工作表中每列的宽度与每行的高度都是相同的，但是用户可能需要不同的列宽或行高的表格。Excel 允许用户随时调整表格的列宽与行高。设置行高和列宽的方法都类似，下面就以设置列宽为例介绍如何调整单元格大小。

1. 用拖动法调整行高和列宽

STEP01：放置指针至分隔线处。 打开 "实例文件 \ 第8章 \ 原始文件 \ 电脑图书市场购买调查表 . xlsx"，将鼠标指针放置在列标与列标之间的分隔线处，例如这里放置在 F 列与 G 列之间，鼠标指针变成双向箭头，如下左图所示。

STEP02：拖动调至列宽。 按住鼠标左键不放向左或向右拖动列分割线，这里向右拖动，在拖动过程中，Excel 提示当前的列宽值，如下中图所示。

STEP03：调整后显示效果。 拖到所需的宽度时，释放鼠标左键即可，此时可以看到 F 列中的数据能够完整地显示出来了，如下右图所示。

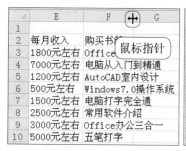

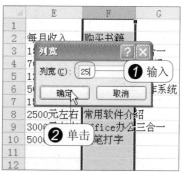

2. 设置精确行高和列宽

STEP01：选择要调整的列。 打开 "实例文件 \ 第8章 \ 原始文件 \ 电脑图书市场购买调查表 . xlsx"，选择要调整的列，例如选择 F 列，如下左图所示。

STEP02：启动设置列宽功能。 在 "开始" 选项卡下单击 "格式" 按钮，从展开的下拉列表中单击 "列宽" 选项，如下中图所示。

STEP03：输入列宽值。 弹出 "列宽" 对话框，在 "列宽" 文本框中输入精确的列宽值，例如输入 "25"，输入完毕后单击 "确定" 按钮，如下右图所示。

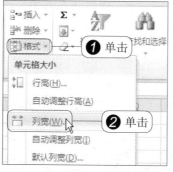

STEP04：精确设置的列宽效果。 此时，可以看到 F 列的列宽比原来有所变宽，单元格中的数据能够完整地显示出来了，如下图所示。

> **知识点拨：输入的行高和列宽值单位**
>
> "行高" 或 "列宽" 对话框中的数值是以 "点" 为单位（1 点 ≈ 0.35mm），范围为 0~409，若设置为 "0" 时相当于将该行或列隐藏。

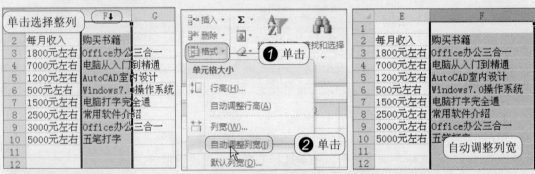

	A	B	C	D	E	F
1	电脑图书市场购买调查表					列变宽效果
2	姓名	职业	教育背景	每月购买花费	每月收入	购买书籍
3	李晓莉	教师	本科	50~100元	1800元左右	Office办公三合一
4	吴志东	商人	大专	50~80元	7000元左右	电脑从入门到精通
5	王亚平	工人	高中	20~50元	1200元左右	AutoCAD室内设计
6	张澜澜	学生	本科	30元以下	500元左右	Windows7.0操作系统
7	李晓凯	文秘	大专	50元左右	1500元左右	电脑打字完全通
8	曾兵	作家	本科	100元左右	2500元左右	常用软件介绍
9	王友庭	医生	本科	50~100元	3000元左右	Office办公三合一
10	蔡丽	公务员	大专	100~200元	5000元左右	五笔打字

3. 自动调整行高和列宽

STEP01：选择要调整的列。打开"实例文件\第8章\原始文件\电脑图书市场购买调查表.xlsx"，选择要调整的列，例如选择F列，如下左图所示。

STEP02：自动调整列宽度。在"开始"选项卡下单击"格式"按钮，从展开的下拉列表中单击"自动调整列宽"选项，如下中图所示。

STEP03：调整后效果。此时，可以看到F列的列宽刚好能容下其中的内容，如下右图所示。

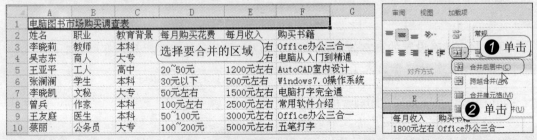

8.5.3 合并单元格

原始文件：实例文件\第8章\原始文件\电脑图书市场购买调查表.xlsx

最终文件：实例文件\第8章\最终文件\合并单元格.xlsx

有时需要设置不规则的表格，它是由规则表格进行单元格的合并而成的。合并单元格的方法很简单，只需选取单元格区域后，执行合并操作即可。

STEP01：选择要合并的单元格区域。打开"实例文件\第8章\原始文件\电脑图书市场购买调查表.xlsx"，选择要合并的标题单元格区域A1:F1，如下左图所示。

STEP02：执行合并操作。在"开始"选项卡下单击 按钮，从展开的下拉列表中单击"合并后居中"选项，如下右图所示。

STEP03：合并后效果。此时，可以看到A1:F1单元格区域合并为一个单元格，标题文本居中显示，效果如下图所示。

	A	B	C	D	E	F	G
1	电脑图书市场购买调查表						
2	姓名	职业	教育背景	每月购买花费	每月收入	购买书籍	
3	李晓莉	教师	本科	50~100元	合并为一个单元格	ce办公三合一	
4	吴志东	商人	大专	50~80元	7000元左右	电脑从入门到精通	
5	王亚平	工人	高中	20~50元	1200元左右	AutoCAD室内设计	
6	张澜澜	学生	本科	30元以下	500元左右	Windows7.0操作系统	
7	李晓凯	文秘	大专	50元左右	1500元左右	电脑打字完全通	
8	曾兵	作家	本科	100元左右	2500元左右	常用软件介绍	
9	王友庭	医生	本科	50~100元	3000元左右	Office办公三合一	
10	蔡丽	公务员	大专	100~200元	5000元左右	五笔打字	

> **知识点拨：在"设置单元格格式"对话框中执行合并单元格操作**
>
> 　　用户首先选择要合并的单元格区域后，在"开始"选项卡下单击"对齐"组中的快翻按钮，弹出"设置单元格格式"对话框，在"对齐"选项卡下勾选"合并单元格"复选框同样可以达到合并单元格的目的。

8.5.4　删除单元格

　　原始文件：实例文件 \ 第8章 \ 原始文件 \ 电脑图书市场购买调查表.xlsx

　　在表格编辑过程中，除了需要插入单元格添加数据外，还需要经常删除多余的单元格，删除单元格的操作与插入单元格的操作类似。

　　STEP01：执行删除单元格操作。 打开"实例文件 \ 第8章 \ 原始文件 \ 电脑图书市场购买调查表.xlsx"，选择需删除的单元格，例如选择E4单元格，右击该单元格，从弹出的快捷菜单中单击"删除"命令，如下左图所示。

　　STEP02：选择删除对象。 弹出"删除"对话框，在该对话框中选择需要删除的对象，例如单击"整列"单选按钮，即将删除选中单元格所在的列，如下右图所示。

　　STEP03：删除整列后效果。 单击"确定"按钮，返回工作表中，此时可以看到E4单元格所在的列已经被删除，效果如下图所示。

	A	B	C	D	E	F
2	姓名	职业	教育背景	每月购买花费	购买书籍	
3	李晓莉	教师	本科	50~100元	Office办公三合一	
4	吴志东	商人	大专	50~80元	电脑从入门到精通	
5	王亚平	工人	高中		删除了"每人收入"列单元格	
6	张澜澜	学生	本科			
7	李晓凯	文秘	大专	50元左右	电脑打字完全通	
8	曾兵	作家	本科	100元左右	常用软件介绍	
9	王友庭	医生	本科	50~100元	Office办公三合一	
10	蔡丽	公务员	大专	100~200元	五笔打字	

8.5.5 隐藏单元格

原始文件:实例文件\第8章\原始文件\电脑图书市场购买调查表.xlsx

如果由于保密的需要,不希望陌生人看见工作表中某行或某列的数据,可以将其隐藏起来,待到需要时再将隐藏的行或列显示出来。隐藏行或列的操作都类似,下面就以隐藏列为例介绍如何隐藏单元格。

STEP01:选择要隐藏的列。 打开"实例文件\第8章\原始文件\电脑图书市场购买调查表.xlsx",选择要隐藏的列,例如选择E列,如下左图所示。

STEP02:执行隐藏操作。 在"开始"选项卡下单击"格式"按钮,从展开的下拉列表中指向"隐藏和取消隐藏"选项,再在其展开的下拉列表中选择要隐藏的对象,这里单击"隐藏列"选项,如下右图所示。

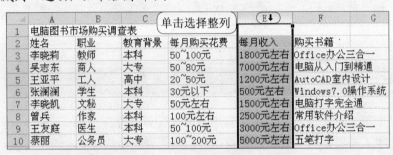

STEP03:隐藏列后效果。 此时E列数据被隐藏,如下左图所示。

STEP04:选择要取消隐藏列周围的两列数据。 若要取消隐藏列,首先需要选择隐藏列前面和后面的两列单元格,这里选择D列和F列的单元格,如下右图所示。

STEP05:执行取消隐藏列操作。 在"开始"选项卡下单击"格式"按钮,从展开的下拉列表中指向"隐藏和取消隐藏"选项,再在其展开下拉列表中单击"取消隐藏列"选项,如下左图所示。

STEP06:重新显示隐藏的列。 此时被隐藏的E列重新显示了出来,如下右图所示。

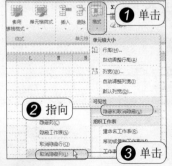

同步实践：制作"新员工名单"工作表

最终文件：实例文件 \ 第8章 \ 最终文件 \ 新员工名单 . xlsx

通过本章的学习，相信读者已经了解了工作簿、工作表以及单元格的一些基本操作，并且知道了如何在单元格中输入不同的数据以及设置单元格中文本的对齐方式等操作。为了加深读者对本章知识的印象，下面通过一个实例：制作"新员工名单"工作表来巩固本章所学知识。

STEP01：新建工作簿。单击"文件"按钮，从弹出的菜单中单击"新建"命令，如下左图所示。

STEP02：新建空白工作簿。在"可用模板"列表框中单击"空白工作簿"图标，然后单击"创建"按钮，如下中图所示。

STEP03：保存工作簿。在制作表格之后首先保存工作簿。单击"文件"按钮，从弹出的菜单中单击"保存"命令，如下右图所示。

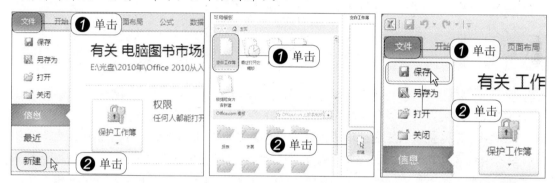

STEP04：设置保存选项。弹出"另存为"对话框，从"保存位置"下拉列表中选择保存位置，在"文件名"文本框输入保存名称"新员工名单"，最后单击"保存"按钮，如下左图所示。

STEP05：重命名工作表。右击 Sheet1 工作表标签，从弹出的快捷菜单中单击"重命名"命令，如下右图所示。

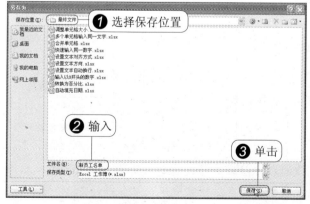

STEP06：输入工作表新名称。输入工作表新名称"名单"，按下 Enter 键，如下左图所示。

STEP07：输入标题和表头字段。在"名单"工作表中输入标题和表头字段，如下右图所示。

	A	B	C	D	E	F
22						
23						
24						
25						

输入

名单　Sheet2　Sheet3

就绪

	A	B	C	D	E	F
1	2010年新进员工名单					
2	姓名	性别	出生年月	部门	职位	基本工资
3						
4			输入表头和标题			
5						
6						

STEP08：输入名单内容。接着在工作表中输入各字段中具体内容，除"出生年月"列数据不输入，输入后如下左图所示。

STEP09：设置"出生年月"列数据格式。选择 C3:C12 单元格区域，在"开始"选项卡下单击"数字"组快翻按钮，如下右图所示。

	A	B	C	D	E	F
1	2010年新进员工名单					
2	姓名	性别	出生年月	部门	职位	基本工资
3	张军	男		销售部	区域经理	3600
4	李亚国	男		研发部	技术员	2800
5	张志平	男		企划部	宣传干事	2500
6	吴海东	男	输入	销售部	销售员	2000
7	王新磊	男		企划部	宣传干事	2500
8	李晓娟	女		行政部	文员	1800
9	曾黎	女		财务部	会计	2200
10	王涛	男		销售部	销售员	2000
11	张娟	女		行政部	经理助理	2500
12	李平	女		财务部	财务总监	4500

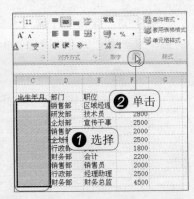

STEP10：设置日期格式。弹出"设置单元格格式"对话框，在"分类"列表框中选择"日期"类型，在"类型"列表框中选择"2001年3月14日"日期样式，如下左图所示。

STEP11：输入"出生年月"列数据。单击"确定"按钮，返回工作表中，输入"出生年月"列数据，此时可以看到数据以所选择的日期样式显示，如下中图所示。

STEP12：设置货币格式数据。选择 F3:F12 单元格区域，在"开始"选项卡下单击"数字"文本框右侧下三角按钮，从展开的下拉列表中选择"货币"类型，如下右图所示。

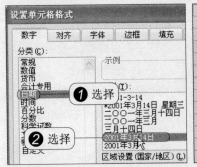

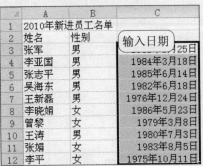

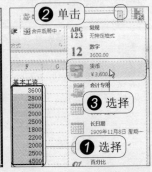

STEP13：合并单元格。此时所选区域的数字以货币形式显示。接着选中 A1:F1 单元格区域，在"开始"选项卡下单击█按钮，从展开的下拉列表中单击"合并后居中"选项，如下左图所示。

STEP14：插入列。此时所选区域合并为了一个单元格，并且标题居中显示。接着选中A列单元格后右击，从弹出的快捷菜单中单击"插入"命令，如下右图所示。

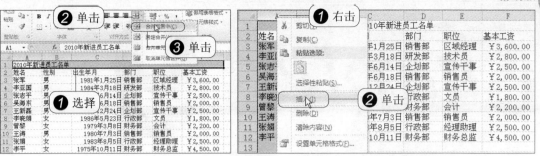

STEP15：**自动填充等差序列**。在"姓名"列前面插入一列空白列，输入新字段"编号"，然后在A3和A4单元格中分别输入"1"和"2"，选择A3：A4单元格区域，拖动其下方的填充柄，如下左图所示。

STEP16：**设置字段对齐方式**。拖曳至A12单元格后释放鼠标左键，系统自动按照步长值1填充等差序列，接着选中A2：G2单元格区域，在"开始"选项卡下单击"居中"按钮，如下右图所示。

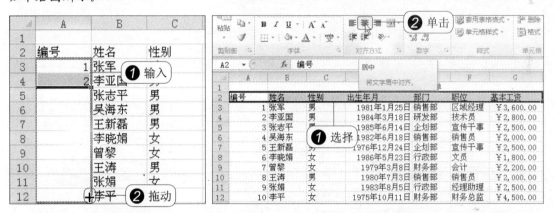

STEP17："**新员工名单**"**工作表最终效果**。经过前面的设置，最终得到的"新员工名单"工作表效果如下图所示。

	A	B	C	D	E	F	G
1				最终效果	2010年新进员工名单		
2	编号	姓名	性别	出生年月	部门	职位	基本工资
3	1	张军	男	1981年1月25日	销售部	区域经理	￥3,600.00
4	2	李亚国	男	1984年3月18日	研发部	技术员	￥2,800.00
5	3	张志平	男	1985年6月14日	企划部	宣传干事	￥2,500.00
6	4	吴海东	男	1982年6月18日	销售部	销售员	￥2,000.00
7	5	王新磊	男	1976年12月24日	企划部	宣传干事	￥2,500.00
8	6	李晓娟	女	1986年5月23日	行政部	文员	￥1,800.00
9	7	曾黎	女	1979年3月8日	财务部	会计	￥2,200.00
10	8	王涛	男	1980年7月3日	销售部	销售员	￥2,000.00
11	9	张娟	女	1983年8月5日	行政部	经理助理	￥2,500.00
12	10	李平	女	1975年10月11日	财务部	财务总监	￥4,500.00

Chapter 9

公式与函数的应用

使用Excel管理数据，一般都会用到表格计算功能。Excel具有强大的表格计算功能，这就是公式计算和函数计算。公式是电子表格的心脏和灵魂，Excel中的所有公式的最前面都是一个等号。而函数是一些预定义的公式，许多Excel函数都是常用公式的简写形式。本章将具体介绍如何使用公式以及常用函数处理工作表中的数据。

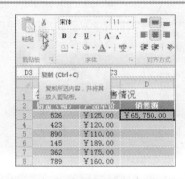

9.1　认识公式

在Excel中，公式是在工作表中对数据进行分析的等式。它可以对工作表数值进行加法、减法和乘法等运算。公式中可以包含的元素有运算符、函数、常数、单元格引用和单元格区域引用。需要注意的是，公式以等号（=）开始。下面实例表示将单元格B3中的数值加上18，再除以单元格A3、D3和F3中的数值的和。

```
            单元格引用          数值型常量
                                          工作表函数
              = （B3+18） /SUM（A3:F3）
          加法操作符                         区域引用
                      除法操作符
```

9.2　公式的使用

公式是在工作表中对数据进行分析的等式，使用它可以对工作表中的数值进行加、减、乘、除等各种运算。

9.2.1　输入公式

原始文件：实例文件 \ 第9章 \ 原始文件 \ 各型号产品本月销售情况 . xlsx
最终文件：实例文件 \ 第9章 \ 最终文件 \ 输入公式 . xlsx

在Excel中输入公式必须遵循特定的语法和次序，即最前面的必须是等号"="，后面是参与计算的元素和运算符，元素可以是不变的常量数值、单元格、引用单元格区域、名称或工作表函数等。公式的输入方法与文字型数据的输入方法类似。

STEP01：选择要输入公式的单元格。打开"实例文件 \ 第9章 \ 原始文件 \ 各型号产品本月销售情况 . xlsx"，选择要输入公式的单元格D3，如下左图所示。

STEP02：输入等号。直接在单元格中输入"="，如下右图所示。

	A	B	C	D
1	各型号产品本月销售情况			
2	产品	销量（箱）	产品单价	销售额
3	SK001	526	¥125.00	
4	SK002	423	¥120.00	
5	SK003	890	¥110.00	
6	SK004	145	¥189.00	选中
7	SK005	362	¥175.00	
8	SK006	789	¥160.00	
9	SK007	426	¥180.00	
10	SK008	359	¥130.00	
11	SK009	487	¥170.00	
12	SK010	694	¥225.00	

	A	B	C	D
1	各型号产品本月销售情况			
2	产品	销量（箱）	产品单价	销售额
3	SK001	526	¥125.00	=
4	SK002	423	¥120.00	
5	SK003	890	¥110.00	
6	SK004	145	¥189.00	输入"="
7	SK005	362	¥175.00	
8	SK006	789	¥160.00	
9	SK007	426	¥180.00	
10	SK008	359	¥130.00	
11	SK009	487	¥170.00	
12	SK010	694	¥225.00	

STEP03：选择引用单元格。接着选择引用的单元格，例如单击B3单元格，如下左图所示。

STEP04：输入完整的公式。输入运算符"*"，接着再选择第二个要引用的单元格C3，如下右图所示。

	A	B	C	D
1	各型号产品本月销售情况			
2	产品	销量（箱）	产品单价	销售额
3	SK001	52	¥125.00	=B3
4	SK002	423	¥120.00	
5	SK003	890	¥110.00	
6	SK004	选择参数	¥189.00	
7	SK005	362	¥175.00	

	A	B	C	D
1	各型号产品本月销售情况			
2	产品	销量（箱）	产品单价	销售额
3	SK001	526	¥125.00	=B3*C3
4	SK002	423	¥120.00	
5	SK003	890	¥110.00	
6	SK004	145	选择参数	
7	SK005	362	¥110.00	

STEP05：计算结果。按下 Enter 键即可将公式运算的结果显示在选定的单元格 D3 中，如下图所示。

D3		f_x	=B3*C3	
	A	B	C	D
1	各型号产品本月销售情况			
2	产品	销量（箱）	产品单价	销售额
3	SK001	526	¥125.00	¥65,750.00
4	SK002	423	¥120.00	

按下Enter键结果

知识点拨：取消输入的公式

若要取消已经输入的公式，可单击编辑栏中的"取消"按钮 ✕ 。

9.2.2 复制公式

最终文件：实例文件 \ 第9章 \ 最终文件 \ 复制公式 .xlsx

若要在其他单元格中输入与某一单元格中相同的公式，可使用 Excel 2010 的复制公式功能，这样可省去重复输入相同内容的操作。

STEP01：复制公式。打开最终文件中的"输入公式 .xlsx"，选择要复制公式的单元格 D3，在"开始"选项卡下单击"复制"按钮，如下左图所示。

STEP02：选择粘贴公式。选择要粘贴公式的单元格区域 D4：D12，在"开始"选项卡下单击"粘贴"下方的下三角按钮，从展开的下拉列表中选择"公式"选项，如下中图所示。

STEP03：粘贴公式后效果。将 D4：D12 单元格的数据设置为货币类型，可以看出复制公式后公式会随之变化，例如 D4 单元格中的公式变为了"=B4*C4"，如下右图所示。

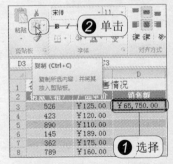

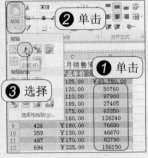

D4		f_x	=B4*C4	
	A	B	C	D
1	各型号产品本月销售情况			
2	销量（箱）	产品单价	销售额	
3	526	¥125.00	¥65,750.00	
4	423	¥120.00	¥50,760.00	
5	890	¥110.00	¥97,900.00	
6	145	粘贴结果	¥27,405.00	
7	362	¥175.00	¥63,350.00	
8	789	¥160.00	¥126,240.00	
9	426	¥180.00	¥76,680.00	
10	359	¥130.00	¥46,670.00	
11	487	¥170.00	¥82,790.00	
12	694	¥225.00	¥156,150.00	

9.3 单元格的引用方式

在使用公式进行数据计算时，除直接使用常量数据（如数值常量1，2，3，文本常量"销售工程师"、"女")外，还可以引用单元格。例如，在公式"=A4*C8+$D$2/12"中，引用了单元格 A4、C8 和 D2，同时还用到了数值常量"12"，而"A4"和"C8"是指单元格相对引用，而"$D$2"则是绝对引用。

9.3.1　相对引用

原始文件：实例文件 \ 第 9 章 \ 原始文件 \ 各型号产品本月销售情况 . xlsx

最终文件：实例文件 \ 第 9 章 \ 最终文件 \ 相对引用 . xlsx

相对引用包含了当前单元格与公式所在单元格的相对位置。在默认情况下，Excel 2010 使用相对引用。在相对引用下降公式复制到某一单元格时，单元格中的公式是相对改变的，但引用的单元格与包含公式单元格的相对位置不变。

STEP01：输入公式。 打开"实例文件 \ 第 9 章 \ 原始文件 \ 各型号产品本月销售情况 . xlsx"，在 D3 单元格中输入公式"=B3*C3"，按下 Enter 键，接着将鼠标指针移到 D3 单元格右下角，此时鼠标指针变成十字形状，如下左图所示。

STEP02：拖动填充柄。 按住鼠标左键不放向下拖动填充柄，如下右图所示。

STEP03：相对引用结果。 拖曳至 D12 单元格后释放鼠标左键，此时可以看到系统自动为 D4: D12 单元格区域计算出了销售额，可以看出 D4: D12 单元格区域的公式发生了变化，如下图所示。

9.3.2　绝对引用

原始文件：实例文件 \ 第 9 章 \ 原始文件 \ 各型号产品本月销售情况 . xlsx

最终文件：实例文件 \ 第 9 章 \ 最终文件 \ 绝对引用 . xlsx

绝对引用是指将公式复制到新位置后，公式中的单元格地址固定不变，与包含公式的单元格位置无关。在 Excel 中，绝对引用是通过单元格地址的"冻结"来达到的。在公式中相对引用的单元格的列标和行号之前分别添加"$"符号便可成为绝对引用。在复制使用了绝对引用的公式时，将固定引用指定位置的单元格。本节还是使用上面的例子，但假设产品的单价都是统一的为 189 元，计算出不同销量情况下的销售额。

STEP01：输入公式。 打开"实例文件 \ 第 9 章 \ 原始文件 \ 各型号产品本月销售情况.xlsx"，在 D3 单元格中输入公式"=B3*C6"，按下 Enter 键，得到计算结果如下左图所示。

STEP02：添加绝对符号。 由于这里产品单价是统一的，所以双击 D3 单元格，将光标定位在编辑栏中，选择 C6 单元格，按下 F4 键，为 C6 单元格添加上绝对符号，如下中图所示。

STEP03：拖动填充柄。 按住鼠标左键拖动 D3 单元格右下角的填充柄，如下右图所示。

STEP04：绝对引用填充结果。 拖曳至 D12 单元格释放鼠标左键，此时可以看到 D4：D12单元格中的 B 列单元格在随着变化，而 C6 单元格则没有变，结果如下图所示。

9.3.3 混合引用

原始文件：实例文件 \ 第 9 章 \ 原始文件 \ 公司销售员提成比例表.xlsx
最终文件：实例文件 \ 第 9 章 \ 最终文件 \ 混合引用.xlsx

单元格的混合引用是在一个单元格地址引用中，既有绝对单元格地址引用，又有相对单元格地址引用。如果公式所在单元格的位置改变，则相对引用改变，而绝对引用不变。

STEP01：输入公式。 打开"实例文件 \ 第 9 章 \ 原始文件 \ 公司销售员提成比例表.xlsx"，在 B3 单元格中输入公式"=A3*B2"，如下左图所示。

STEP02：添加绝对符号。 将光标定位在 B3 单元格中，分别在参数 A3 前面的"A"列添加绝对符号，在 B2 单元格中的"2"行添加上绝对符号，如下中图所示。

STEP03：得到计算结果。 按下 Enter 键，在 B3 单元格中显示出销售额为 100 万时的提成金额为 1 万元，如下右图所示。

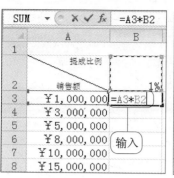 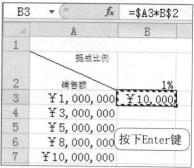

STEP04：**复制公式**。选中 B3 单元格，按下 Ctrl+C 组合键复制公式，再单击 C4 单元格，按下 Ctrl+V 组合键粘贴公式，可以在编辑栏中看到公式中的 A 列和第 2 行没有发生变化，如下左图所示。

STEP05：**混合引用结果**。同样的方法，将 B3 单元格中的公式分别复制到 D5、E6、F7、G8 和 H9 单元格中，得到的最终结果如下右图所示。

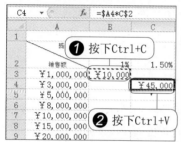 

9.4 | 公式审核

通过使用 Excel 的审核功能，可以检查在工作表中的公式可能发生的错误，以及某项数据和其他数据之间的关系和对已有数据进行标识等。

9.4.1 追踪引用的单元格

如果要想显示公式引用过的单元格，可以使用 Excel 2010 中的追踪引用单元格，使用户可以跟踪选定范围中公式的引用或者从属单元格，也可以追踪错误。

1. 追踪引用单元格

在"公式"选项卡下单击一次"追踪引用单元格"，可显示直接引用的单元格。再单击，显示附加级的间接引用单元格。

STEP01：**选择要追踪的单元格**。打开最终文件中的"绝对引用.xlsx"工作簿，选中要追踪的单元格 D3，如下左图所示。

STEP02：**执行追踪引用单元格操作**。在"公式"选项卡下单击"追踪引用单元格"按钮，如下中图所示。

STEP03：**追踪到的引用单元格**。此时工作表中出现蓝色的追踪箭头，清晰地标识出该单元格公式所引用的单元格，如下右图所示。其中可以清晰地看到引用单元格包括 B3 和 C6。

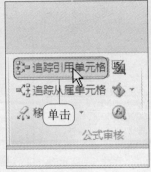

2. 追踪从属单元格

使用追踪从属单元格功能可以显示直接引用此单元格的从属单元格，它用于指示受当前所选单元格值影响的单元格。

STEP01：选择要追踪的单元格。打开最终文件中的"绝对引用.xlsx"工作簿，选中要追踪的单元格C6，如下左图所示。

STEP02：执行追踪从属单元格操作。在"公式"选项卡下单击"追踪从属单元格"按钮，如下中图所示。

STEP03：追踪到的从属单元格。此时工作表中出现蓝色的追踪箭头，清晰地标识出该单元格公式所从属的单元格，如下右图所示。其中可以清晰地看到引用单元格包括D3：D12单元格区域。

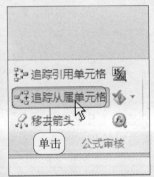

> ◎ **知识点拨：移去箭头**
>
> 追踪完毕引用单元格或从属单元格后，可将工作表中的蓝色箭头移走。方法为：在"公式"选项卡下单击"移走箭头"按钮右侧下三角按钮，从展开的下拉列表中选择要移去的追踪箭头。

9.4.2 显示应用的公式

在做工程施工的预结算编写时，使用Excel既要写出工程量的计算式，也要看到它的结果，于是这样相同的公式在Excel里面要填两次，一次在文本格式的单元格中输入公式，一次是在数据格式的单元格中输入公式让Excel计算结果。此时就可以使用Excel中的显示公式功能解决这个问题。

STEP01：选择要显示公式的单元格区域。打开最终文件中的"绝对引用.xlsx"工作簿，选择要显示公式的单元格区域D3：D12，如下左图所示。

STEP02：启动显示公式操作。在"公式"选项卡下单击"显示公式"按钮，如下右图所示。

STEP03：显示公式。此时选择的区域显示出了计算的公式，效果如下图所示。

	A	B	C	D
2	产品	销量（箱）	产品单价	销售额
3	SK001	526	125	=B3*$C$6
4	SK002	423	120	=B4*$C$6
5	SK003	890	110	=B5*$C$6
6	SK004	145	189	=B6*$C$6
7	SK005	362	175	=B7*$C$6
8	SK006	789	160	=B8*$C$6
9	SK007	426	180	=B9*$C$6
10	SK008	359	130	=B10*$C$6
11	SK009	487	170	=B11*$C$6
12	SK010	694	225	=B12*$C$6

显示出的公式

9.4.3　查看公式求值

原始文件：实例文件 \ 第9章 \ 原始文件 \ 企业生产和经营数据表 . xlsx

对于一些复杂的公式，我们可以利用"公式求值"功能，分段检查公式的返回结果，以查找出错误所在。

STEP01：选择要进行公式求值的单元格。打开"实例文件 \ 第9章 \ 原始文件 \ 企业生产和经营数据表 . xlsx"，选中要进行公式求值的单元格I4，如下左图所示。

STEP02：启动公式求值功能。在"公式"选项卡下单击"公式求值"按钮，如下右图所示。

STEP03：求值第一步。弹出"公式求值"对话框，在"求值"文本框中显示了该单元格完整的公式，单击"求值"按钮，如下左图所示。

STEP04：求值第二步。显示出"F4<0"的计算过程"1035<0"，如下右图所示。继续单击"求值"按钮。

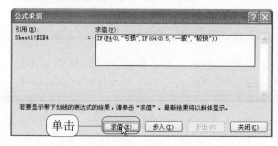

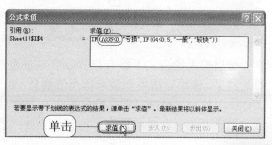

STEP05：求值第三步。 显示出"1035<0"的求值结果，结果为"FALSE"，如下左图所示。继续单击"求值"按钮。

STEP06：求值第四步。 显示出"G4<0.5"的计算过程"0.413503795445465<0.5"，如下右图所示。继续单击"求值"按钮。

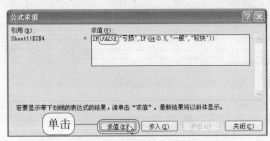 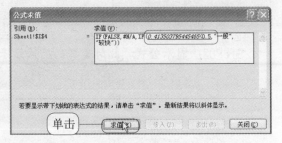

STEP07：求值第五步。 显示出"0.413503795445465<0.5"的求值结果为"TRUE"，如下左图所示。继续单击"求值"按钮。

STEP08：求值第六步。 显示出"IF(TRUE,"一般","较快")"的求值结果为"一般"，如下右图所示。继续单击"求值"按钮。

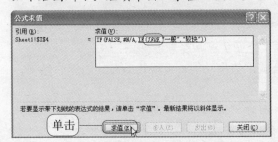 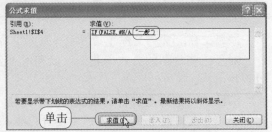

STEP09：求值第七步。 显示最后一步"IF(FALSE,"#N/A","一般")"的求值结果为"一般"，如下图所示。最后单击"关闭"按钮。

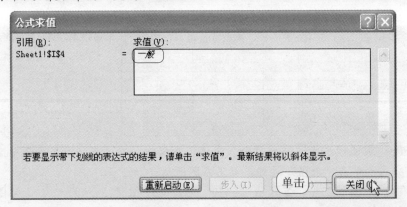

9.4.4 应用公式时经常发生的错误

如果输入的公式不符合格式或者其他要求，就无法在Excel工作表的单元格中显示运算的结果，该单元格中会显示错误值信息，如"####！"、"#DIV/0!"、"#N/A"、"#NAME?"、"#NULL!"、"#NUM!"、"#REF!"、"#VALUE!"。了解这些错误值信息的含义可以帮助用户修改单元格中的公式。如表9-1列出了Excel中的错误值及其含义。

精编版

表9-1　Excel中的错误值及其含义

错误值	含义
####!	公式产生的结果或输入的常数太长，当前单元格宽度不够，不能正确地显示出来，将单元格加宽就可以避免这种错误
#DIV/0!	公式中产生了除数或者分母为0的错误，这时候就要检查：（1）公式中是否引用了空白的单元格或数值为0的单元格作为除数；（2）引用的宏程序是否包含有返回"#DIV/0!"值的宏函数；（3）是否有函数在特定条件下返回"#DIV/0!"错误值
#N/A	引用的单元格中没有可以使用的数值，在建立数学模型缺少个别数据时，可以在相应的单元格中输入#N/A，以免引用空单元格
#NAME?	公式中含有不能识别的名字或者字符，这时候就要检查公式中引用的单元格名字是否输入了不正确的字符
#NULL!	试图为公式中两个不相交的区域指定交叉点，这时候就要检查是否使用了不正确的区域操作符或者不正确的单元格引用
#NUM!	公式中某个函数的参数不对，这时候就要检查函数的每个参数是否正确
#REF!	引用中有无效的单元格，移动、复制和删除公式中的引用区域时，应当注意是否破坏了公式中单元格引用，检查公式中是否有无效的单元格引用
#VALUE!	在需要数值或者逻辑值的地方输入了文本，检查公式或者函数的数值和参数

9.5 函数的使用

Excel将具有特定功能的一组公式组合在一起，便产生了函数，它可方便和简化公式的使用。函数一般包括3个部分："等号（=）"、"函数"和"参数"，例如"=SUM(E3:E12)"表示求单元格E3:E12内所有数据之和。

9.5.1 插入函数

原始文件：实例文件 \ 第9章 \ 原始文件 \ 成绩表 .xlsx
最终文件：实例文件 \ 第9章 \ 最终文件 \ 插入函数 .xlsx

函数的输入方法有两种：一种是像在单元格中输入公式那样输入函数，另一种是使用"插入函数"对话框输入函数。前者的输入方法较为简单，就像输入一般公式一样在单元格中输入即可，这里不再赘述，但这种方法需要对函数及其参数非常熟悉。下面讲解第二种方法的使用。

STEP01：选择要插入函数的单元格。打开"实例文件 \ 第9章 \ 原始文件 \ 成绩表 .xlsx"，首先选中要插入函数的单元格G3，如下左图所示。

STEP02：启动插入函数功能。在"公式"选项卡下单击"插入函数"按钮，如下右图所示。

📀 **知识点拨:通过编辑栏按钮插入函数。**

　　用户还可以选定要插入函数的单元格后,单击编辑栏左侧的"插入函数"按钮 *fx*,同样可以启动插入函数功能。

　　STEP03:选择函数。 弹出"插入函数"对话框,从"或选择类别"下拉列表中选择要插入函数的类型,例如选择"常用函数"类型,然后在"选择函数"列表框中选择要插入的函数,例如选择"SUM"函数,如下左图所示。

　　STEP04:设置函数参数。 单击"确定"按钮弹出"函数参数"对话框,在"Number1"文本框中输入函数的参数,这里输入要参与计算的单元格区域"C3:F3",如下图所示。

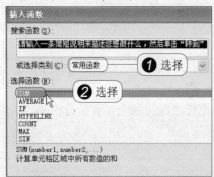 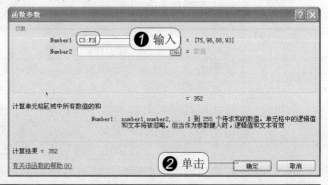

📀 **知识点拨:搜索函数**

　　若用户不清楚需要插入的函数,可在打开的"插入函数"对话框中的"搜索函数"文本框中输入要搜索函数的关键字,例如输入"求和",单击"转到"按钮,系统将自动搜索出符合要求的所有函数,选择需要的函数插入即可。

　　STEP05:使用函数求值结果。 单击"确定"按钮,返回工作表中,在G3单元格显示了计算的结果为"352"元,在编辑栏中显示了完整的公式"=SUM(C3:F3)",如下左图所示。

　　STEP06:复制公式。 拖动G3单元格右下角的填充柄向下复制公式至G18单元格,得到每名学生的成绩总分,结果如下右图所示。

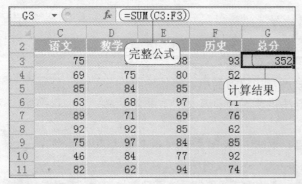

9.5.2 　使用嵌套函数

原始文件: 实例文件 \ 第9章 \ 原始文件 \ 成绩表 . xlsx
最终文件: 实例文件 \ 第9章 \ 最终文件 \ 嵌套函数 . xlsx
　　一个函数可以用作其他函数的参数。当函数被用作参数时,此函数称为嵌套函数。公

式中最多可以包含7层嵌套函数。作为参数使用的函数的返回值的数值类型，必须与此参数所要求的数据类型相同。

还是采用上述的例子，要求计算出总分大于330分的学生显示为"优秀"，其他的不显示任何字样。

STEP01：添加列。 打开"实例文件\第9章\原始文件\成绩表.xlsx"，在最后一列中再添加一列"等级"，如下左图所示。

STEP02：输入嵌套公式。 在H3单元格中输入公式"=IF(SUM(C3:F3)>330,"优秀","")"，该公式中是在IF函数中嵌套了SUM函数，如下右图所示。

	E	F	G	H
2	政治	历史	总分	等级
3	88	93		
4	80	52		
5	85	74		
6	97	71		
7	69	76		
8	85	62		
9	84	85		
10	77	92		
11	94	74		
12	92	85		
13	48	82		

输入

SUM			fx	=IF(SUM(C3:F3),"优秀","")		
	D		E	F	G	H	I	J
2	数学		政治	历史	总分	等级
3	96		88	93	=IF(SUM(C3:F3)>330,"优秀","")
4	75		80	52	
5	84		85	74	
6	68		97	71	
7	71		69	76	
8	92		85	62	
9	97		84	85	
10	84		77	92	
11	62		94	74	
12	74		92	85	
13	81		48	82	
14	93		53	96	
15	84		74	74	
16	75		95	82	

输入公式

STEP03：求值结果。 按下Enter键，得到该名学生的等级为"优秀"，如下左图所示。

STEP04：复制公式。 拖动H3单元格右下角的填充柄向下复制公式至H18单元格中，得到所有学生的等级情况，可以看到一共有5名学生的等级为"优秀"，如下右图所示。

fx	=IF(SUM(C3:F3),"优秀","")		
E	F	G	H
政治	历史	总分	等级
88	93		优秀
80	52		
85	74		
97	71		
69	76		
85	62		

按下Enter键

	A	B	C	D	E	F	G	H
2	学号	姓名	语文	数学	政治	历史	总分	等级
3	314001	王磊	75	96	88	93		优秀
4	314002	张强	69	75	80	52		
5	314003	李晓娟	85	84	85	74		
6	314004	邓亚萍	63	68	97	71		
7	314005	蔡丽	89	71	69	76		
8	314006	黄平	92	92	85	62		优秀
9	314007	吴波	75	97	84	85		优秀
10	314008	杨丽娟	46	84	77	92		
11	314009	曾黎	82	62	94	74		
12	314010	张燕	67	74	92	85		
13	314011	邢亚鹏	82	81	48	82		
14	314012	谭功强	94	93	53	96		优秀
15	314013	李兴明	96	84	74	74		
16	314014	钟玲明	79	75	95	82		优秀
17	314015	王志涛	66	64	87	93		
18	314016	钟建兵	70	90	66	72		

复制公式结果

知识点拨：函数的嵌套调用须注意的两个问题

第一点：有效的返回值。当嵌套函数作为参数使用时，它返回的数值类型必须与参数使用的数值类型相同。例如，如果参数需要一个true或false值时，那么该位置的嵌套函数也必须返回一个true或false值，否则，Microsoft Excel将显示#VALUE!错误值。

第二点：嵌套级数限制。公式中最多可以包含7级嵌套函数。在形如a(b(c(d)))的函数调用中，如果a、b、c、d都是函数名，则函数b称为第二级函数，c称为第三级调用。

助跑地带——监视表格中某个单元格

在一些大型工作表中，当拖动滚动条时单元格在工作表中很有可能都不可见了，用户使用"监视窗口"监视这些单元格及其公式。使用"监视窗口"可以方便地在大型工作表中检查、审核或确认公式计算及其结果。下面举例为用户介绍向"监视窗口"中添加单元格的方法。

❶ **启动监视窗口功能。** 打开最终文件中的"嵌套函数.xlsx"，在"公式"选项卡中单击"监视窗口"按钮，如下左图所示。

❷ 其他添加监视功能。弹出"监视窗口"对话框，单击"添加监视"按钮，如下中图所示。

❸ 添加监视点。弹出"添加监视点"对话框，单击"选择您想要监视其值的单元格"文本框中单击其右侧的折叠按钮，如下右图所示。

 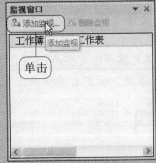 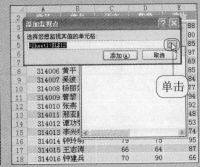

❹ 选择监视点。返回工作表中选择需要监视的公式所在单元格区域，例如选择H3：H18单元格区域，如下左图所示。

❺ 确认添加的监视点。再次单击折叠按钮，返回"添加监视点"对话框中，单击"添加"按钮即可，如下中图所示。

❻ 添加成功。返回"监视窗口"对话框中，此时所有被选择单元格区域中的公式及其结果都完整的显示在了该单元格中，如下右图所示。当这些单元格中的公式或结果发生变化时，都会在该单元格反映出来。

 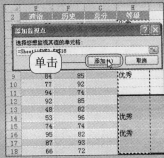 

○ **知识点拨：删除监视点**

若用户不想对某个单元格的公式进行监视了，可在"监视窗口"对话框中选择要删除的监视点，然后单击"删除监视"按钮即可。

9.6 简单的函数运算

Excel 2010 中包括 13 种类型上百个具体函数，每个函数的应用各不相同，下面对几种常用的函数进行求解，包括平均值函数、计数函数、VLOOKUP 函数、MONTH/DAY 函数、SUMIF 函数以及 TEXT 函数的使用。

9.6.1 平均值函数的使用

原始文件：实例文件 \ 第9章 \ 原始文件 \ 成绩表 .xlsx
最终文件：实例文件 \ 第9章 \ 最终文件 \AVERAGE 函数 .xlsx

平均值函数的原理是将选择的单元格或单元格区域中的数据相加然后除以单元格个

数，并返回其参数的算术平均值。

其函数语法结构为

$$AVERAGE(number1, number2, \cdots)$$

参数含义：number1，number2，…是要计算其平均值的 1 ～ 255 个数字参数。

STEP01：添加列。打开"实例文件 \ 第 9 章 \ 原始文件 \ 成绩表 . xlsx"，在末尾添加一列"平均分"列，如下左图所示。

STEP02：启动插入函数功能。选中要插入函数的单元格 H3，单击编辑栏中的"插入函数"按钮，如下中图所示。

STEP03：选择平均值函数。弹出"插入函数"对话框，在"选择函数"列表框中选择"AVERAGE"函数，如下右图所示。

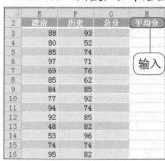
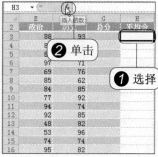
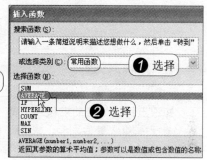

STEP04：设置函数参数。单击"确定"按钮，弹出"函数参数"对话框，在"Number1"文本框中输入参数"C3：G3"，如下左图所示。

STEP05：复制公式。单击"确定"按钮，返回工作表中，拖动 H3 单元格右下角填充柄向下复制公式至 H18 单元格中，得到各个学生计算出的平均分，在编辑栏中显示出了完整的公式，如下右图所示。

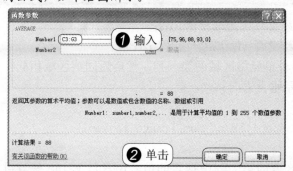

9.6.2　计数函数的使用

原始文件：实例文件 \ 第 9 章 \ 原始文件 \ 成绩表 . xlsx

最终文件：实例文件 \ 第 9 章 \ 最终文件 \COUNT 函数 . xlsx

计数函数 COUNT 是用于计算包含数字的单元格以及参数列标中数字的个数。

其函数语法结构为

$$COUNT(value1, [value2], \cdots)$$

参数含义：value1 必需。要计算其中数字个数的第一个项、单元格引用或区域。

value2，…可选。要计算其中数字个数的其他项、单元格引用或区域，最多可包含 255 个。

下面使用 COUNT 函数计算 314 班的学生总人数。

STEP01：输入公式。打开"实例文件 \ 第 9 章 \ 原始文件 \ 成绩表.xlsx"，在末尾新添加一行"学生人数统计"，然后在 C19 单元格中输入公式"=COUNT (C3：C18)"，如下左图所示。

STEP02：计算结果。按下 Enter 键，在 C19 单元格中返回了 314 班学生的总人数为 16人，如下右图所示。

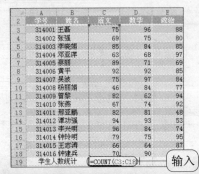 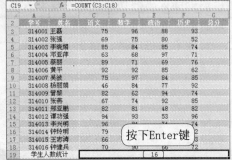

> **知识点拨："自动求和"工具**
>
> 对于一些常用的求和、求平均值、计数、最大值和最小值函数用户可以直接通过"自动求和"工具来插入。方法为：选中要插入函数的单元格，在"公式"选项卡下单击"自动求和"按钮右侧下三角按钮，从展开的下拉列表中选择要进行的计算，系统将自动插入需要的函数并设置好参数。若参数不对可以重新选择参数，按下 Enter 键即可得到计算结果。

9.6.3　VLOOKUP 函数的使用

原始文件：实例文件 \ 第 9 章 \ 原始文件 \ 提成比例.xlsx

最终文件：实例文件 \ 第 9 章 \ 最终文件 \VLOOKUP 函数.xlsx

用户可以使用 VLOOKUP 函数搜索某个单元格区域的第一列，然后返回该区域相同行上任何单元格中的值。VLOOKUP 中的 V 表示垂直方向。

其函数语法结构为

VLOOKUP(lookup_value, table_array, col_index_num, [range_lookup])

参数含义：

lookup_value 必需。要在表格或区域的第一列中搜索的值。lookup_value 参数可以是值或引用。如果为 lookup_value 参数提供的值小于 table_array 参数第一列中的最小值，则 VLOOKUP 将返回错误值 #N/A。

table_array 必需。包含数据的单元格区域。可以使用对区域（例如，A2:D8）或区域名称的引用。table_array 第一列中的值是由 lookup_value 搜索的值。这些值可以是文本、数字或逻辑值。文本不区分大小写。

col_index_num 必需。table_array 参数中必须返回的匹配值列号。col_index_num 参数为 1 时，返回 table_array 第一列中的值；col_index_num 为 2 时，返回 table_array 第二列中的值，依此类推。

range_lookup 可选。一个逻辑值，指定希望 VLOOKUP 查找精确匹配值还是近似匹配值。

下面使用 VLOOKUP 函数返回不同销量下的销售提成。

STEP01：选择要插入函数的单元格。 打开"实例文件\第9章\原始文件\提成比例.xlsx"，选中要插入函数的单元格B10，单击编辑栏中的"插入函数"按钮，如下左图所示。

STEP02：选择函数类型。 弹出"插入函数"对话框，从"或选择类别"下拉列表中选择插入函数的类型，这里选择"查找与引用"类型，如下中图所示。

STEP03：选择函数。 接着在下方的"选择函数"列表框中选择要插入的函数"VLOOKUP"，如下右图所示。

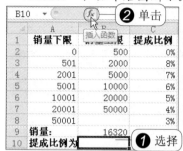 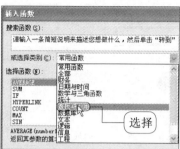 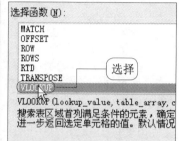

STEP04：设置函数参数。 单击"确定"按钮弹出"函数参数"对话框，设置参数"Lookup_value"为B9、参数"Table_array"为A2:C8、参数"Col_index_num"为3、参数"Range_lookup"为TRUE，如下左图所示。

STEP05：返回结果。 单击"确定"按钮，返回工作表中，此时在B10单元格中返回了销量为16320时的提成比例为3%，如下右图所示。

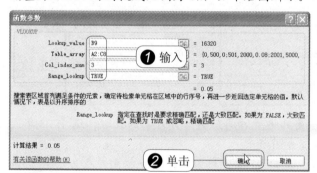

9.6.4　MONTH/DAY 函数的使用

原始文件：实例文件\第9章\原始文件\提成比例.xlsx
最终文件：实例文件\第9章\最终文件\MONTH和DAY函数.xlsx

MONTH函数的功能是计算日期所代表相应的月份。

其函数语法结构为

$$MONTH（serial\_number）$$

参数含义：serial_number 表示将要计算月份的日期。

DAY函数的功能是计算一个序列数所代表的日期在当月的天数。

其函数的语法结构为

$$DAY（serial\_number）$$

参数含义：serial_number 必需。它是日期或数值格式。

STEP01：选择要插入函数的单元格。 打开"实例文件\第9章\原始文件\提成比例.xlsx"，选中要插入函数的单元格C2，单击编辑栏中的"插入函数"按钮，如下左图所示。

STEP02：选择函数类型。弹出"插入函数"对话框，从"或选择类别"下拉列表中选择函数的类型"日期和时间"，如下中图所示。

STEP03：选择函数。在下方的"选择函数"列表框中选择要插入的函数"MONTH"，如下右图所示。

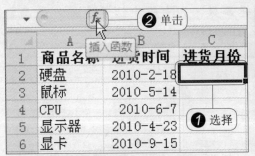  

STEP04：设置 MONTH 函数参数。单击"确定"按钮弹出"函数参数"对话框，设置参数"Serial_number"为 B2，最后单击"确定"按钮，如下左图所示。

STEP05：复制公式计算其他商品进货月份。返回工作表中，得到硬盘的进货月份为"2"月，拖动 C2 单元格右下角填充柄向下复制公式至 C6 单元格，得到不同商品的进货月份，结果如下右图所示。

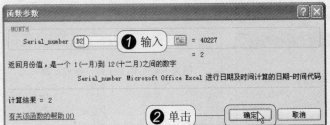

STEP06：输入公式。接下来计算各商品进货时间距离当月月初的天数。选中 D2 单元格，在其中输入公式"=DAY(B2)"，如下左图所示。

STEP07：复制公式。按下 Enter 键，拖动 D2 单元格右下角填充柄向下复制公式至 D6 单元格，得到各商品进货时间距离当月月初的天数，如下右图所示。

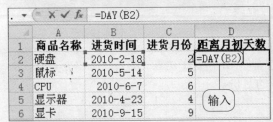

9.6.5 SUMIF 函数的使用

原始文件：实例文件 \ 第9章 \ 原始文件 \ 各地区销售统计 .xlsx
最终文件：实例文件 \ 第9章 \ 最终文件 \SUMIF 函数 .xlsx
SUMIF 函数的功能是按给定条件对指定的单元格求和。
其函数语法结构为：

$$SUMIF(range, criteria, sum\_range)$$

参数含义：

range 是要根据条件计算的单元格区域。每个区域中的单元格都必须是数字和名称、数组和包含数字的引用。空值和文本值将被忽略。

criteria 为确定对哪些单元格相加的条件，其形式可以为数字、表达式或文本。

sum_range 为要相加的实际单元格（如果区域内的相关单元格符合条件）。如果省略 sum_range，则当区域中的单元格符合条件时，他们既按条件计算，也执行相加。

下面使用 SUMIF 函数计算各地区 3 月份的销量和销售额。

STEP01：选择要插入函数的单元格。 打开"实例文件 \ 第 9 章 \ 原始文件 \ 各地区销售统计 .xlsx"，选中要插入函数的单元格 B21，单击编辑栏中的"插入函数"按钮，如下左图所示。

STEP02：选择 SUMIF 函数。 弹出"插入函数"对话框，首先从"或选择类别"下拉列表中选择插入函数的类型为"数学与三角函数"，再从下方的"选择函数"列表框中选择"SUMIF"函数，如下右图所示。

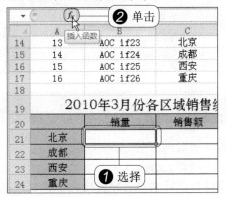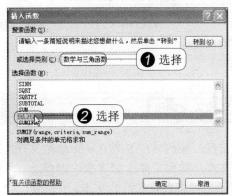

STEP03：设置 SUMIF 函数参数。 单击"确定"按钮，弹出"函数参数"对话框，设置参数"Range"为 C2：C17 单元格区域，参数"Criteria"为 A21 单元格，参数"Sum_range"为 F2：F17 单元格区域，如下左图所示。

STEP04：返回计算结果。 单击"确定"按钮，返回工作表中，此时在 B21 单元格中显示出了计算的北京地区 3 月份销量总和为"942"台，在编辑栏中显示出了完整的公式，如下右图所示。

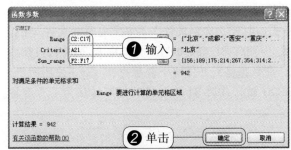

STEP05：添加绝对符号。 选中 B21 单元格，将光标定位在编辑栏中，分别选择公式中的参数"C2：C17"和"F2：F17"，按下 F4 键为其添加上绝对符号，如下左图所示。

STEP06：复制公式计算销量。 按下 Enter 键，拖动 B21 单元格右下角的填充柄向下复制公式至 B24 单元格，得到各地区 3 月份总销量，如下右图所示。

	=SUMIF($C$2:$C$17,A21,$F$2:$F$17)
SUMIF(range, criteria, [sum_range])	

	A
19	**2010年3月份各区域销售统计**
20	销量　　按下F4键
21	北京　$F$2:$F$17
22	成都
23	西安
24	重庆

	A	B	C
19	**2010年3月份各区域销售统计**		
20		销量	销售额
21	北京	942	
22	成都	1079	复制公式结果
23	西安	1161	
24	重庆	1134	

STEP07：输入公式计算各地区销售总额。同样的方法，使用 SUMIF 函数可计算出 3 月份各地区的销售额。选中 C21 单元格，在其中输入公式 "=SUMIF($C$2:$C$17,A21,$G$2:$G$17)"，如下左图所示。

STEP08：复制公式计算销售额。按下 Enter 键，拖动 C21 单元格右下角的填充柄向下复制公式至 C24 单元格，得到各地区 3 月份总销售额，如下右图所示。

	=SUMIF($C$2:$C$17,A21,$G$2:$G$17)

	A	B	C	D	E
19	**2010年3月份各区域销售统计**				
20		销量	销售额		
21	北京	942	=SUMIF($C$2:$C$17,A21,$G$2:$G$17)		
22	成都	1079	SUMIF(rang... ...mat_range)		
23	西安	1161	输入公式		
24	重庆	1134			

	A	B	C
19	**2010年3月份各区域销售统计**		
20		销量	销售额
21	北京	复制公式结果	￥1,012,971
22	成都		￥1,150,244
23	西安	1161	￥1,273,398
24	重庆	1134	￥1,220,740

9.6.6　TEXT 函数的使用

原始文件：实例文件 \ 第 9 章 \ 原始文件 \TEXT 函数的应用 . xlsx
最终文件：实例文件 \ 第 9 章 \ 最终文件 \TEXT 函数 . xlsx

TEXT 函数可将数值转换为文本，并可使用户通过使用特殊格式字符串来指定显示格式。需要以可读性更高的格式显示数字或需要合并数字、文本或符号时，此函数很有用。

其函数语法结构为：

$$TEXT(value, format\_text)$$

参数含义：

value 必需。数值、计算结果为数值的公式，或对包含数值的单元格的引用。

format_text 必需。使用双引号括起来作为文本字符串的数字格式。

下面使用 TEXT 函数将数据转换为不同的格式。

STEP01：输入公式将数据转换为货币格式。打开 "实例文件 \ 第 9 章 \ 原始文件 \TEXT 函数的应用 . xlsx"，在 B4 单元格中输入公式 "=TEXT(B1,"$0.00")"，其中 B1 为待转换数据所在单元格，"$0.00" 为转换后的数据格式，即数据格式并保留小数后两位，如下左图所示。

STEP02：转换为货币格式效果。按下 Enter 键，此时 B1 单元格的数字转换为了货币格式，结果为 "$547.89"，如下右图所示。

	=TEXT(B1,"$0.00")

	A	B	C
1	**数字**	547.89	
2			
3		结果	
4	**转换为货币格式**	=TEXT(B1,"$0.00")	
5	**转换为日前格式**	TEXT... ...mat_text)	
6		输入公式	

	=TEXT(B1,"$0.00")

	A	B
1	**数字**	547.89
2		按下Enter键
3		结果
4	**转换为货币格式**	$547.89
5	**转换为日前格式**	

STEP03：**输入公式将数据转换为日期格式**。在 B5 单元格中输入公式 "=TEXT(C1,"dd-mmm-yyyy")"，其中 C1 为待转换数据所在单元格，"dd-mmm-yyyy" 为转换后的数据格式，如下左图所示。

STEP04：**转换为日期格式效果**。按下 Enter 键，此时 C1 单元格的数字转换为了日期格式，结果为 "08-Mar-2010"，如下右图所示。

	X ✔ fx	=TEXT(C1,"dd-mmm-yyyy")	
	A	B	C
1	数字	547.89	40245
2			
3		结果 输入公式	
4	转换为货币格式	$547.89	
5	转换为日前格式	=TEXT(C1,"dd-mmm-yyyy")	

	A	B
1	数字	547.89
2		
3	按下Enter键 结果	
4	转换为货币格式	$547.89
5	转换为日前格式	08-Mar-2010

助跑地带——函数的记忆输入

要更轻松地创建和编辑公式并将键入错误和语法错误减到最少，可使用 "公式记忆式键入"。在键入 =（等号）和前几个字母或某个显示触发器之后，Microsoft Office Excel 会在单元格下方显示一个与这些字母或触发器匹配的有效函数、名称和文本字符串的动态下拉列表。您就可以使用 Insert 触发器将下拉列表中的项目插入公式中。

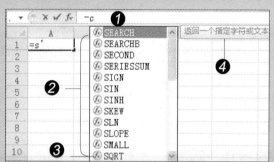

❶ 键入 =（等号）和前几个字母或某个显示触发器以启动 "公式记忆式键入"。

❷ 在键入时，将显示有效项目的可滚动列表，并突出显示最接近的匹配。

❸ 这些图标表示输入类型，如函数或表引用。

❹ 详细的屏幕提示可帮助用户做出最佳选择。

下表汇总了可以用来滚动 "公式记忆式键入" 下拉列表的按键。

表9-2　"公式记忆式键入" 下拉列表的按键

按键	目的
向左键	将插入点左移一个字符
向右键	将插入点右移一个字符
向上键	将选定内容上移一项
向下键	将选定内容下移一项
End	选择最后一项
Home	选择第一项
Page Down	下移一页并选择新项目
Page Up	上移一页并选择新项目
Esc(或单击另一个单元格)	关闭下拉列表
Alt+向下键	打开或关闭 "公式记忆式键入"

> **知识点拨：**
> 　　若用户需要关闭"公式记忆式键入"功能，可单击"文件"按钮，从弹出的菜单中单击"选项"命令，弹出"选项"对话框，切换至"公式"选项卡下，取消勾选"公式记忆式键入"复选框即可。

同步实践：计算房贷月供金额

原始文件：*实例文件 \ 第 9 章 \ 原始文件 \ 房屋贷款计算器 . xlsx*
最终文件：*实例文件 \ 第 9 章 \ 最终文件 \ 房屋贷款计算器 . xlsx*

　　所谓本金，是指未来各期年金现值的总和，如：贷款。而年金是在某一段连续时间内，一系列的固定金额之处。例如，汽车或房屋分期贷款。

　　假设某人贷款购房，房屋总价为 33.6 万，首付了 10 万，分 20 年（即 240 个月）偿还，年利率为 4.18%。现需计算按月偿还的金额。

　　STEP01：计算贷款额。 打开"实例文件 \ 第 9 章 \ 原始文件 \ 房屋贷款计算器 . xlsx"，在 B4 单元格中输入公式"=B2-B3"，按下 Enter 键，得到贷款总额为 23.6 万，如下左图所示。

　　STEP02：选择插入函数单元格。 选中 B9 单元格，单击编辑栏中的"插入函数"按钮，如下中图所示。

　　STEP03：选择 PMT 函数。 弹出"插入函数"对话框，首先从"或选择类别"下拉列表中选择函数类型为"财务"函数，接着在"选择函数"列表框中选择"PMT"函数，如下右图所示。

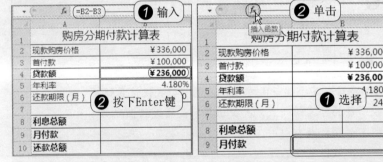

> **知识点拨：PMT函数解析**
> 　　PMT 函数的功能是基于固定利率及等额分期付款方式，返回贷款的每期付款额。
> 　　其语法为：PMT(rate,nper,pv,fv,type)
> 　　参数含义：
> 　　rate 为贷款利率。
> 　　nper 表示贷款的付款时间数。
> 　　pr 表示本金或一系列未来付款的当前值的累积和。
> 　　fv 表示在最后一次付款后希望得到的现金余额，如果省略 fv，则假设其值为零。
> 　　type 为数字 0 或 1，用以指定各期的付款时间是在期末还是期初。

　　STEP04：设置 PMT 函数参数。 单击"确定"按钮后弹出"函数参数"对话框，设置参数"Rate"为"B5/12"，参数"Nper"为"B6"单元格，参数"Pv"为"-B4"，如下左图所示。

STEP05：**得到月供金额。**单击"确定"按钮，返回工作表中，此时在 B9 单元格中显示出了计算出的月供金额为 1453 元，如下右图所示。

STEP06：**计算还款总额。**还款总额应该等于月付款乘以还款期限，所以在 B10 单元格中输入公式"=B9*B6"，按下 Enter 键，得到计算结果为 34863 元，如下左图所示。

STEP07：**计算利息总额。**利息 = 还款总额 - 贷款额。所以在 B8 单元格中输入公式"=B10-B4"，按下 Enter 键，得到利息总额为 112623 元，如下右图所示。

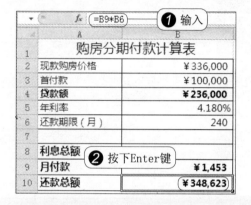

Chapter 10

数据的分析与处理

Excel并不单单是一个"计算器"，除了有强大的数据计算和统计功能外，还具有一定的数据管理能力。如排序、筛选、汇总、条件格式以及数据分析等。利用这些功能用户可以快速地在繁杂的数据中理清思路，对数据进行分析、统计。本章将系统地进行数据统计和管理的介绍。

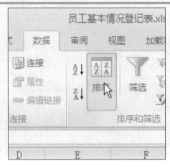

10.1 | 数据的排序

数据排序是指按一定的规则对数据进行整理和排列，这样可以为进一步处理数据做好准备。Excel 2010提供了多种对数据清单进行排序的方法，既可以采用升序或降序的方法，也可以采用用户自定义的排序方法。

10.1.1 简单的升序与降序

原始文件：实例文件 \ 第10章 \ 原始文件 \ 员工基本情况登记表.xlsx

最终文件：实例文件 \ 第10章 \ 最终文件 \ 简单排序.xlsx

如果数据清单的排序要求是按某一字段进行的，可使用单列内容的排序。例如：在"员工基本情况登记表"中需要根据"工龄"排序，其操作步骤如下。

STEP01：选择要排序的字段。打开"实例文件 \ 第10章 \ 原始文件 \ 员工基本情况登记表.xlsx"，选择要排序字段中的任意含有数据的单元格，例如选择E3单元格，如下左图所示。

STEP02：启动排序功能。在"数据"选项卡下单击"升序"按钮，如下中图所示。

STEP03：升序排列效果。此时，可以看到"工龄（年）"列数据按照从小到大的顺序进行了重新排列，如下右图所示。

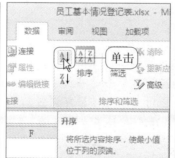

10.1.2 根据条件进行排序

原始文件：实例文件 \ 第10章 \ 原始文件 \ 员工基本情况登记表.xlsx

最终文件：实例文件 \ 第10章 \ 最终文件 \ 多条件排序.xlsx

根据条件排序就是按照多关键字排序，所谓多关键字排序就是对数据表中的数据按两个或两个以上的关键字进行排序。多关键字排序可使数据在"主要关键字"相同的情况下，按"次要关键字"排序，在主要、次要关键字相同的情况下，数据按第三关键字排序，其余的以此类推。例如：在"员工基本情况登记表"中需要根据"性别"、"学历"和"工龄"进行排序。

STEP01：选择含有数据的单元格。打开"实例文件 \ 第10章 \ 原始文件 \ 员工基本情况登记表.xlsx"，选中表格中含有数据的任意一个单元格，例如选中B4单元格，如下左图所示。

STEP02：启动排序功能。在"数据"选项卡下单击"排序"按钮，如下中图所示。

STEP03：选择主要关键字。弹出"排序"对话框，首先从"主要关键字"下拉列表中选择第一个要排序的字段，这里选择"性别"字段，如下右图所示。

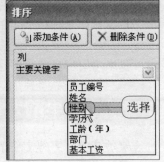

STEP04：选择主要关键字排列次序。接着从"次序"下拉列表中选择主要关键字排列的顺序，这里选择"升序"，如下左图所示。

STEP05：选择次要关键字。单击"添加条件"按钮，添加一个"次要关键字"，从"次要关键字"下拉列表中选择第二个要排序的字段，这里选择"学历"字段，如下右图所示。

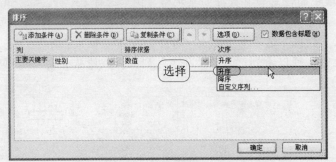

STEP06：添加第二个次要关键字。单击"添加条件"按钮，继续添加第二个次要关键字，从第二个"次要关键字"下拉列表中选择排序字段为"工龄（年）"，并且将两个次要关键字的排列次序都设置为"升序"，如下左图所示。

STEP07：查看排序效果。单击"确定"按钮，返回工作表中，此时可以看到表格中数据首先按照"性别"排列，性别相同的，再按照"学历"排序，学历相同的，再按照"工龄（年）"排列，如下右图所示。

10.1.3 自定义排序

原始文件：实例文件 \ 第 10 章 \ 原始文件 \ 员工基本情况登记表 . xlsx
最终文件：实例文件 \ 第 10 章 \ 最终文件 \ 自定义排序 . xlsx

精编版

通常情况下，系统预置的排序列保存在"自定义序列"对话框中，用户可以根据需要随时调用。在 Excel 中，允许用户创建自定义序列，以使其能够自动地应用到需要的数据清单中。例如：在"员工基本情况登记表"中需要按照"金工车间"、"铸造车间"、"维修车间"的特定顺序进行排列。

STEP01：打开"Excel 选项"对话框。单击"文件"按钮，从弹出的菜单中单击"选项"命令，如下左图所示。

STEP02：打开"自定义序列"对话框。弹出"Excel 选项"对话框，单击"高级"选项，切换至"高级"选项卡下，单击"编辑自定义列表"按钮，如下中图所示。

STEP03：输入序列。弹出"自定义序列"对话框，在"输入序列"文本框中输入新建序列，每输入一个词组，可按下 Enter 键换行继续输入，如下右图所示。

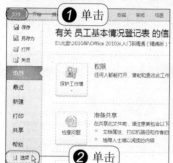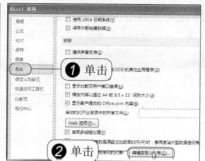

STEP04：添加新建序列。序列输入完毕后，单击"添加"按钮，可将新输入的序列添加到"自定义序列"列表框中，如下左图所示。

STEP05：启动排序功能。连续单击两次"确定"按钮，返回工作表中，选中任意含有数据的单元格，然后在"数据"选项卡下单击"排序"按钮，如下右图所示。

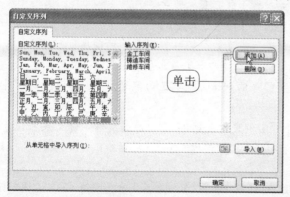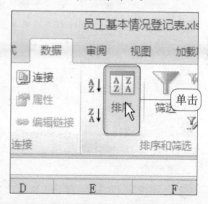

知识点拨：删除序列

如果用户需要删除"自定义序列"列表框中不再需要的序列，可首先选中需要删除的序列，然后单击"删除"按钮即可。

STEP06：设置主要关键字。弹出"排序"对话框，首先从"主要关键字"下拉列表中选择要排序的字段为"部门"，然后从"次序"下拉列表中单击"自定义序列"选项，如下左图所示。

STEP07：选择自定义序列。弹出"自定义序列"对话框，在"自定义序列"列表框中选择要排列的自定义序列，如下右图所示。

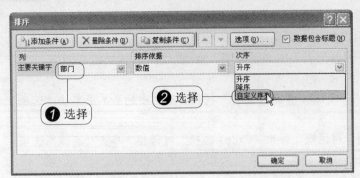 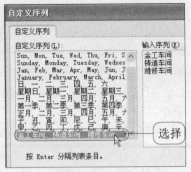

STEP08：确认排列次序。单击"确定"按钮，返回"排序"对话框，此时在"次序"下拉列表中显示出了排列的自定义序列，确认则单击"确定"按钮，如下左图所示。

STEP09：查看自定义排序后的效果。返回工作表中，此时可以看到"部门"列数据按照"金工车间"、"铸造车间"、"维修车间"进行了排列，效果如下右图所示。

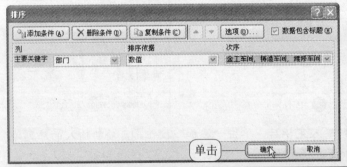 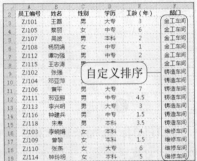

> **助跑地带——更改排序默认方法为按笔划排序**
>
> 原始文件：实例文件\第10章\原始文件\员工基本信息登记表.xlsx
> 最终文件：实例文件\第10章\最终文件\按笔划排序.xlsx

默认情况下，系统对汉字是按照字母进行排序的，按照字母 A~Z 的顺序进行排序。但很多时候，用户希望按照汉字的笔划进行排序，例如在"员工基本信息登记表"中希望将"姓名"列数据按照笔划进行排序。首先就需要将排序的默认方法更改为笔划排序，然后再进行升序或降序排序。

❶ 打开"排序选项"对话框。打开"实例文件\第10章\原始文件\员工基本信息登记表.xlsx"，在"数据"选项卡下单击"排序"按钮弹出"排序"对话框，单击"选项"按钮，如下左图所示。

❷ 设置按笔划排序。弹出"排序选项"对话框，单击"笔划排序"单选按钮，如下右图所示。

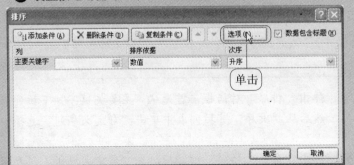 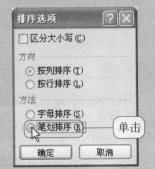

❸ 选择主要关键字。单击"确定"按钮，返回"排序"对话框，从"主要关键字"下拉

列表中选择排序字段为"姓名",如下左图所示。

❹ 查看按笔划排序后的效果。单击"确定"按钮,返回工作表中,此时可以看到"姓名"列数据按照笔划的多少进行了重新排序,如下右图所示。

10.2 | 数据的筛选

筛选数据可以使用户快速寻找和使用数据清单中的数据子集。筛选功能可以使 Excel 电子表格只显示符合筛选条件的某一值或某一些行,而隐藏其他行。在 Excel 中提供了"自动筛选"和"高级筛选"按钮来筛选数据。一般情况下,"自动筛选"能够满足大部分的需要,但需要利用复杂的条件来筛选数据清单时,就必须使用"高级筛选"。

10.2.1 | 手动筛选数据

原始文件:实例文件 \ 第 10 章 \ 原始文件 \ 员工基本情况登记表.xlsx
最终文件:实例文件 \ 第 10 章 \ 最终文件 \ 手动筛选.xlsx

手动筛选数据是按选定内容筛选,它适用于简单条件。通常在一个数据清单的一个列中,都有多个相同的值。自动筛选机制为用户提供了在具有大量记录的数据清单中快速查找符合多重条件记录的功能。例如:在"员工基本信息登记表"中筛选出所有的"维修车间"的员工记录。

STEP01:选择表头字段。打开"实例文件 \ 第 10 章 \ 原始文件 \ 员工基本情况登记表.xlsx",选择表头字段所在单元格区域 A2:G2,如下左图所示。

STEP02:启动筛选功能。在"数据"选项卡下单击"筛选"按钮,如下右图所示。

	A	B	C	D	E	F	G
1			员工基本情况登记表				
2	员工编号	姓名	性别	学历	工龄(年)	部门	基本工资
3	ZJ101	王磊	男	大专	3	金工车间	¥1,850.00
4	ZJ102	张强	男	中专	5	铸造车间	¥1,630.00
5	ZJ103	李晓娟	女	本科	4	维修车间	¥1,750.00
6	ZJ104	邓亚萍	女	大专	3.5	铸造车间	¥1,620.00
7	ZJ105	蔡丽	女	中专	6	金工车间	¥1,850.00
8	ZJ106	黄平	男	大专	7	铸造车间	¥1,630.00
9	ZJ107	吴波	男	本科	2	金工车间	¥1,490.00
10	ZJ108	杨丽娟	女	中专	1	金工车间	¥1,520.00
11	ZJ109	曾黎	女	本科	1.5	维修车间	¥1,550.00
12	ZJ110	张燕	女	大专	6	维修车间	¥1,660.00

STEP03:添加的筛选器。此时,在每个表头字段所在单元格的右侧都出现了一个下三角按钮,即筛选器,如下左图所示。

STEP04:筛选"部门"。单击"部门"字段右侧的下三角按钮,从展开的下拉列表中只勾选"维修车间"复选框,如下右图所示。

STEP05: 筛选出"维修车间"员工记录。单击"确定"按钮,此时在表格中只显示了"维修车间"员工的记录,如下图所示。

	A	B	C	D	E	F	G
1				员工基本情况登记表			
2	员工编 ▾	姓名 ▾	性别 ▾	学历 ▾	工龄(年 ▾	部门 ▾	基本工资 ▾
5	ZJ103	李晓娟	女	本科	4	维修车间	¥1,750.00
11	ZJ109	曾黎	女	本科	只显示维修车间员工记录	维修车间	¥1,550.00
12	ZJ110	张燕	女	大专		维修车间	¥1,660.00
16	ZJ114	钟玲明	女	本科	5	维修车间	¥1,320.00
19	ZJ117	王铭铭	男	大专	2.5	维修车间	¥1,880.00

10.2.2 通过搜索查找筛选选项

原始文件: 实例文件 \ 第10章 \ 原始文件 \ 员工基本情况登记表.xlsx
最终文件: 实例文件 \ 第10章 \ 最终文件 \ 搜索查找筛选.xlsx

如果一列中出现的重复数据过多,采用上述的手动筛选,即从展开的下拉列表中勾选需要显示的数据就显得很麻烦,在Excel 2010中为用户提供了搜索查找筛选功能,用户只需直接输入需要显示的数据即可。例如在"员工基本信息登记表"中筛选出所有的"工龄"为3.5年的员工记录。

STEP01: 输入搜索关键字。打开"实例文件 \ 第10章 \ 原始文件 \ 员工基本情况登记表.xlsx",启动筛选功能,然后单击"工龄(年)"字段右侧下三角按钮,从展开的下拉列表中的"搜索"文本框中直接输入"3.5",如下左图所示。

STEP02: 搜索查找筛选结果。按下Enter键,系统自动搜索出符合输入关键字工龄的员工记录,如下右图所示。

	A	B	C	D	E	F	G
1				员工基本情况登记表			
2	员工编 ▾	姓名 ▾	性别 ▾	学历 ▾	工龄(年 ▾	部门 ▾	基本工资 ▾
6	ZJ104	邓亚萍	女	大专	3.5	铸造车间	¥1,620.00
17	ZJ115	王志涛	男	中专	3.5	金工车间	¥1,420.00
20	ZJ118	朱泰	男	本科	3.5	铸造车间	¥1,640.00
21							
22				按下Enter键的结果			

💿 **知识点拨：清除筛选**

　　如果用户需要清除刚做的筛选，例如清除正文中筛选的"维修车间"，想重新显示出完整的员工记录表数据记录，可再次单击"部门"字段右侧下三角按钮，从展开的下拉列表中单击"从'部门'中清除筛选"选项即可。

10.2.3　根据特定条件筛选数据

原始文件：实例文件 \ 第 10 章 \ 原始文件 \ 员工基本情况登记表 . xlsx

最终文件：实例文件 \ 第 10 章 \ 最终文件 \ 自定义筛选 . xlsx

　　如果需要使用同一列中的两个数值筛选数据，或者使用比较运算符而不是简单的等于，可以使用自定义自动筛选。在上面例子的基础上，筛选出基本工资大约 1700 元的员工记录。

STEP01：启动自定义筛选。 打开"实例文件 \ 第 10 章 \ 原始文件 \ 员工基本情况登记表.xlsx"，启动筛选功能后，单击"基本工资"字段右侧下三角按钮，从展开的下拉列表中指向"数字筛选"选项，再在其展开的下拉列表中单击"自定义筛选"选项，如下左图所示。

STEP02：设置自定义筛选条件。 弹出"自定义自动筛选方式"对话框，从"基本工资"下拉列表中选择"大于"运算符，再在其后的文本框中输入要大于的值为"1700"，如下右图所示。

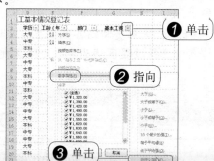

💿 **知识点拨：在自定义筛选中使用通配符**

　　在设置自定义筛选时可以使用通配符，例如使用?代表单个字符,使用*代表任意多个字符。

STEP03：查看自定义筛选结果。 单击"确定"按钮，返回工作表中，可以看到只显示出了基本工资大于 1700 的员工记录，如下图所示。

	A	B	C	D	E	F	G
1			员工基本情况登			基本工资大于1700的记录	
2	员工编	姓名	性别	学历	工龄（年	部门	基本工资
3	ZJ101	王磊	男	大专	3	金工车间	¥1,850.00
5	ZJ103	李晓娟	女	本科	4	维修车间	¥1,750.00
7	ZJ105	蔡丽	女	中专	6	金工车间	¥1,850.00
13	ZJ111	邢亚鹏	男	中专	4.5	铸造车间	¥1,780.00
14	ZJ112	谭功强	男	中专	2	金工车间	¥1,980.00
19	ZJ117	王铭铭	男	大专	2.5	维修车间	¥1,880.00

10.2.4　高级筛选

原始文件：实例文件 \ 第 10 章 \ 原始文件 \ 员工基本情况登记表 . xlsx

最终文件：实例文件 \ 第 10 章 \ 最终文件 \ 高级筛选 . xlsx

如果数据清单中的字段和筛选的条件都比较多，自定义筛选就显得十分麻烦。对于这种情况，可以使用高级筛选功能来处理。如果要使用高级筛选功能，必须先建立一个条件区域，用来指定筛选的数据所需满足的条件。

STEP01：添加条件区域。 打开"实例文件 \ 第 10 章 \ 原始文件 \ 员工基本情况登记表.xlsx"，在表格末尾添加要进行筛选的条件，这里假设要筛选出"金工车间"部门"基本工资"大于"1800"的员工记录，如下左图所示。

STEP02：启动高级筛选功能。 在"数据"选项卡下单击"高级"按钮，如下右图所示。

STEP03：选择列表区域。 弹出"高级筛选"对话框，系统自动将 A2:G20 单元格区域添加到了"列表区域"文本框中，如下左图所示。

STEP04：选择条件区域。 单击"条件区域"文本框右侧的折叠按钮，返回工作表中选择条件区域为 F21:G22 单元格区域，如下中图所示。

STEP05：选择筛选结果的放置位置。 单击"将筛选结果复制到其他位置"单选按钮，然后单击"复制到"右侧的折叠按钮，返回工作表中选择放置区域为 A23:G28 单元格区域，如下右图所示。

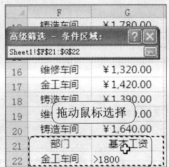
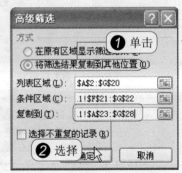

STEP06：高级筛选结果。 单击"确定"按钮，返回工作表中，此时在所选择的放置区域中显示出了筛选出的金工车间基本工资大于 1800 元的员工记录，如下图所示。

	A	B	C	D	E	F	G
21		符合条件区域的筛选结果				部门	基本工资
22						金工车间	>1800
23	员工编号	姓名	性别	学历	工龄（年）	部门	基本工资
24	ZJ101	王磊	男	大专	3	金工车间	￥1,850.00
25	ZJ105	蔡丽	女	中专	6	金工车间	￥1,850.00
26	ZJ112	谭功强	男	中专	2	金工车间	￥1,980.00

10.3 使用条件格式分析数据

条件格式，从字面上可以理解为基于条件更改单元格区域的外观。使用条件格式可以帮助用户直观地查看和分析数据，发现关键问题以及数据的变化趋势等。在Excel 2010中，条件格式的功能进一步得到加强，使用条件格式可以突出显示所关注的单元格区域，强调异常值，使用数据条、颜色刻度和图标集来直观地显示数据等。

10.3.1　认识条件格式的类型

在Excel 2010中默认的条件格式类型共有5类，分别为：突出显示单元格规则、项目选取规则、数据条、色阶和图标集。下面分别介绍这5种默认条件格式各自的特点。

突出显示单元格规则：若要方便地查找单元格区域中某个特定的单元格，可以基于比较运算符设置这些特定单元格的格式，如下左图所示。

项目选取规则：对于数值型数据，可以根据数值的大小指定选择的单元格。使用"条件格式"下拉列表中的"项目选取规则"可以根据指定的截止值查找单元格区域中的最高值和最低值等，如下右图所示。

数据条：数据条可帮助您查看某个单元格相对于其他单元格的值。数据条的长度代表单元格中的值。数据条越长，表示值越高；数据条越短，表示值越低。在观察大量数据中的较高值和较低值时，数据条尤其有用，如下左图所示。

色阶：颜色刻度作为一种直观的指示，可以帮助您了解数据分布和数据变化。双色刻度使用两种颜色的深浅程度来帮助您比较某个区域的单元格。颜色的深浅表示值的高低。例如，在绿色和红色的双色刻度中，可以指定较高值单元格的颜色更绿，而较低值单元格的颜色更红，如下中图所示。

图标集：使用图标集可以对数据进行注释，并可以按阈值将数据分为3～5个类别。每个图标代表一个值的范围。例如，在三向箭头图标集中，红色的上箭头代表较高值，黄色的横向箭头代表中间值，绿色的下箭头代表较低值，如下右图所示。

10.3.2 使用程序预设条件格式

原始文件：实例文件 \ 第10章 \ 原始文件 \ 学生成绩 . xlsx
最终文件：实例文件 \ 第10章 \ 最终文件 \ 应用条件格式 . xlsx

了解了条件格式的类型后，下面举例使用条件格式的默认类型来突出显示"学生成绩"表中各科成绩低于平均分的单元格，并且需要标识出各个学生总成绩分数的等级。

STEP01：选择要设置条件格式的单元格区域。 打开"实例文件 \ 第10章 \ 原始文件 \ 学生成绩 . xlsx"，选择要应用预设条件格式的单元格区域 B2: D11，如下左图所示。

STEP02：选择项目选取规则。 在"开始"选项卡下单击"条件格式"按钮，从展开的下拉列表中指向"项目选取规则"选项，再在其展开的下拉列表中单击"低于平均值"选项，如下右图所示。

	A	B	C	D	E
1	姓名	语文	数学	历史	总成绩
2	李娟	88	85	80	253
3	王亚平	90	78	92	260
4	郭明	78	85	71	234
5	邓东	82	85	90	257
6	马涛	90	92	96	278
7	刘军	85	96	85	266
8	陈丽	62	100	71	233
9	马海	89	69	69	227
10	吴波	56	78	87	221
11	张燕	78	82	59	219

STEP03：选择单元格设置格式。 弹出"低于平均值"对话框，从"针对选定区域，设置为"下拉列表中为低于平均值的单元格选择格式，例如选择"黄填充色深黄色文本"选项，如下左图所示。

STEP04：查看应用项目选取规则后的效果。 单击"确定"按钮，返回工作表中，系统自动突出显示了每列中分数低于该科平均分的单元格，效果如下右图所示。

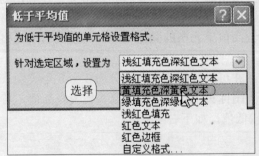

低于平均值的突出显示

	A	B				
1	姓名	语文				绩
2	李娟	88	85	80	253
3	王亚平	90	78	92	260
4	郭明	78	85	71	234
5	邓东	82	85	90	257
6	马涛	90	92	96	278
7	刘军	85	96	85	266
8	陈丽	62	100	71	233
9	马海	89	69	69	227
10	吴波	56	78	87	221
11	张燕	78	82	59	219

STEP05：选择要应用条件格式的单元格区域。 选择要应用图标集条件格式的单元格区域 E2: E11，如下左图所示。

STEP06：选择图标集条件格式。 在"开始"选项卡下单击"条件格式"按钮，从展开的下拉列表中指向"图标集"选项，再在其展开的库中选择图标集样式，例如选择"五向箭头"样式，如下中图所示。

STEP07：查看应用图标集条件格式后的效果。 此时，可以看到 E2: E11 单元格区域中的数据根据其大小的不同，标识出了不同的箭头符号，效果如下右图所示。

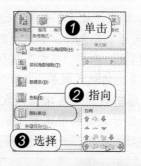

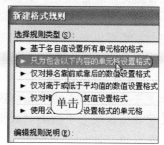

10.3.3   新建规则

原始文件：实例文件 \ 第 10 章 \ 原始文件 \ 学生成绩 . xlsx

最终文件：实例文件 \ 第 10 章 \ 最终文件 \ 新建规则 . xlsx

除了前面介绍的 5 种用于条件格式设置的规则外，用户还可以根据需要自己设置规则。例如，要用蓝色字体黄色单元格颜色显示历史成绩在 90 ～ 100 分之间的单元格，请按以下步骤操作。

STEP01：选择要应用新建规则的单元格区域。打开"实例文件 \ 第 10 章 \ 原始文件 \ 学生成绩 . xlsx"，选择要应用新建条件格式规则的单元格区域，这里选择 D2:D11 单元格区域，如下左图所示。

STEP02：启动新建规则功能。在"开始"选项卡下单击"条件格式"按钮，从展开的下拉列表中单击"新建规则"选项，如下中图所示。

STEP03：选择规则类型。弹出"新建格式规则"对话框，在"选择规则类型"列表框中包含了 6 种规则类型，这里单击"只为包含以下内容的单元格设置格式"选项，如下右图所示。

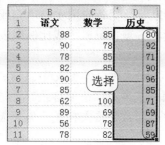

STEP04：编辑规则。在"编辑规则说明"选项组中选择"单元格值""介于""90"到"100"之间，然后单击"格式"按钮，如下左图所示。

STEP05：选择字体颜色。弹出"设置单元格格式"对话框，在"字体"选项卡下设置字体颜色为"蓝色"，如下右图所示。

> 💡 **知识点拨：条件格式的优先级**
>
> 当单元格区域的条件格式规则与手动格式发生冲突时，如果条件为真，条件格式规则将优先于手动格式。

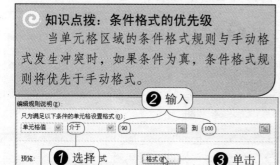

STEP06：选择单元格填充色。单击"填充"标签，切换至"填充"选项卡下，在"背景色"选项组中选择单元格填充颜色为"黄色"，如下左图所示。

STEP07：预览设置的单元格格式。单击"确定"按钮，返回"新建格式规则"对话框，在"预览"区域中可预览所设置的单元格格式效果，满意则单击"确定"按钮，如下中图所示。

STEP08：查看应用新建规则后的效果。返回工作表中，此时可以看到 D2:D11 单元格区域中 90 ~ 100 分的单元格突出显示为蓝色字体黄色底纹，效果如下右图所示。

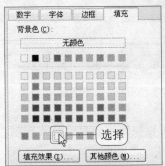
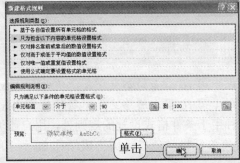

10.3.4 管理规则

当应用了条件格式后，用户还可以根据自己的需求更改条件格式规则，即管理规则，下面举例为读者介绍如何管理规则。一是更改条形外观，二是更改图标集样式为三角形。

1. 更改条形外观

原始文件：实例文件 \ 第 10 章 \ 原始文件 \ 学生成绩 . xlsx

最终文件：实例文件 \ 第 10 章 \ 最终文件 \ 更改条形外观 . xlsx

Excel 2010 提供了新的数据条格式设置选项。用户可以对数据条应用实心填充或实心边框，还可以对单元格中的数据条执行右对齐。此外，数据条现在可以更成比例地表示实际值，负值的数据条显示在正轴对面。

STEP01：应用数据条规则。打开"实例文件 \ 第 10 章 \ 原始文件 \ 学生成绩 . xlsx"，选择要应用条件格式的单元格区域 E2:E11，在"开始"选项卡下单击"条件格式"按钮，从展开的下拉列表中指向"数据条"选项，再在其展开库中选择条件格式样式，例如选择如下左图所示样式。

STEP02：查看应用数据条规则效果。应用所选择的数据条样式后，效果如下中图所示。数据条越长，表示总分越高，反之越低。

STEP03：启动管理规则功能。选中"总成绩"列含有数据的单元格，在"开始"选项卡下单击"条件格式"按钮，从展开的下拉列表中单击"管理规则"选项，如下右图所示。

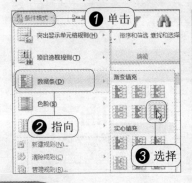

　　STEP04：编辑规则。弹出"条件格式规则管理器"对话框，单击"编辑规则"按钮，如下左图所示。

　　STEP05：选择填充颜色。弹出"编辑格式规则"对话框，在"条形图外观"选项组中，从"颜色"下拉列表中可重新选择填充颜色，例如选择"紫色"，如下右图所示。

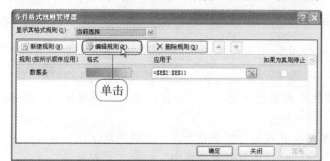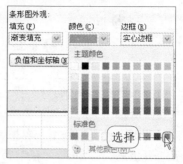

　　STEP06：选择边框颜色。从第二个"颜色"下拉列表中选择边框的颜色，例如更改边框颜色为"橙色"，如下左图所示。

　　STEP07：选择条形图方向。从"条形图方向"下拉列表中选择条形图的方向，默认为"上下文"，这里选择"从右到左"方向，如下中图所示。

　　STEP08：查看更改条形图外观后的效果。连续单击两次"确定"按钮，返回工作中，此时可以看到应用了条件格式规则的区域填充色变成了紫色，边框为橙色，方向为从右到左，如下右图所示。

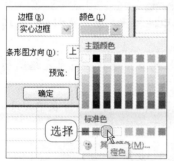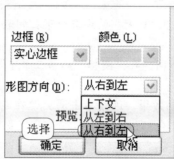

	D	E
1	历史	总成绩
2	80	253
3	92	260
4	71	234
5		257
6		278
7		266
8	71	233
9	69	227
10	87	221
11	59	219

更改后的数据条效果

2. 更改图标集样式为三角形

原始文件：实例文件 \ 第 10 章 \ 原始文件 \ 学生成绩 . xlsx
最终文件：实例文件 \ 第 10 章 \ 最终文件 \ 更改图标集 . xlsx

　　在 Excel 2010 中，用户有权访问更多图标集，包括三角形、星形和方框。您还可以混合和匹配不同集中的图标，并且更轻松地隐藏图标，例如，用户可以选择仅对高分数值显示图标，而对中间值和较低值省略图标。

　　STEP01：选择图标集样式。打开"实例文件 \ 第 10 章 \ 原始文件 \ 学生成绩 . xlsx"，选择要应用条件格式的单元格区域 C2：C11，在"开始"选项卡下单击"条件格式"按钮，从展开的下拉列表中指向"图标集"选项，再在其展开库中选择图标集样式，例如选择"3 个三角形"样式，如下左图所示。

　　STEP02：查看应用图标集后的效果。应用所选择的图标集样式后，效果如下中图所示。正三角形表示较高值，直线表示中间值，倒三角形表示较小值。

　　STEP03：启动管理规则功能。选中"语文"列含有数据的单元格，在"开始"选项卡下单击"条件格式"按钮，从展开的下拉列表中单击"管理规则"选项，如下右图所示。

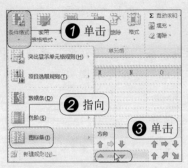

STEP04：编辑规则。弹出"条件格式规则管理器"对话框，单击"编辑规则"按钮，如下左图所示。

STEP05：设置规则1。弹出"编辑格式规则"对话框，在"编辑规则说明"选项组中，设置"当值是" ">=" "值"为"90"时，其类型为"数字"，如下右图所示。

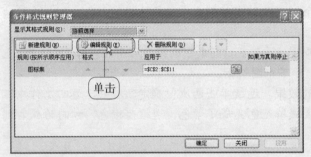

STEP06：选择规则2图标。在"图标"的第二个下拉列表中选择"无单元格图标"选项，如下左图所示。

STEP07：选择规则3图标。同样在"图标"的第三个下拉列表中选择"无单元格图标"选项，如下中图所示。

STEP08：查看更改规则后的效果。连续单击两次"确定"按钮，返回工作表中，此时可以看到只有">=90"的数字才会标识为三角形符号，效果如下右图所示。

10.3.5 删除规则

当不需要应用条件格式时，可以将已设置的条件格式清除。如果只是要清除某个区域内的条件格式，可选定该区域，然后单击"条件格式"按钮，从展开的下拉列表中单击"清除规则 > 清除所选单元格的规则"选项；如果要清除整个工作表的规则，请直接单击"清除规则 > 清除整个工作表的规则"命令，如下图所示。

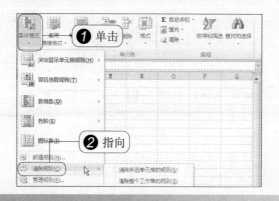

10.4 | 分级显示数据

如果用户需要将 Excel 数据表进行组合和汇总，则可以创建分级显示（分级最多为 8 个级别，每组一级）。每个内部级别（由分级显示符号中的较大数字表示）显示前一外部级别（由分级显示符号中的较小数字表示）的明细数据。使用分级显示可以快速显示摘要行或摘要列，还可以显示每组的明细数据。

10.4.1 创建组

原始文件：实例文件 \ 第 10 章 \ 原始文件 \ 第一季度销售汇总 . xlsx
最终文件：实例文件 \ 第 10 章 \ 最终文件 \ 创建组 . xlsx

用户可以通过手动创建组的方法来对数据进行分级显示，创建组的原理是将某个范围的单元格关联起来，从而可将其折叠或展开。我们可以创建行的分级显示，也可以创建列的分级显示。下面以创建行分级显示为例进行介绍。

STEP01：启动排序功能。 打开"实例文件 \ 第 10 章 \ 原始文件 \ 第一季度销售汇总.xlsx"，选中表格中任意含有数据的单元格，在"数据"选项卡下单击"排序"按钮，如下左图所示。

STEP02：设置排序关键字。 弹出"排序"对话框，设置"主要关键字"为"笔记本类型"，单击"添加条件"按钮，选择第一个次要关键字为"销售分公司"，第二个次要关键字为"销售月份"，如下右图所示。

STEP03：插入摘要行。 单击"确定"按钮，返回工作表中，选择第 11 行，在"开始"选项卡下单击"插入"按钮右侧下三角按钮，从展开的下拉列表中单击"插入工作表行"选项，如下左图所示。

STEP04：选择插入选项。 此时在原有的第 11 行上方插入一行空白行，并显示出"插入选项"图标，单击该图标，从展开的下拉列表中单击"清除格式"单选按钮，如下右图所示。

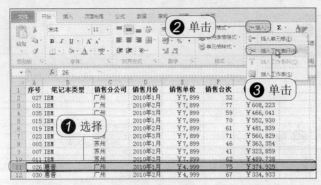
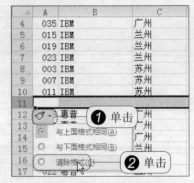

STEP05：汇总 IBM 类型笔记本。在插入行中利用 SUM 函数分别计算出销售台次和销售金额值，并将其底纹设置为黄色以突出标记，如下左图所示。

STEP06：求出其他类型的销售台次和金额。用相同的方法，在各类型笔记本的下方插入摘要行，并计算出其对应的销售台次和销售金额，在最后一行中将所有销售台次和销售金额相加，得到总的销售台次和销售金额，如下右图所示。

STEP07：创建组。选择除"总计"行之外的其余单元格区域，在"数据"选项卡下单击"创建组"按钮，从展开的下拉列表中单击"创建组"选项，如下左图所示。

STEP08：选择创建组的对象。弹出"创建组"对话框，单击"行"单选按钮，再单击"确定"按钮，如下中图所示。

STEP09：选择要创建组的区域。此时系统会在工作表左侧添加分级显示符，选择单元格区域 B2：G10，继续创建组，如下右图所示。

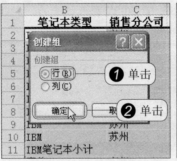
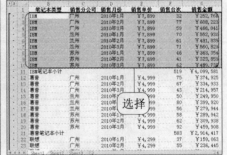

STEP10：其他创建组功能。在"数据"选项卡下单击"创建组"按钮，从展开的下拉列表中单击"创建组"选项，如下左图所示。

STEP11：选择创建组对象。在弹出的"创建组"对话框中单击"行"单选按钮，再单击"确定"按钮，如下中图所示。

STEP12：创建其他类型分级显示。用同样的方法，将其余各类型笔记本的明细记录组合后，系统自动在当前工作表中添加 3、4 级分级显示符，如下右图所示。

 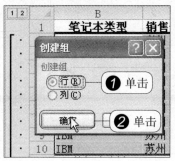 

STEP13：隐藏明细数据。单击分级显示符"2"，将隐藏各类型笔记本的明细数据，只显示各类型的汇总结果以及总计，效果如下图所示。

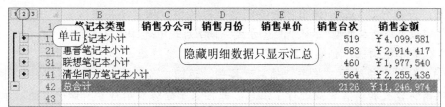

10.4.2　取消组合

如果要取消分级显示数据，可单击"分级显示"组中的"取消组合＞清除分级显示"选项，如下图所示。如果只是要清除其中某个级别的组合，首先选定组合的单元格区域，然后单击"取消组合"选项。

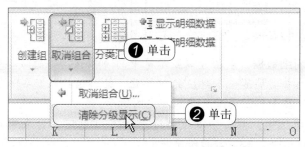

10.4.3　数据的分类汇总

原始文件：实例文件 \ 第 10 章 \ 原始文件 \ 第一季度销售汇总 . xlsx
最终文件：实例文件 \ 第 10 章 \ 最终文件 \ 分类汇总 . xlsx

使用 Excel 的分类汇总功能，不必手工创建公式来进行分级显示。Excel 可以自动地创建公式、插入分类汇总与总和的行并且自动分级显示数据。数据结果可以轻松地用来进行格式化、创建图表或者打印。下面使用分类汇总功能对"第一季度销售汇总"表进行分级显示。

STEP01：选择要进行排序的列。打开"实例文件 \ 第 10 章 \ 原始文件 \ 第一季度销售汇总.xlsx"，选择要排序的列中任意含有数据的单元格，例如选择 B5 单元格，如下左图所示。

STEP02：升序排列。在"数据"选项卡下单击"升序"按钮，如下中图所示。

STEP03：查看排序后的效果。此时，可以看到"笔记本类型"列数据按照不同的笔记本类型进行了重新排列，如下右图所示。

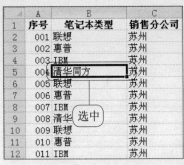 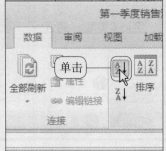 

STEP04：启动分类汇总功能。 在"数据"选项卡下单击"分类汇总"按钮，如下左图所示。

STEP05：设置分类汇总。 弹出"分类汇总"对话框，从"分类字段"下拉列表中选择刚才排序的字段"笔记本类型"，从"汇总方式"下拉列表中选择汇总方式为"求和"，在"选定汇总项"列表框中勾选"销售台次"和"销售金额"复选框，如下中图所示。

STEP06：分类汇总结果。 单击"确定"按钮，返回工作表中，系统自动按照不同的笔记本类型对销售台次和销售金额进行了汇总，并插入了分级显示符号，如下右图所示。

 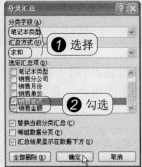 

STEP07：隐藏部分明细数据。 单击分级显示符中的■按钮，将隐藏起对应类型的明细数据，例如单击IBM和惠普类型笔记本对应的■按钮，此时该按钮变成■按钮，将隐藏这两种类型的明细数据，只显示其汇总结果，如下左图所示。

STEP08：只显示汇总结果。 单击分级显示符号"2"，此时工作表中只显示各类型笔记本的汇总结果以及总计结果，如下右图所示。

 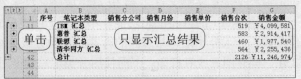

知识点拨：删除分类汇总

如果用户需要删除分类汇总，可选中分类汇总中的任意单元格，然后单击"分类汇总"按钮，从弹出的"分类汇总"对话框中单击"全部删除"按钮即可。

助跑地带——为清单创建多种汇总方式

最终文件：实例文件＼第10章＼最终文件＼多种汇总方式 .xlsx

很多时候，往往一种汇总结果不能满足用户的需求，此时用户可以创建多种汇总方式。例如在前面的例子中，我们只按照不同的笔记本类型对销售台次和销售金额进行了求和，那么下面我们进行两种汇总方式的计算，即按照不同的笔记本类型对销售台次和销售金额进行求和并求平均值。

❶ **启动分类汇总功能。**打开最终文件中"分类汇总.xlsx"工作簿，在"数据"选项卡下单击"分类汇总"按钮，如下左图所示。

❷ **设置第二种汇总方式。**弹出"分类汇总"对话框，从"分类字段"下拉列表中选择"笔记本类型"字段，从"汇总方式"下拉列表中选择"平均值"方式，在"选定汇总项"列表框中勾选"销售台次"和"销售金额"复选框，然后取消勾选"替换当前分类汇总"复选框，如下中图所示。

❸ **查看第二次汇总方式。**单击"确定"按钮，返回工作表中，此时在工作表中显示出了第二种汇总方式的结果，如下右图所示。

  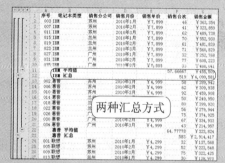

❹ **隐藏明细数据。**单击分级显示符号"3"，隐藏明细数据，只显示出了各类型笔记本汇总和平均值结果，以及总计结果值，如下图所示。

	A 序号	B 笔记本类型	C 销售分公司	D 销售月份	E 销售单价	F 销售台次	G 销售金额
11		IBM 平均值				57.66667	￥455,509
12		IBM 汇总				519	￥4,099,581
22		惠普 平均值				64.77778	￥323,824
23		惠普 汇总				583	￥2,914,417
33		联想 平均值			只显示汇总结果	51.11111	￥219,727
34		联想 汇总				460	￥1,977,540
44		清华同方 平均值				62.66667	￥250,604
45		清华同方 汇总				564	￥2,255,436
46		总计平均值				59.05556	￥312,416
47		总计				2126	￥11,246,974

10.5 | 数据工具的使用

作为一种电子表格及数据分析的实用性工具软件，Excel 提供了许多分析数据、制作报表、数据运算、工程规划、财政预测等方面的数据工具。这些数据工具为解决工程计算、金融分析、财政结算及教学中的学科建设提供了许多方便。

10.5.1 对单元格进行分列处理

原始文件：实例文件＼第10章＼原始文件＼学籍管理 .xlsx

最终文件：实例文件 \ 第10章 \ 最终文件 \ 数据分列 . xlsx

　　使用分列操作可将一个Excel单元格的内容分隔成多个单独的列。例如：学生的学籍号数字位数很多，比如"2010001"，要成批量删除前面的"2010"，当记录数量大时，手工操作肯定是不行的。这里我们介绍用"数据分列"的方法实现上述目标的操作。

　　STEP01：选择要进行分列的单元格区域。 打开"实例文件 \ 第10章 \ 原始文件 \ 学籍管理 . xlsx"，选择要进行分列的数据所在单元格区域，这里选择A2:A15单元格区域，如下左图所示。

　　STEP02：启动分列操作。 在"数据"选项卡下单击"分列"按钮，如下中图所示。

　　STEP03：选择分隔符。 弹出"文本分列向导 - 第1步，共3步"对话框，单击"固定宽度"单选按钮，选定后单击"下一步"按钮，如下右图所示。

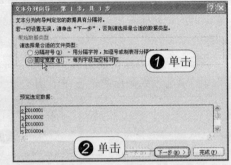

　　STEP04：设置分列线。 弹出"文本分列向导 - 第2步，共3步"对话框，单击标尺刻度处并调节分列线的位置，使其处在"2010"和"001"之间，如下左图所示，之后单击"下一步"按钮。

　　STEP05：设置各列数据格式。 弹出"文本分列向导 - 第3步，共3步"对话框，单击"不导入此列（跳过）"单选按钮，如下中图所示。最后单击"完成"按钮。

　　STEP06：查看分列操作结果。 返回工作表中，此时系统自动删除了学籍号前面的"2010"，并将流水号"001"变成了数字"1"，如下右图所示。

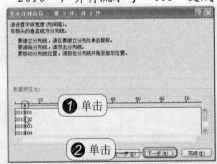
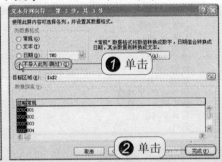

10.5.2　删除表格中的重复项

原始文件：实例文件 \ 第10章 \ 原始文件 \ 工资统计表 . xlsx

最终文件：实例文件 \ 第10章 \ 最终文件 \ 删除重复项 . xlsx

　　在Excel以前的版本中，可以通过"高级筛选"来删除重复记录，在Excle 2010中不但保留了"高级筛选"这个功能，而更为值得注意的是Excel 2010增加了一个"删除重复项"按钮，从而这项操作变得更加方便、快捷。

　　STEP01：选择要删除重复项的区域。 打开"实例文件 \ 第10章 \ 原始文件 \ 工资统

计表 . xlsx", 选择要删除重复项的区域任意单元格, 例如选中 B4 单元格, 如下左图所示。

STEP02: **启动删除重复项功能。** 在"数据"选项卡下单击"删除重复项"按钮, 如下右图所示。

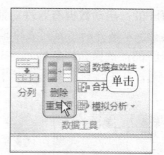

STEP03: **选择包含重复值的列。** 弹出"删除重复项"对话框, 在"列"列表框中选择包含重复值的列, 例如勾选"姓名"复选框, 如下左图所示。即删除姓名重复的行。

STEP04: **确认要删除的重复项。** 单击"确定"按钮, 弹出如下右图所示提示框, 提示用户发现了多少个重复值, 保留多少个唯一值, 直接单击"确定"按钮。

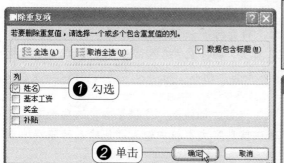

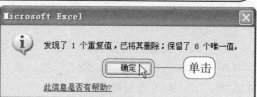

> 知识点拨: **全选包含重复的列**
> 若要全选包含重复的列, 可在"删除重复项"对话框中单击"全选"按钮。

STEP05: **查看删除重复项后的效果。** 返回工作表中, 此时系统已经自动将姓名重复的"刘涛"行删除, 效果如下图所示。

	A	B	C	D
1	姓名	基本工资	奖金	补贴
2	张名	￥2,000	￥1,000	￥500
3	刘涛	￥3,000	￥1,500	￥1,000
4	汪洋	￥2,000	￥1,000	￥600
5	武丹丹	￥1,500	￥800	￥300
6	郭娟娟	￥2,000	￥1,000	￥1,000
7	李小燕	￥1,500	￥800	￥400
8	张涛	￥3,000	￥1,500	￥1,500
9	王志鹏			￥800
10			删除了最后一项	

10.5.3　设置数据的有效性

原始文件: 实例文件 \ 第 10 章 \ 原始文件 \ 旅游统计表 . xlsx

最终文件: 实例文件 \ 第 10 章 \ 最终文件 \ 数据有效性 . xlsx

Excel 强大的制表功能给我们的工作带来了方便, 但是在表格数据录入过程中难免会出错, 一不小心就会录入一些错误的数据, 比如重复的身份证号码, 超出范围的无效数据等。其实, 只要合理设置数据有效性规则, 就可以避免错误。下面通过一个实例, 体验 Excel 2010 数据有效性的妙用。

STEP01：选择要设置数据有效性的单元格区域。打开"实例文件\第10章\原始文件\旅游统计表.xlsx"，选择要设置数据有效性的单元格区域，这里选择B3:B12单元格区域，如下左图所示。

STEP02：启动数据有效性功能。在"数据"选项卡下单击"数据有效性"按钮右侧下三角按钮，从展开的下拉列表中单击"数据有效性"选项，如下中图所示。

STEP03：选择允许条件。弹出"数据有效性"对话框，切换至"设置"选项卡下，首先从"允许"下拉列表中选择"序列"选项，如下右图所示。

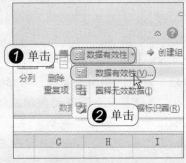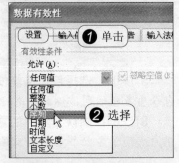

STEP04：设置数据来源。在"来源"文本框中输入要在下拉列表中显示的数据项，每输入一个数据项，就需要在英文状态下输入"，"将其与下一个数据项分开，如下左图所示。

STEP05：设置输入信息。单击"输入信息"标签，切换至"输入信息"选项卡下，在"标题"文本框中输入"注意"，在"输入信息"文本框中输入"请填写正确的旅游地点！"，如下中图所示。

STEP06：设置出错警告。单击"出错警告"标签，切换至"出错警告"选项卡下，在"标题"文本框中输入"出错了！"，在"错误信息"文本框中输入"您输入的旅游地点不正确！"，如下右图所示。

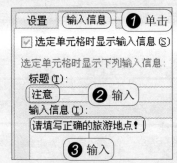

STEP07：查看输入提示信息。单击"确定"按钮，返回工作表中，此时在B3单元格右侧出现一个下三角按钮，并出现一个黄色条，提示信息即为设置的"输入信息"，如下左图所示。

STEP08：从下拉列表中选择旅游地点。单击B3单元格右侧下三角按钮，从展开的下拉列表中选择旅游地点，例如选择"海南三亚"，如下右图所示。

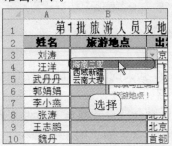

STEP09：输入错误信息。 若用户在单元格中输入了错误信息，例如在 B4 单元格中输入 "西域西藏"，按下 Enter 键，此时将弹出 "出错了！" 提示框，提示内容即为设置的错误信息，如下左图所示。

STEP10：将 "旅游地点" 列数据填充完善。 选择 "旅游地点" 列的其他单元格，从其下拉列表中选择相应的旅游地点，最终效果如下右图所示。

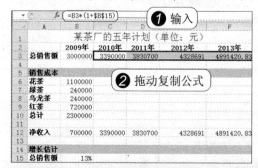

10.5.4　使用 "方案管理器" 模拟分析数据

原始文件：实例文件 \ 第 10 章 \ 原始文件 \ 茶厂五年计划 .xlsx
最终文件：实例文件 \ 第 10 章 \ 最终文件 \ 数据有效性 .xlsx

单变量求解只能解决包括一个未知变量的问题，模拟运算表最多只能解决两个变量引起的问题。如果要解决包括较多可变因素的问题，或者要查看以往使用过的工作表数据，或在几种假设分析中找出最佳方案，可用方案管理器完成。

已知某茶叶公司 2009 年的总销售额及各种茶叶的销售成本，现要在此基础上制定一个五年计划。由于市场竞争的不断变化，所以只能对总销售额及各种茶叶销售成本的增长率做一些估计。最好的估计是总销售额增长 13%，花茶、绿茶、乌龙茶、红茶的销售成本分别增长 10%、6%、10%、7%，但毕竟市场在变化，应该做好最坏的打算，下面分别制定出最佳、最坏和较可行的五年计划。

STEP01：计算计划销售额。 打开 "实例文件 \ 第 10 章 \ 原始文件 \ 茶厂五年计划 .xlsx"，在 C3 单元格中输入公式 "=B3*(1+$B$15)"，按下 Enter 键向右复制公式至 F3 单元格，结果如下左图所示。

STEP02：计算花茶未来销售成本。 在 C6 单元格中输入公式 "=B6*(1+$B$16)"，按下 Enter 键向右复制公式至 F6 单元格，结果如下右图所示。

STEP03：计算其他茶叶未来销售成本。 采用同样的方法，根据各类型茶叶的销售成本，计算出未来几年内的销售成本值，并拖动 B10 单元格右侧填充柄计算出总计值，如下左图所示。

STEP04：计算五年总净收入。 在F16单元格中输入公式"=SUM(B12:F12)"，按下Enter键，得到五年的总净收入，如下右图所示。

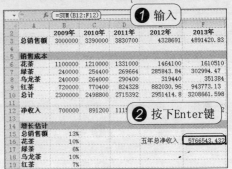

STEP05：启动方案管理器功能。 选中F16单元格，在"数据"选项卡下单击"模拟分析"按钮，从展开的下拉列表中单击"方案管理器"选项，如下左图所示。

STEP06：添加方案。 弹出"方案管理器"对话框，单击"添加"按钮，如下中图所示。

STEP07：设置方案名。 弹出"添加方案"对话框，在"方案名"文本框中输入方案名称为"茶厂最佳五年计划"，然后单击"可变单元格"文本框右侧折叠按钮，如下右图所示。

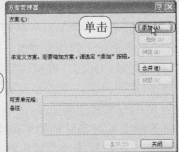
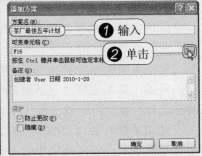

STEP08：选择可变单元格。 返回工作表中选择可变单元格区域为B15:B19，如下左图所示。

STEP09：设置最佳方案可变单元格值。 再次单击折叠按钮返回"添加方案"对话框，单击"确定"按钮，弹出"方案变量值"对话框，保持默认的值不变，单击"确定"按钮即可，如下中图所示。

STEP10：添加方案。 返回"方案管理器"对话框中，在"方案"列表框中显示出了新添方案名称，单击"添加"按钮，继续添加最坏方案，如下右图所示。

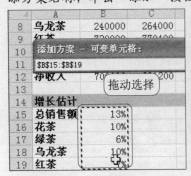
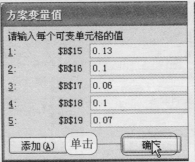

STEP11：添加最坏方案。 弹出"添加方案"对话框，在"方案名"文本框中输入"茶厂最坏五年计划"，再单击"确定"按钮，如下左图所示。

STEP12：输入最坏方案可变单元格值。 弹出"方案变量值"对话框，依次输入"0.13"、

"0.13"、"0.10"、"0.12"和"0.09",如下中图所示。

　　STEP13:显示最坏方案总净收入。单击"确定"按钮,返回"方案管理器"对话框,单击"显示"按钮,此时在工作表中将显示出最坏方案时五年的总净收入约为501万,如下右图所示。

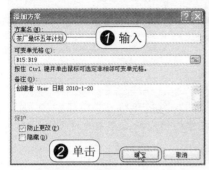  

　　STEP14:添加较可行方案。单击"添加"按钮弹出"添加方案"对话框,继续添加较可行方案,在"方案名"文本框中输入"茶厂较可行的五年计划",然后单击"确定"按钮,如下左图所示。

　　STEP15:输入较可行可变单元格值。弹出"方案变量值"对话框,依次输入"0.13"、"0.12"、"0.08"、"0.10"和"0.07",如下中图所示。

　　STEP16:显示较可行方案总净收入。单击"确定"按钮,返回"方案管理器"对话框,单击"显示"按钮,此时在工作表中将显示出较可行方案时五年的总净收入约为543万,如下右图所示。

> ▶ **助跑地带**——创建方案报告
>
> 　　*最终文件:实例文件\第10章\最终文件\方案报告.xlsx*
> 　　创建完方案后,用户还可以创建方案报告,在方案报告中可以详细地列出各种方案中可变单元格的值,以及各种方案的最大获利情况。下面就来创建正文中茶厂五年计划方案的报告。
> 　　❶ 打开"方案管理器"对话框。打开"实例文件\第10章\最终文件\方案报告.xlsx",在"数据"选项卡下单击"模拟分析"按钮,从展开的下拉列表中单击"方案管理器"选项,如下左图所示。
> 　　❷ 启动创建摘要功能。在弹出的"方案管理器"对话框中单击"摘要"按钮,如下中图所示。
> 　　❸ 选择报表类型和结果单元格。弹出"方案摘要"对话框,单击"方案摘要"单选按钮,并设置"结果单元格"为F16,如下右图所示。

❹ 查看创建的方案报告。单击"确定"按钮，返回工作表中，此时系统自动新建一个"方案摘要"的工作表，在该工作表中显示了各种方案可变单元格的值以及五年最大净收入值，如下图所示。

同步实践：分析表格"食堂一周经营记录表"

原始文件：实例文件 \ 第 10 章 \ 原始文件 \ 食堂一周经营记录表 . xlsx
最终文件：实例文件 \ 第 10 章 \ 原始文件 \ 食堂一周经营记录表 . xlsx

通过本章的学习，相信读者已经了解了如何分析和处理工作表中的数据，下面再通过一个实例：分析"食堂一周经营记录表"来加深用户对本章知识的印象，本实例主要采用条件格式和排序等知识分析"食堂一周经营记录表"。

STEP01：选择要设置条件格式的区域。打开"实例文件 \ 第 10 章 \ 原始文件 \ 食堂一周经营记录表 . xlsx"，选择要设置条件格式的单元格区域 H3:H9，如下左图所示。

STEP02：选择数据条样式。在"开始"选项卡下单击"条件格式"按钮，从展开的下拉列表中指向"数据条"选项，再在其展开库中选择数据条样式，例如选择"橙色数据条"样式，如下中图所示。

STEP03：查看应用数据条后的效果。此时选择区域中显示了不同长度的橙色实心数据条，数据条越长，表明净收入越高，反之则越低，如下右图所示。

STEP04：选择要排序表格的任意单元格。接下来对表格数据进行排序，首先选择要排序表格中的任意含有数据的单元格，例如选择G5单元格，如下左图所示。

STEP05：启动排序功能。在"数据"选项卡下单击"排序"按钮，如下中图所示。

STEP06：选择主要关键字。弹出"排序"对话框，从"主要关键字"下拉列表中选择排序字段为"净收入"，如下右图所示。

STEP07：添加并设置次要关键字。单击"添加条件"按钮，添加一个次要关键字，从"次要关键字"下拉列表中选择"菜品出售收入"字段，如下左图所示。

STEP08：查看排序结果。其他保持默认设置，单击"确定"按钮，返回工作表中，此时可以看到表格中数据按照"净收入"从低到高进行了排列，对于净收入相同的，再按照"菜品出售收入"从低到高进行了排序，结果如下右图所示。

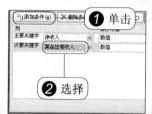

	A	B	C	D	E	F	G	H
2		购买猪肉金额	大米消费金额	面粉消费金额	蔬菜消费金额	其他	菜品出售收入	净收入
3	星期三	¥367.80	¥148.60	¥67.10	¥297.80	¥37.90	¥1,648.90	¥729.70
4	星期一	¥300.00	¥125.60	¥88.70	¥278.60	¥45.60	¥1,598.70	¥760.20
5	星期二	¥256.70	¥127.90	¥94.50	¥348.50	¥75.60	¥1,698.70	¥795.50
6	星期四	¥489.60	¥167.40	¥57.60		¥66.50	¥2,000.40	¥870.40
7	星期五	¥374.50	¥155.80	¥39.50		¥52.40	¥1,987.00	¥964.80
8	星期日	¥728.40	¥170.80	¥66.40	¥324.70	¥48.90	¥2,487.00	¥1,147.80
9	星期六	¥642.50	¥160.20	¥78.40	¥271.60	¥50.90	¥2,364.00	¥1,160.40

排序结果

Chapter 11

数据的可视化——图表的应用

图表可以使数据易于理解，更容易体现出数据之间的相互关系，并有助于发现数据的发展趋势。Excel的图表功能并不逊色于一些专业的图表软件，它不但可以创建条形图、折线图、饼图等标准图表，还可以生成较复杂的三维立体图表。同时，Excel还提供了许多工具，用户运用它们可以修饰、美化图表，如设置图表标题，修改图表背景色，加入自定义符号，设置字体、字形等。

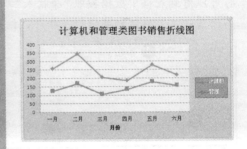

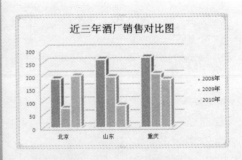

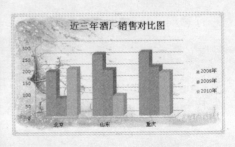

11.1 | 认识图表

要正确使用图表，首先就需要认识图表，了解图表的有关术语和图表各组成部分。如下图所示是一个简单的 Excel 图表，它是某书店计算机类图书和管理类图书 2010 年上半年销售数据的折线图，可参考此图，认识图中标志的术语。

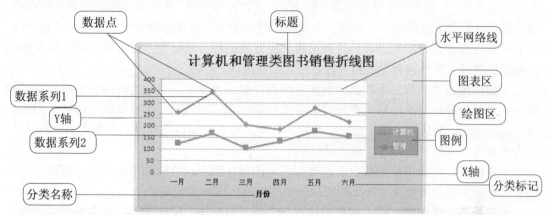

11.2 | Excel 2010中图表的类型

Excel 2010 提供了 11 种标准的图表类型，每一种都具有多种组合和变换。在众多的图表类型中，选用那一种图表更好呢？根据数据的不同和使用要求的不同，可以选择不同类型的图表。图表的选择主要同数据的形式有关，其次才考虑感觉效果和美观性。

·**柱形图**：由一系列垂直条组成，通常用来比较一段时间中两个或多个项目的相对尺寸。例如：不同产品的季度或年销售量对比、在几个项目中不同部门的经费分配情况、每年各类资料的数目等。条形图是应用较广的图表类型，很多人用图表都是从它开始的。

·**折线图**：被用来显示一段时间内的趋势。比如：数据在一段时间内是呈增长趋势的，另一段时间内处于下降趋势，我们可以通过折线图，对将来作出预测。例如：速度－时间曲线、推力－耗油量曲线、升力系数－马赫数曲线、 压力－温度曲线、疲劳强度－转数曲线、转输功率代价－传输距离曲线等，都可以利用折线图来表示。一般在工程上应用较多，若是其中一个数据有几种情况，折线图里就有几条不同的线，比如 5 名运动员在万米过程中的速度变化，就有 5 条折线，可以互相对比，也可以再添加趋势线对速度进行预测。

·**饼图**：在对比几个数据在其形成的总和中所占百分比值时最有用。整个饼代表总和，每一个数用一个楔形或薄片代表。比如：表示不同产品的销售量占总销售量的百分比，各单位的经费占总经费的比例、收集的藏书中每一类占多少等。饼形图虽然只能表达一个数据列的情况，但因为表达得清楚明了，又易学好用，所以在实际工作中用得比较多。如果是多个系列的数据时，可以用环形图。

·**条形图**：由一系列水平条组成。使得对于时间轴上的某一点，两个或多个项目的相对尺寸具有可比性。比如：它可以比较每个季度、三种产品中任意一种的销售数量。条形图中的每一条在工作表上是一个单独的数据点或数。因为它与柱形图的行和列刚好是调过来了，所以有时可以互换使用。

· 面积图：显示一段时间内变动的幅值。当有几个部分正在变动，而你对那些部分的总和感兴趣时，它们特别有用。面积图使你看见单独各部分的变动，同时也看到总体的变化。

· XY 散点图：展示成对的数和它们所代表的趋势之间的关系。对于每一数对，一个数被绘制在 X 轴上，而另一个被绘制在 Y 轴上。过两点作轴垂线，相交处在图表上有一个标记。当大量的这种数对被绘制后，出现一个图形。散点图的重要作用是可以用来绘制函数曲线，从简单的三角函数、指数函数、对数函数到更复杂的混合型函数，都可以利用它快速准确地绘制出曲线，所以在教学、科学计算中会经常用到。

· 股价图：是具有三个数据序列的折线图，被用来显示一段给定时间内一种股标的最高价、最低价和收盘价。通过在最高、最低数据点之间画线形成垂直线条，而轴上的小刻度代表收盘价。股价图多用于金融、商贸等行业，用来描述商品价格、货币兑换率和温度、压力测量等，当然对股价进行描述是最拿手的了。

· 曲面图：如果用户要找出两组数据之间的最佳组合，可以使用曲面图。就像在地形图中一样，颜色和图案表示处于相同数值范围内的区域。

· 圆环图：像饼图一样，圆环图显示各个部分与整体之间的关系，但是它可以包含多个数据系列。

· 气泡图：气泡图实质上是一种 XY 散点图。数据标记的大小反映了第三个变量的大小。气泡图的数据应包括三行或三列，将 X 值放在一行或一列中，并在相邻的行或列中输入对应的 Y 值，第三行或列数据就表示气泡大小。

· 雷达图：显示数据如何按中心点或其他数据变动。每个类别的坐标值从中心点辐射。来源于同一序列的数据同线条相连。你可以采用雷达图来绘制几个内部关联的序列，很容易地做出可视的对比。比如：你有三台具有五个相同部件的机器，在雷达图上就可以绘制出每一台机器上每一部件的磨损量。

11.3 | 创建图表

原始文件：实例文件 \ 第 11 章 \ 原始文件 \ 各类职称教师人数 . xlsx
最终文件：实例文件 \ 第 11 章 \ 最终文件 \ 创建图表 . xlsx

认识了图表类型之后，接下来就可以开始创建图表了，在建立图表之前应先建立相关的数据表。假设某学校教师的职称类别有教授、副教授、高工、工程师、讲师、助工和助教，已知各种职称的教师人数，下面用柱形图来比较各种职称的人数。

STEP01: 选择要创建图表的数据区域。 打开"实例文件 \ 第 11 章 \ 原始文件 \ 各类职称教师人数 . xlsx"，选择要创建图表的数据区域，这里选择 A2: G3 单元格区域，如下左图所示。

STEP02: 选择图表类型。 在"插入"选项卡下单击"柱形图"按钮，从展开的下拉列表中选择要创建图表的类型，这里选择"簇状柱形图"类型，如下右图所示。

> 🔵 **知识点拨：在"插入图表"对话框中选择图表类型**
> 在选定要创建图表区域后，还可以单击"图表"组对话框启动器，在弹出的"插入图表"对话框中选择图表类型同样可以。

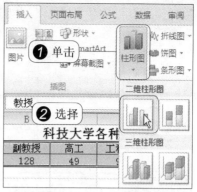

A	B	C	D	E	F	G
1			科技大学各种职称教师人数			
2	教授	副教授	高工	工程师	讲师	助工	助教
3	62	128	49	92	352	90	257

选择

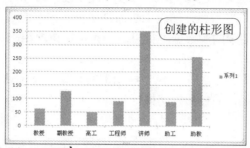

STEP03：创建的图表。 此时，在工作表中自动创建出如下图所示的图表，图中显示出了各类职称教师人数的对比情况，图柱越高的表示人数越多，反之越少，如下图所示。

创建的柱形图

11.4 | 更改图表

直接创建的图表可能不尽如人意，如图表类型不合适、图表中数据源不正确等，这就需要对图表进行修改。

11.4.1 更改图表类型

最终文件：实例文件 \ 第 11 章 \ 最终文件 \ 更改图表类型 . xlsx

对于一个已经建立好的图表，如果觉得图表的类型不能直观表达工作表中的数据，可以修改图表的类型。下面将前面创建的图表类型更改为饼图，用饼图来表示各种职称人数的比例。

STEP01：启动更改图表类型功能。 打开本章最终文件中的"创建图表.xlsx"工作簿，选中图表，在"图表工具－设计"选项卡下单击"更改图表类型"按钮，如下左图所示。

STEP02：重新选择图表类型。 弹出"更改图表类型"对话框，该对话框与"插入图表"对话框相同，只是对话框的名称不同而已，在左侧的列表框中选择图表的类型，这里选择"饼图"，然后在右侧的列表框中选择"饼图"类型的子类型，这里选择"饼图"，如下中图所示。

STEP03：更改图表类型后效果。 单击"确定"按钮，返回工作表中，将图表更改为饼图后效果如下右图所示。从图表中可以看到各种职称教师人数的比例情况，如下右图所示。

> 🔵 **知识点拨：更改一个数据系列的图表类型**
> 若用户不想更改整个图表的数据类型，而只是想更改一个数据系列的图表类型，可右击该数据系列，从弹出的快捷菜单中单击"更改系列图表类型"命令，在弹出的"更改图表类型"对话框中重新选择该系列的图表类型即可，此时图表中就会存在两种图表类型。

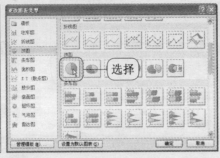

11.4.2 重新选择数据源

最终文件: 实例文件 \ 第11章 \ 最终文件 \ 重新选择数据源.xlsx

创建图表后, 也许用户需要往图表中再添加数据, 或者需要重新选择创建图表的数据区域, 此时可以对创建图表的源数据进行更改, 也可以更改图表布局和位置。

1. 切换图表的行与列

切换图表的行与列实质上就是交换坐标轴上的数据, 将X轴上的数据移到Y轴上, 反之亦然。下面就将前面创建的柱形图切换行与列。

STEP01: 启动切换行/列功能。打开本章最终文件中的"创建图表.xlsx"工作簿, 选中图表, 在"图表工具-设计"选项卡下单击"切换行/列"按钮, 如下左图所示。

STEP02: 切换行/列效果。系统自动将X轴与Y轴的数据进行交换, 切换后图表效果如下右图所示。

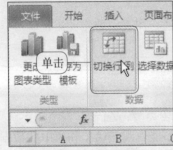
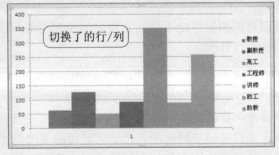

2. 更改图表引用的数据

用户还可以更改图表所包含的区域, 分别设置系列和水平轴标签。设置方法如下:

STEP01: 打开"选择数据源"对话框。打开本章"最终文件中的"创建图表.xlsx"工作簿, 选中图表, 在"图表工具-设计"选项卡下单击"选择数据"按钮, 如下左图所示。

STEP02: 选择要编辑的系列。弹出"选择数据源"对话框, 选择"系列1", 单击"编辑"按钮, 如下右图所示。

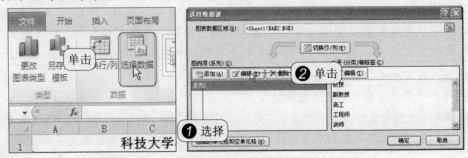

STEP03: 编辑数据系列。弹出"编辑数据系列"对话框，在"系列名称"文本框中输入系列名称，例如输入"人数"，若用户需要更改系列值，可单击"系列值"文本框右侧折叠按钮，返回工作表中重新选择数据系列的区域，如下左图所示。

STEP04: 启动编辑水平轴标签。单击"确定"按钮返回"选择数据源"对话框中，若用户需要更改水平轴标签，可在"水平（分类）轴标签"列表框中单击"编辑"按钮，如下右图所示。

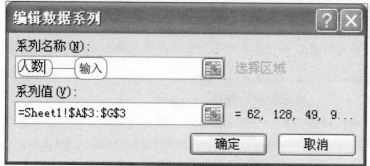
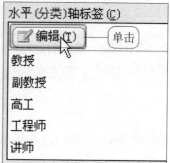

STEP05: 选择轴标签区域。弹出"轴标签"对话框，用户可单击"轴标签区域"文本框右侧折叠按钮，返回工作表中选择 X 轴即水平轴重显示的标签名称，选定后单击"确定"按钮即可，如下左图所示。

STEP06: 更改数据源后效果。返回"选择数据源"对话框中单击"确定"按钮，返回工作表中，此时可以看到系列名称自动更改为了"人数"，并且自动添加了图表标题，如下右图所示。

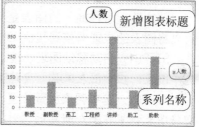

11.4.3　更改图表布局

最终文件：实例文件 \ 第 11 章 \ 最终文件 \ 更改图表布局 .xlsx

创建图表后，用户可以立即更改它的外观。可以快速向图表应用预定义布局，而无需手动添加或更改图表元素。Excel 提供了多种有用的预定义布局（或快速布局）供用户选择。

STEP01: 选择预设图表布局。打开本章最终文件中的"更改图表类型 .xlsx"工作簿，选中图表，在"图表工具－设计"选项卡下单击"图表布局"组快翻按钮，从展开的库中选择系统预设的图表布局，例如选择"布局 2"样式，如下左图所示。

STEP02: 更改图表布局后效果。应用了"布局 2"样式后，此时可以看到图表中的图例位置调整到了图表上方，并显示出了"图表标题"占位符，还在图表中显示出了各数据点所占的百分比例，效果如下右图所示。

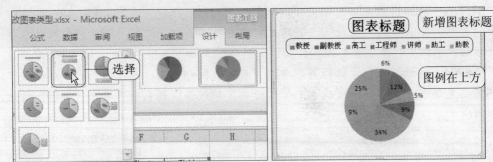

STEP03: 输入图表标题。 将光标定位在"图表标题"占位符中，输入标题名称"教师职称百分比"，如下图所示。

11.4.4 移动图表位置

最终文件：实例文件 \ 第 11 章 \ 最终文件 \ 更改图表位置 . xlsx

默认情况下，插入的图表是与数据区域放置在同一个工作表中的，若用户为了需要，可以将图表的位置调整到其他工作表中。

STEP01: 启动移动图表功能。 打开本章最终文件中的"更改图表布局 . xlsx"工作簿，选中图表，在"图表工具–设计"选项卡下单击"移动图表"按钮，如下左图所示。

STEP02: 选中图表放置位置。 弹出"移动图表"对话框，单击"新工作表"单选按钮，即将图表放置在一个新建的工作表中，并在其后文本框输入新建图表名称为"图表"，如下右图所示。

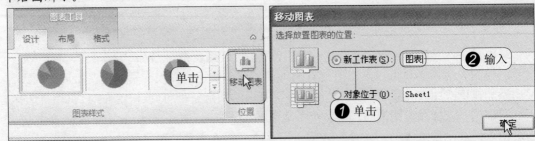

> **知识点拨：将图表放置在现有工作表中**
>
> 在"移动图表"对话框中，用户可将图表移动到其他工作表中，单击"对象位于"单选按钮，从其展开的下拉列表中选择工作簿中现有的工作表标签名称，即可将工作表移至所选的工作表中。

STEP03: 图表放置在新工作表中。 单击"确定"按钮，返回工作簿中，系统自动新建了一个名为"图表"的工作表，并将图表单独放置在该工作表中，效果如下图所示。

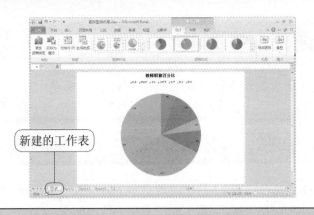

新建的工作表

⊙ **助跑地带——将图表保存为模板**

原始文件：实例文件 \ 第 11 章 \ 原始文件 \ 各类图书销售折线图 .xlsx

如果用户制作出了精美的图表，希望在下次创建图表时能够直接套用，此时可以将该图表保存为模板，下次使用时即可选择保存的图表模板类型。

❶ 另存为模板。打开"实例文件 \ 第 11 章 \ 原始文件 \ 各类图书销售折线图 .xlsx"，选中要保存为模板的图表，在"图表工具－设计"选项卡下单击"另存为模板"按钮，如下左图所示。

❷ 选择保存位置。弹出"保存图表模板"对话框，从"保存位置"下拉列表中选择系统默认的保存图表模板的文件夹"Charts"，如下中图所示。

❸ 设置文件名和保存类型。在"文件名"文本框中输入保存名称为"图表 1"，从"保存类型"下拉列表中选择"图表模板文件（*.crtx）"，如下右图所示。

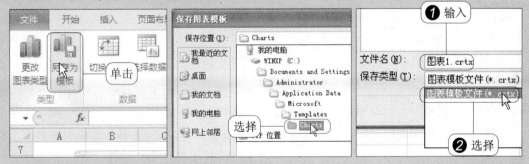

❹ 查看保存的图表模板。单击"保存"按钮，返回工作表中。若用户下次创建图表时，当打开"插入图表"对话框后，可单击"模板"选项，在"我的模板"选项组中即可选择保存的图表模板，如下图所示。

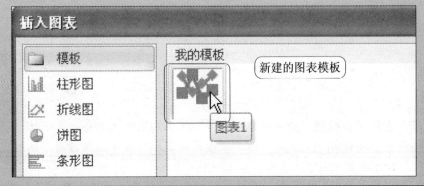

新建的图表模板

11.5 为图表添加标签

上一节中讲述了自动套用系统预设的图表布局，在本节中将为读者介绍如何在"图表工具－布局"选项卡下手动设置图表的标题、坐标轴标题、图例和数据标签等内容。

11.5.1 为图表添加与设置标题

原始文件：实例文件 \ 第 11 章 \ 原始文件 \ 酒厂成本与利润分析 . xlsx
最终文件：实例文件 \ 第 11 章 \ 最终文件 \ 图表标题 . xlsx

很多时候，创建的图表是没有图表标题的，或者默认的图表标题不能满足用户的实际需要，此时就可以为图表重新添加并设置图表标题。

STEP01： 选择要添加图表的标题。打开"实例文件 \ 第 11 章 \ 原始文件 \ 酒厂成本与利润分析 . xlsx"，首先选中要添加图表标题的图表，如下左图所示。

STEP02： 选择图表位置。在"图表工具－布局"选项卡下单击"图表标题"按钮，从展开的库中选择要添加图表放置的位置，例如单击"图表上方"选项，如下右图所示。

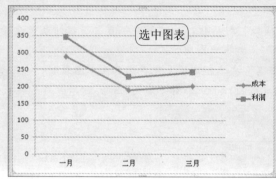
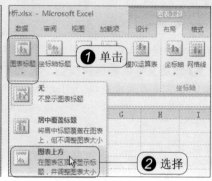

STEP03： 输入图表标题。此时在图表上方添加了一个"图表标题"占位符，在占位符中输入图表的标题"酒厂一季度成本与利润"，如下左图所示。

STEP04： 选择图表标题字体。选择图表标题所在占位符，在"开始"选项卡下单击"字体"文本框右侧下三角按钮，从展开的下拉列表中选择字体，例如选择"华文中宋"，如下右图所示。

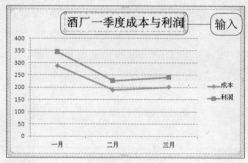
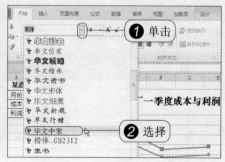

STEP05： 选择字体颜色。接着可从"字号"下拉列表中选择字体大小为"20"，然后单击"字体颜色"按钮右侧下三角按钮，从展开的下拉列表中选择标题字体颜色，例如选择"绿色"，如下左图所示。

STEP06： 设置图表标题后效果。通过以上的设置，得到的图表标题效果如下右图所示。

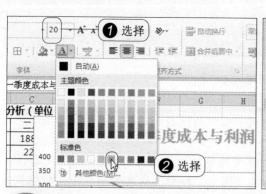

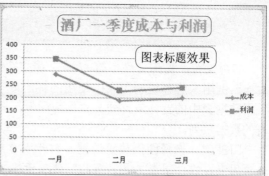

图表标题效果

11.5.2　显示与设置坐标轴标题

最终文件：实例文件 \ 第11章 \ 最终文件 \ 坐标轴标题.xlsx

默认情况下创建的图表，坐标轴标题也是不会显示出来的，但为了使阅读者能够体会图表所表达的含义，很多时候需要将坐标轴标题显示出来，并适当设置其格式。

STEP01：**选择横坐标轴标题放置位置。**打开本章最终文件中"图表标题.xlsx"工作簿，选中图表，在"图表工具－布局"选项卡下单击"坐标轴标题"按钮，从展开的下拉列表中指向"主要横坐标轴标题"选项，再在其展开库中选中横坐标轴放置位置，例如单击"坐标轴下方标题"选项，如下左图所示。

STEP02：**选择添加纵坐标轴标题。**在"图表工具－布局"选项卡下单击"坐标轴标题"按钮，从展开的下拉列表中指向"主要纵坐标轴标题"选项，再在其展开库中选中纵坐标轴样式，例如单击"竖排标题"选项，如下右图所示。

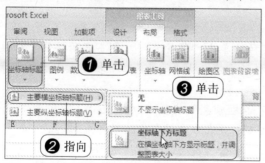

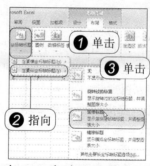

STEP03：**添加的坐标轴标题占位符。**此时在图表中可以看到添加的横、纵坐标轴占位符，如下左图所示。

STEP04：**输入并设置坐标轴标题。**输入横/纵坐标轴标题分别为"月份"、"金额（万）"，并设置其黄色底纹、橙色边框，最终效果如下右图所示。

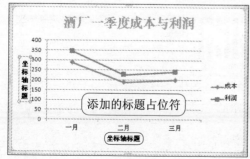

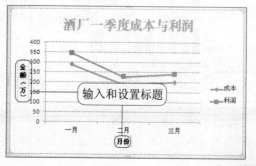

11.5.3 显示与设置图例

最终文件: 实例文件 \ 第 11 章 \ 最终文件 \ 图例. xlsx

图例用来解释说明图表中使用的标志或符号,用于区分不同的数据系列。Excel 一般采用数据表中的首行或首列文本作为图例。图例主要说明图表中各种不同色彩的图形所代表的数据系列。

STEP01: 选择图例放置位置。 打开本章最终文件中的"坐标轴标题. xlsx"工作簿,选中图表,在"图表工具–布局"选项卡下单击"图例"按钮,从展开的库中选择图例放置位置,例如选择"在顶部显示图例"选项,如下左图所示。

STEP02: 打开"设置图例格式"对话框。 若你需要对图例做更多的设置,可从展开的"图例"库中单击"其他图例选项",如下中图所示。

STEP03: 选择填充方式。 弹出"设置图例格式"对话框,单击"填充"标签,切换至"填充"选项卡下,在该选项卡下选择填充方式,例如单击"图案填充"单选按钮,然后选择"5%"图案样式,如下右图所示。

  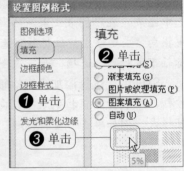

STEP04: 选择图案背景色和前景色。 单击"背景色"右侧下三角按钮,从展开的下拉列表中选择前景色为"浅绿"色。同样的方法,从"背景色"下拉列表中选择背景色为"橙色",如下左图所示。

STEP05: 选择边框颜色。 单击"边框颜色"标签,切换至"边框颜色"选项卡下,单击"实线"单选按钮,接着从"颜色"下拉列表中选择实线的颜色为"绿色",如下中图所示。

STEP06: 图例效果。 设置完毕后,单击"关闭"按钮,返回工作表中,此时可以看到图例已经显示在图表上方,图例效果如下右图所示。

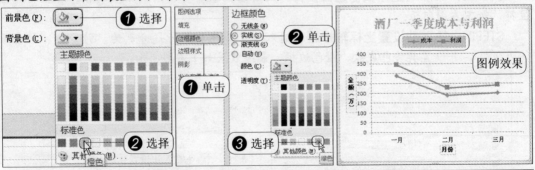

◎ 知识点拨: 设置无图例

若不需要在图表中显示出图例,可单击"图例"按钮,从展开的库中单击"无"选项即可。

11.5.4　显示数据标签

原始文件：实例文件 \ 第 11 章 \ 原始文件 \ 各种职称教师人数结构图.xlsx
最终文件：实例文件 \ 第 11 章 \ 最终文件 \ 数据标签.xlsx

　　默认状态下，创建的图表中是没有数据标签的。例如，柱形图中的各数据点没有大小标记，饼图中没有各数据点所占的比例。这种表示方式只能让人看到图表中各数据系列的大概意义，不能看到数据系列所代表的精确数值。如果需要同时看到图表以及其中各数据点所代表的值，可以为图表添加数据标签。

　　STEP01：打开"设置数据标签格式"对话框。 打开"实例文件 \ 第 11 章 \ 原始文件 \ 各种职称教师人数结构图.xlsx"，选中图表，在"图表工具–布局"选项卡下单击"数据标签"按钮，从展开的库中单击"其他数据标签选项"，如下左图所示。

　　STEP02：选中标签包括内容。 弹出"设置数据标签格式"对话框，在"标签选项"选项卡下的"标签包括"选项组中勾选需要显示的标签内容，例如勾选"类别名称"、"百分比"和"显示引导线"复选框，如下中图所示。

　　STEP03：选择标签位置和分隔符。 在"标签位置"选项组中选择标签放置的位置，例如单击"数据标签外"单选按钮，从"分隔符"下拉列表中选择标签中内容之间的分隔符，例如选择"，"（逗号），如下右图所示。

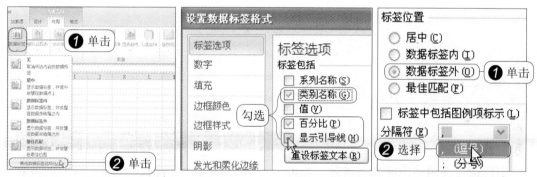

　　STEP04：设置标签数字格式。 单击"数字"标签，切换至"数字"选项卡下，在"类别"列表框中选择数字格式，例如选择"百分比"类型，在"小数位数"文本框中输入保留的小数位数为"2"，如下左图所示。

　　STEP05：添加的数据标签效果。 设置完毕后单击"关闭"按钮，返回工作表中，此时自动在图表中为每个系列添加上了数据标签，数据标签中显示了改系列名称以及所占百分比，如下右图所示。

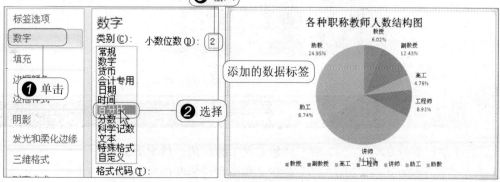

11.6 │ 美化图表

对于一个已经做好的图表，可以设置图表中各种元素的格式。在设置格式时可直接套用预设的图表样式，也可以选择图表中的某一对象后，手动设置其填充色、边框样式和形状效果等。

11.6.1 应用预设图表样式

原始文件：实例文件 \ 第 11 章 \ 原始文件 \ 酒厂销售情况图.xlsx
最终文件：实例文件 \ 第 11 章 \ 最终文件 \ 预设图表样式.xlsx

Excel 2010 中为用户提供了很多预设的图表样式，这样具有专业性的图表样式大大满足了用户的需求，免去用户手动逐项地对图表进行设置，直接选择喜欢的样式套用即可，既方便又快捷。

STEP01： 展开"图表样式"库。打开"实例文件 \ 第 11 章 \ 原始文件 \ 酒厂销售情况图.xlsx"，选中图表，在"图表工具－设计"选项卡下单击"图表样式"组快翻按钮，如下左图所示。

STEP02： 选择图表样式。从展开的库中选择系统默认的图表样式，例如选择"样式38"，如下右图所示。

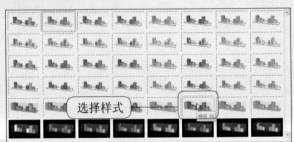

STEP03： 应用图表样式后效果。套用了 STEP02 所选择的图表样式后，得到的图表效果如下图所示。

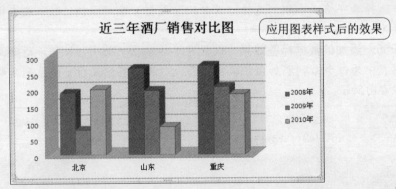

11.6.2 使用预设样式设置图表形状

原始文件：实例文件 \ 第 11 章 \ 原始文件 \ 酒厂销售情况图.xlsx
最终文件：实例文件 \ 第 11 章 \ 最终文件 \ 预设形状样式.xlsx

与套用预设的图表样式类似，用户可以选择图表中的元素，在"图表工具－格式"选项卡下的"形状样式"库中选择需要套用的形状样式即可。

STEP01：选择要更改形状样式的元素。 打开"实例文件 \ 第 11 章 \ 原始文件 \ 酒厂销售情况图 . xlsx"，选择图表中要更改形状样式的元素，例如选择"2001 年"数据系列，如下左图所示。

STEP02：展开"形状样式"库。 在"图表工具－格式"选项卡下单击"形状样式"组快翻按钮，如下右图所示。

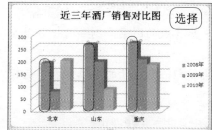

STEP03：选择形状样式。 从展开的库中选择系统预设的形状样式，例如选择如下左图所示的形状样式。

STEP04：套用形状样式后效果。 相同的方法，为其余两个数据系列选择形状样式，设置完毕后得到的最终效果如下右图所示。

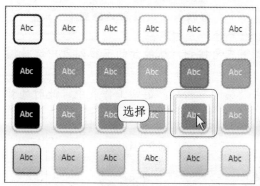

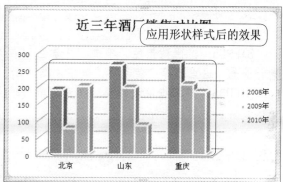

11.6.3 使用图案填充图表背景墙

原始文件：实例文件 \ 第 11 章 \ 原始文件 \ 酒厂销售情况图 . xlsx
最终文件：实例文件 \ 第 11 章 \ 最终文件 \ 背景墙 . xlsx

对于三维图形，其图表区域中包括了背景墙和基底，为了突出显示这两部分，可为其设置不同的格式，下面就使用图案填充图表背景墙。

STEP01：打开"设置背景墙格式"对话框。 打开"实例文件 \ 第 11 章 \ 原始文件 \ 酒厂销售情况图 . xlsx"，选中图表，在"图表工具－布局"选项卡下单击"图表背景墙"按钮，从展开的下拉列表中单击"其他背景墙选项"，如下左图所示。

STEP02：选择图案填充方式。 弹出"设置背景墙格式"对话框，单击"填充"标签，切换至"填充"选项卡下，在右侧的选项卡中选择填充图表背景墙的方式，这里单击"图案填充"单选按钮，如下右图所示。

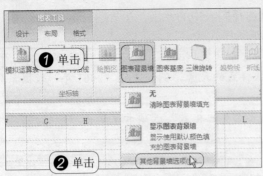 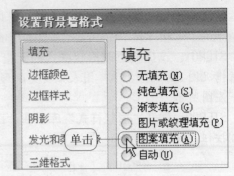

STEP03：**选择图案样式。** 在下方的图案样式中选择用户喜欢的图案，例如选择如下左图所示的图案。

STEP04：**选择前景色。** 单击"前景色"右侧的下三角按钮，从展开的下拉列表中选择图案前景色，这里选择如下右图所示的颜色。

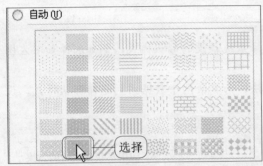 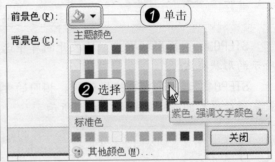

STEP05：**选择背景色。** 单击"背景色"右侧下三角按钮，从展开的下拉列表中选择图案背景色，这里选择"黄色"，如下左图所示。

STEP06：**图案背景墙效果。** 设置完毕后单击"关闭"按钮，返回工作表中，此时的背景墙效果如下右图所示。

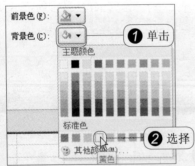 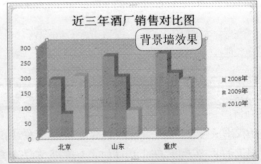

11.6.4　使用纯色填充图表基底

最终文件：实例文件 \ 第 11 章 \ 最终文件 \ 基底 .xlsx

设置完毕三维图表的背景墙后，接下来为大家介绍如何设置纯色填充的图表基底。具体操作方法如下：

STEP01：**打开"设置基底格式"对话框。** 打开最终文件中的"背景墙 .xlsx"工作簿，选中图表，在"图表工具－布局"选项卡下单击"图表基底"按钮，从展开的下拉列表中单击"其他基底选项"，如下左图所示。

STEP02：选择纯色填充。弹出"设置基底格式"对话框，在"填充"选项卡下单击"纯色填充"单选按钮，如下右图所示。

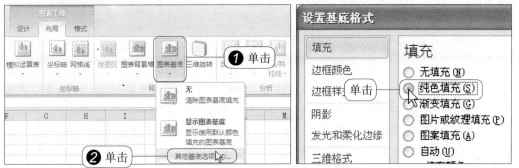

STEP03：选择填充颜色。单击"颜色"右侧的下三角按钮，从展开的下拉列表中选择填充颜色，这里选择"黄色"，如下左图所示。

STEP04：纯色基底效果。设置完毕后单击"关闭"按钮，返回工作表中，此时可以看到基底的颜色变成了黄色，效果如下右图所示。

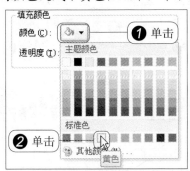
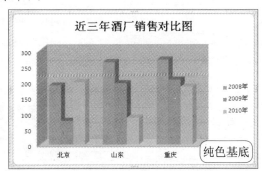

11.6.5　使用渐变色填充绘图区

原始文件：实例文件 \ 第11章 \ 原始文件 \ 酒厂销售情况图.xlsx

最终文件：实例文件 \ 第11章 \ 最终文件 \ 填充绘图区.xlsx

选择图表中的绘图区，使用渐变色填充绘图区。用户可以采用预设的渐变色，也可以手动设置渐变光圈的不同颜色、亮度和位置。

STEP01：选择绘图区。打开"实例文件 \ 第11章 \ 原始文件 \ 酒厂销售情况图.xlsx"，若用户不知道图表中的绘图区是哪一个部位，可在"图表工具-格式"选项卡下单击"图表元素"文本框右侧下三角按钮，从展开的下拉列表中选择"绘图区"选项即可，如下左图所示。

STEP02：打开"设置绘图区格式"对话框。系统会自动选择"绘图区"，在"图表工具-格式"选项卡下单击"形状样式"组对话框启动器，如下中图所示。

STEP03：选择渐变填充。弹出"设置绘图区格式"对话框，在"填充"选项卡下单击"渐变填充"单选按钮，如下右图所示。

> **知识点拨：选择预设渐变色**
>
> 若用户不想手动设置渐变色，可选择"渐变填充"方式后，在"设置绘图区格式"对话框中单击"预设颜色"右侧下三角按钮，从展开的库中选择系统预设的渐变色。

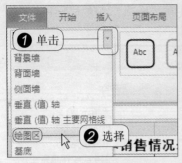
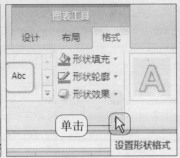
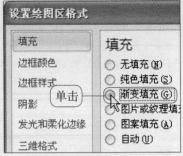

STEP04： 选择要调整的光圈。在"渐变光圈"选项组中首先选择要调整的光圈，这里选择第一个光圈（从左到右），如下左图所示。

STEP05： 选择第一个光圈颜色。选中第一个光圈后，单击"颜色"右侧下三角按钮，从展开下拉列表中选择第一个光圈的颜色为"橙色"，如下中图所示。

STEP06： 选择第二个光圈颜色。同样的方法，选中第二个光圈后，单击下方"颜色"右侧下三角按钮，从展开的下拉列表中选择第二个光圈颜色为"浅蓝"色，如下右图所示。

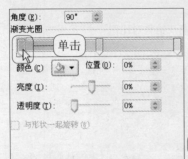
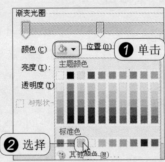
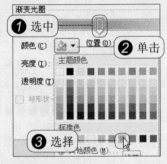

STEP07： 删除光圈。若用户觉得默认的光圈数过多，可选中需要删除的光圈，这里选中第三个光圈，然后单击"删除渐变光圈"按钮，如下左图所示。

STEP08： 调整光圈位置。选中光圈后，可拖动光圈调整光圈的位置，这里将第一个光圈的位置调整为"43%"，第二个光圈的位置调整为"88%"，如下中图和如下右图所示。

STEP09： 调整渐变光圈亮度。选中光圈，拖动下方的"亮度"滑块，可调整所选光圈的亮度，这里将第一个光圈的亮度调整为"56%"，第二个光圈的亮度调整为"69%"，如下中图和如下右图所示。

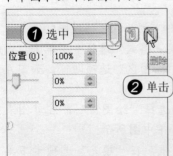

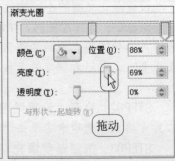

知识点拨：添加渐变光圈

若用户觉得默认的光圈数目过少，可添加渐变光圈数目，单击"添加渐变光圈"按钮即可。单击一次添加一个光圈，多单击几次即可添加多个光圈。

STEP10： 选中渐变类型。渐变光圈设置完毕后，接下来单击"类型"右侧下三角按钮，从展开的下拉列表中选择渐变类型，这里选择"射线"类型，如下左图所示。

　　STEP11：**选择渐变方向。**单击"方向"右侧下三角按钮，从展开的下拉列表中选择渐变方向，例如选择"中心辐射"方向，如下中图所示。

　　STEP12：**渐变绘图区效果。**设置完毕后单击"关闭"按钮，返回工作表中，此时可以看到填充的渐变色绘图区效果如下右图所示。

  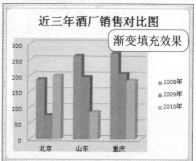

11.6.6　使用图片填充图表区

　　原始文件：实例文件 \ 第 11 章 \ 原始文件 \ 酒厂销售情况图 . xlsx
　　最终文件：实例文件 \ 第 11 章 \ 最终文件 \ 填充图表区 . xlsx

　　除了纯色填充、渐变填充、图案填充外，用户还可以采用图片填充的方式，将喜欢的图片添加到图片元素中。

　　STEP01：**选择图片填充。**打开"实例文件 \ 第 11 章 \ 原始文件 \ 酒厂销售情况图 . xlsx"，选中图表区，在"图表工具 - 格式"选项卡下单击"形状填充"按钮，从展开的下拉列表中单击"图片"选项，如下左图所示。

　　STEP02：**选择要填充的图片。**弹出"插入图片"对话框，首先从"查找范围"下拉列表中选择用于填充的图片保存位置，接着选中要填充的图片，这里选择"背景图片 . JPG"，选定后单击"插入"按钮，如下右图所示。

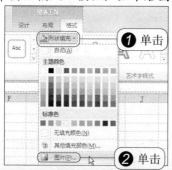 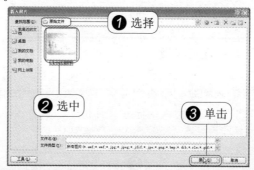

　　知识点拨：通过对话框执行图片填充操作

　　用户也可以选中图表区后，在"图表工具 - 格式"选项卡下单击"形状样式"组对话框启动器，弹出"设置图表区格式"对话框，在"填充"选项卡下单击"图片或纹理填充"单选按钮，然后在展开的选项中单击"文件"按钮，同样可以弹出"插入图片"对话框，选择要插入的填充图片即可。

　　STEP03：**查看图片填充效果。**返回工作表中，此时选中的图片填充到了图表区，效果如下图所示。

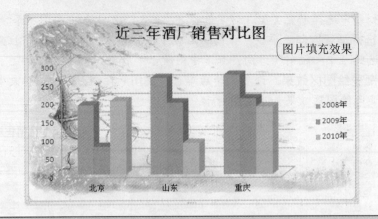

助跑地带——为数据插入模板图表

原始文件:实例文件\第11章\原始文件\2010年上半年销售员业绩表.xlsx

最终文件:实例文件\第11章\最终文件\插入模板图表.xlsx

在前面为读者介绍了如何将图表保存为模板,本节将继续为读者介绍如何使用自己保存的图表模板来创建图表。

❶ 选择要创建图表的区域。打开"实例文件\第11章\原始文件\2010年上半年销售员业绩表.xlsx",选择要创建图表的区域,这里选择A2:E8单元格区域,如下左图所示。

❷ 打开"插入图表"对话框。在"插入"选项卡下单击"图表"组对话框启动器,如下右图所示。

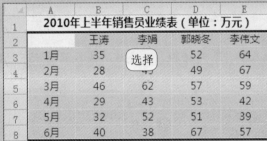

❸ 选择图表模板。弹出"插入图表"对话框,单击"模板"选项,在右侧的"我的模板"选项组中选择"图表1"模板,如下左图所示。

❹ 输入标题。单击"确定"按钮,返回工作表中,输入图表标题"各销售员上半年业绩走势图",坐标轴标题"月份",最终效果如下右图所示。

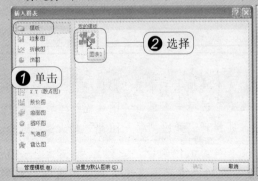

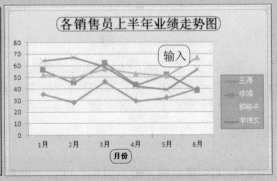

11.7 | 迷你图的使用

迷你图是 Excel 2010 中的一个新功能，它是工作表单元格中的一个微型图表，可提供数据的直观表示。使用迷你图可以显示数值系列中的趋势（例如，季节性增加或减少、经济周期），或者可以突出显示最大值和最小值。在数据旁边放置迷你图可达到最佳效果。

11.7.1 插入迷你图

原始文件：实例文件 \ 第 11 章 \ 原始文件 \ 一周股票情况 .xlsx
最终文件：实例文件 \ 第 11 章 \ 最终文件 \ 插入迷你图 .xlsx

虽然行或列中呈现的数据很有用，但很难一眼看出数据的分布形态。通过在数据旁边插入迷你图可为这些数字注释。迷你图可以通过清晰简明的图形表示方法显示相邻数据的趋势，而且迷你图只占用少量空间。下面就来为"一周股票情况"表插入迷你图，比较一周内各只股票的走势。

STEP01：选择迷你图类型。 打开"实例文件 \ 第 11 章 \ 原始文件 \ 一周股票情况 .xlsx"，在"插入"选项卡下的"迷你图"组中选择要插入迷你图的类型，例如单击"折线图"按钮，如下左图所示。

STEP02："创建迷你图"对话框。 弹出"创建迷你图"对话框，单击"数据范围"右侧折叠按钮，如下右图所示。

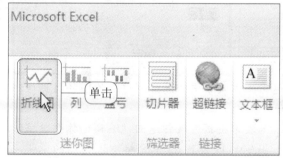

STEP03：选择创建迷你图的数据范围。 返回工作表中拖动鼠标指针选择创建迷你图的数据范围，例如选择"B3:F3"单元格区域，如下左图所示。

STEP04：选择放置迷你图位置。 再次单击折叠按钮，返回"创建迷你图"对话框中，同样的方法选择"位置范围"为 G3 单元格，即放置迷你图的位置为 G3 单元格，如下右图所示。

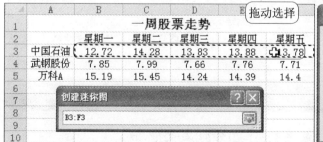
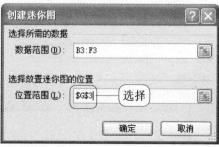

STEP05：创建的迷你图。 单击"确定"按钮，返回工作表中，此时在 G3 单元格自动创建出一个图表，该图表表示出了"中国石油"这只股票一周来的波动情况，如下左图所示。

STEP06：为其他股票走势创建迷你图。 同样的方法，在 G4 和 G5 单元格中分别为"武钢股份"和"万科A"这两只股票插入迷你图，效果如下右图所示。

11.7.2　更改迷你图数据

最终文件: 实例文件 \ 第11章 \ 最终文件 \ 更改迷你图数据.xlsx

迷你图创建完毕后，若用户需要更改创建迷你图的数据范围，此时怎么办呢？用户可按照以下方法操作，重新选择创建迷你图的数据区域。

STEP01: 编辑单个迷你图的数据。打开本章最终文件中的"插入迷你图.xlsx"工作簿，选中要更改的迷你图所在单元格，例如选择G3单元格，然后在"迷你图工具－设计"选项卡下单击"编辑数据"按钮，从展开的下拉列表中单击"编辑单个迷你图的数据"选项，如下左图所示。

STEP02: "编辑迷你图数据"对话框。弹出"编辑迷你图数据"对话框，单击"选择迷你图的源数据区域"文本框右侧折叠按钮，如下右图所示。

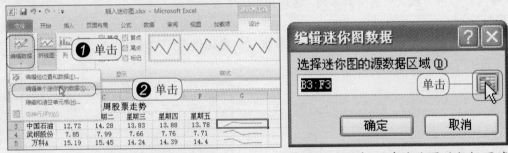

STEP03: 重新选择创建迷你图区域。返回工作表中重新选择创建迷你图的数据区域，这里选择B3:D3单元格区域，如下左图所示。

STEP04: 更改数据区域后迷你图效果。再次单击折叠按钮返回"编辑迷你图数据"对话框，单击"确定"按钮，返回工作表中，此时可以看到G3单元格中迷你图的变化，效果如下右图所示。

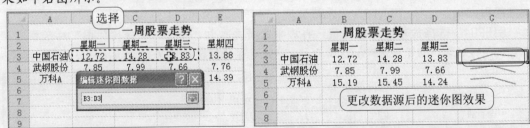

11.7.3　更改迷你图类型

最终文件: 实例文件 \ 第11章 \ 最终文件 \ 更改迷你图类型.xlsx

如同更改图表类型一样，你也可以根据自己的需要更改迷你图的图表类型，只是迷你图只有三种图表类型而已。

STEP01: 选择要更改的迷你图。打开本章最终文件中的"插入迷你图.xlsx"工作簿，选择要更改类型的迷你图所在单元格，这里选择 G3 单元格，如下左图所示。

STEP02：选择迷你图类型。 在"迷你图工具－设计"选项卡下选择迷你图类型，例如单击"列"按钮，如下右图所示。

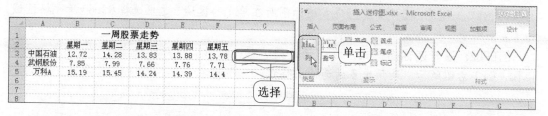

STEP03：更改迷你图后效果。 此时可以看到 G3 单元格中的迷你图变成了柱形，效果如下左图所示。

STEP04：更改其他迷你图类型。 采用同样的方法，选择 G4 和 G5 单元格，重新选择其迷你图类型，最终效果如下右图所示。

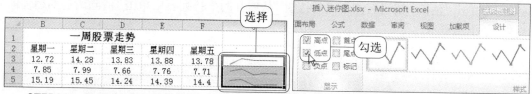

11.7.4　显示迷你图中不同的点

最终文件：实例文件 \ 第 11 章 \ 最终文件 \ 显示迷你图上点 .xlsx

在迷你图中可以显示出数据的高点、低点、首点、尾点、负点和标记。在迷你图中显示出适当的点后，使用用户更易观察迷你图的意义。

STEP01：选择要显示点的迷你图。 打开本章最终文件中的"插入迷你图 .xlsx"工作簿，选择要显示点的迷你图所在单元格，这里选择 G3：G5 单元格区域，如下左图所示。

STEP02：选择要显示的点。 在"迷你图工具－设计"选项卡下的"显示"组中勾选要显示的点，例如勾选"高点"和"低点"复选框，如下右图所示。

STEP03：显示点后的迷你图。 此时在 G3：G5 单元格的迷你图上分别显示了各只股票一周的最高点和最低点，如下图所示。

11.7.5　设置迷你图样式

最终文件：实例文件 \ 第 11 章 \ 最终文件 \ 迷你图样式 .xlsx

Excel 2010 预设了多种不同的迷你图样式，用户可直接选择喜欢的迷你图样式套用即可。既方便又快捷。

STEP01：选择要套用迷你图样式的单元格区域。打开本章最终文件中的"显示迷你图上点.xlsx"工作簿，选择要应用样式迷你图所在单元格区域，这里选择 G3：G5 单元格区域，如下左图所示。

STEP02：展开迷你图样式。在"迷你图工具－设计"选项卡下单击"样式"组快翻按钮，如下右图所示。展开更多的迷你图样式。

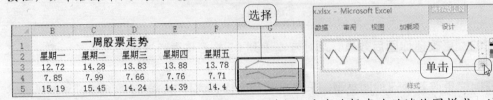

STEP03：选择迷你图样式。从展开的"样式"库中选择喜欢的迷你图样式，这里选择如下左图所示的样式。

STEP04：套用样式后迷你图效果。套用了 STEP03 所选择的迷你图样式后，得到的迷你图效果如下右图所示。

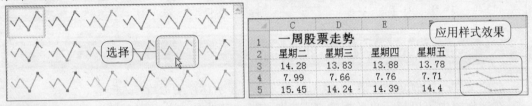

11.7.6 清除迷你图

用户想删除已经创建的迷你图，若直接选中迷你图所在单元格后，按下 Delete 键，此时可以发现迷你图并没有删除，迷你图不同于一般的数据，不能通过一般的方法将其清除。

若你需要删除某个单元格中迷你图，可选中该单元格，然后在"迷你图工具－设计"选项卡下单击"清除"按钮右侧下三角按钮，从展开的下拉列表中单击"清除所选的迷你图"选项，如下图所示。

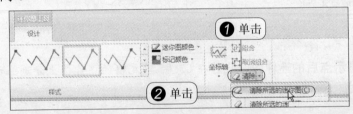

同步实践：制作"电器销售业绩图"

原始文件：实例文件 \ 第 11 章 \ 原始文件 \ 佳和电器销售业绩表 .xlsx
最终文件：实例文件 \ 第 11 章 \ 最终文件 \ 电器销售业绩图 .xlsx

本节以在"佳和电器销售业绩表"工作簿中创建和编辑图表为例，帮助用户掌握在 Excel 2010 工作表中使用图表的方法，巩固本章所学内容。

STEP01：选择要创建图表的数据区域。打开"实例文件\第11章\原始文件\佳和电器销售业绩表.xlsx"，选择要创建图表的数据区域A2:D7，如下左图所示。

STEP02：选择条形图类型。在"插入"选项卡下单击"条形图"按钮，从展开的库中选择"三维簇状条形图"类型，如下右图所示。

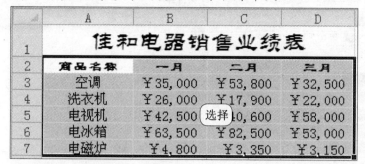

STEP03：创建的图表效果。根据所选数据区域和图表类型，创建出来的图表效果如下左图所示。

STEP04：设置坐标轴格式。右击纵坐标轴，从弹出的快捷菜单中单击"设置坐标轴格式"命令，如下右图所示。

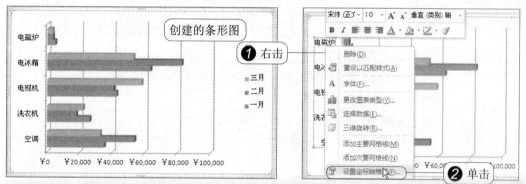

STEP05：设置逆序纵坐标轴。弹出"设置坐标轴选项"对话框，在"坐标轴选项"选项卡下勾选"逆序类别"复选框，如下左图所示。

STEP06：选择图表布局。单击"关闭"按钮，返回工作表中，选中图表，在"图表工具－设计"选项卡下单击"图表布局"组快翻按钮，从展开库中选择"布局1"样式，如下中图所示。

STEP07：打开"设置图表区格式"对话框。选中图表区，在"图表工具－格式"选项卡下单击"形状样式"组对话框启动器，如下右图所示。

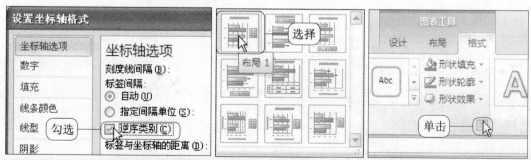

STEP08：选择预设渐变色填充。弹出"设置图表区格式"对话框，在"填充"选项卡下单击"渐变填充"单选按钮，再单击"预设颜色"右侧下三角按钮，从展开库中选择预

设渐变色，这里选择"麦浪滚滚"样式，如下左图所示。

STEP09: 设置图表区边框样式。单击"边框样式"标签，切换至该选项卡下，勾选"圆角"复选框，如下右图所示。

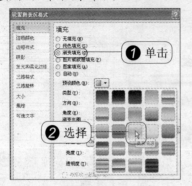 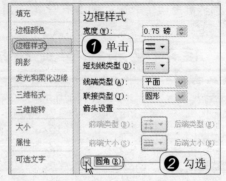

STEP10: 业绩图最终效果。单击"关闭"按钮，返回工作表中，输入图表标题"佳和电器销售业绩图"，得到该图表的最终效果如下图所示。

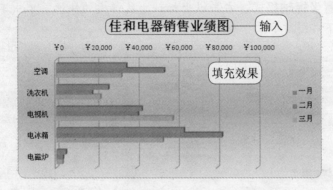

Chapter 12

数据透视表与数据透视图的使用

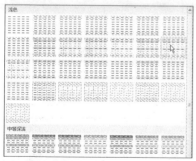

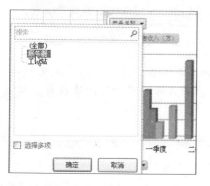

数据透视表具有十分强大的数据重组和数据分析能力，它不仅能够改变数据表的行、列布局，而且能够快速汇总大量数据。也能够基于原数据表创建数据分组，并可对建立的分组进行汇总统计。而数据透视图是利用数据透视的结果制作的图表，数据透视图总是与数据透视表相关联的。本章将为读者介绍如何创建和设置数据透视表、数据透视图。

12.1 | 数据透视表的使用

　　阅读一个有很多数据的工作表是很不方便的，用户可以根据需要，将这个工作表生成能够显示分类概要信息的数据透视表。数据透视表能够迅速方便地从数据源中提取并计算需要的信息。

12.1.1 创建数据透视表

　　原始文件：实例文件 \ 第12章 \ 原始文件 \ 液晶电视一周销售情况 . xlsx
　　最终文件：实例文件 \ 第12章 \ 最终文件 \ 创建数据透视表 . xlsx

　　使用数据透视表不仅可以帮助用户对大量数据进行快速汇总，还可以查看数据源的汇总结果。打开原始文件中的"液晶电视一周销售情况"表，为该表创建数据透视表。

　　STEP01：选择要创建透视表的表格。 打开"实例文件 \ 第12章 \ 原始文件 \ 液晶电视一周销售情况 . xlsx"，选择要创建数据透视表的工作表中任意含有数据的单元格，例如选择A4单元格，如下左图所示。

　　STEP02：执行创建数据透视表操作。 在"插入"选项卡下单击"数据透视表"按钮，从展开的下拉列表中单击"数据透视表"选项，如下中图所示。

　　STEP03：设置"创建数据透视表"对话框。 弹出"创建数据透视表"对话框，系统自动将单元格区域A2：G26添加到了"表/区域"文本框中，在"选择放置数据透视表的位置"选项组中选择要将数据透视表放置的位置，这里单击"新工作表"单选按钮，如下右图所示。

　　◎ **知识点拨：选择数据透视表放置位置**
　　若用户不想将数据透视表放置在其他工作表中，可在"创建数据透视表"对话框中单击"现有工作表"单选按钮，然后单击"位置"右侧的折叠按钮，返回工作表中选择要放置数据透视表的单元格区域。

　　STEP04：创建的数据透视表模型。 单击"确定"按钮，返回工作簿中，此时系统自动新建一个工作表，将该工作表名称更改为"数据透视表"，并显示出了"数据透视表工具"标签和"数据透视表字段列表"任务窗格，如下图所示。

重命名

12.1.2 选择透视表中要添加的字段

最终文件：实例文件 \ 第 12 章 \ 最终文件 \ 添加字段 . xlsx

在上一节中只是创建了数据透视表的模型，并没有往数据透视表中添加数据字段，此时的数据透视表没有任何意义。你可以根据将需要分析的字段添加到数据透视表的不同区域中。

STEP01：勾选要添加的字段。打开本章最终文件中的"创建数据透视表.xlsx"工作簿，在"数据透视表字段列表"任务窗格中勾选要添加的字段，例如勾选"售货日期"、"售货员姓名"、"数量"和"总价"复选框，这些勾选的字段自动添加到下方的各个区域中，如下左图所示。

STEP02：移动字段。选择要移动的字段，例如单击"售货日期"选项，从展开的下拉列表中单击"移动到报表筛选"选项，如下中图所示。

STEP03：创建的透视表效果。"售货日期"字段移动到了"报表筛选"区域后，此时创建的数据透视表效果如下右图所示。

> **知识点拨：拖动法移动字段**
>
> 除了采用正文 STEP02 中的方法将字段移动到需要的区域外，用户还可以选择要移动的字段后，按住鼠标左键不放将其拖曳至需要放置的区域即可。若要删除某个字段，只需将该字段拖曳出"数据透视表字段列表"任务窗格外。

STEP04：筛选数据。此时在数据透视表中显示的为一周内所有的销量和销售额，若用户只想查看某天的销售情况，可单击数据透视表中"售货日期"右侧下三角按钮，从展开的下拉列表中选择要查看的日期，例如选择"2010-2-12"，如下左图所示。

STEP05：筛选结果。单击"确定"按钮，返回数据透视表中，此时可以看到在数据透视表中只显示出了 2010-1-12 日的销售情况，结果如下右图所示。

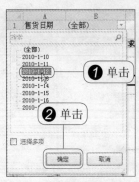

STEP06：选择多个筛选条件。 若用户需要查看多天的销售情况，此时可单击"售货日期"右侧下三角按钮，从展开下拉列表中首先勾选"选择多项"复选框，然后勾选需要查看的日期，例如勾选"2010-1-12"和"2010-1-15"复选框，如下左图所示。

STEP07：筛选出了多项结果。 单击"确定"按钮，返回数据透视表中，此时在数据透视表中筛选出了"2010-1-12"和"2010-1-15"两天的销售情况，如下右图所示。

12.1.3 更改计算字段

最终文件：实例文件 \ 第12章 \ 最终文件 \ 更改计算字段.xlsx

默认情况下，创建的数据透视表中汇总字段会按照默认的汇总方式进行计算，并以默认的显示方式进行显示。若用户想查看其他汇总方式和值显示方式，可按照以下方法进行更改。

STEP01：选择要更改汇总方式的计算字段。 打开本章最终文件中的"添加字段.xlsx"工作簿，首先选择要更改计算方式的字段中任意含有数据的单元格，例如选择B7单元格，如下左图所示。

STEP02：选择汇总方式。 在"数据透视表工具-数据"选项卡下单击"按值汇总"按钮，从展开的下拉列表中重新选择汇总方式，例如选择"最大值"方式，如下中图所示。

STEP03：更改汇总方式后效果。 此时B2单元格数据更改为"最大值项：数量"，可以看到该列数据已经发生了变化，内容为各品牌液晶彩电销量的最大值，接下来选择要更改值显示方式列的任意含有数据单元格，例如选择C6单元格，如下右图所示。

> **知识点拨：通过对话框选择汇总方式**
>
> 除了上述方法能更改计算字段的汇总方式外，用户还可以在"数据透视表字段列表"任务窗格中单击"数值"区域中的"求和项：数量"选项，从展开的下拉类别中单击"值字段设置"选项，将弹出"值字段设置"对话框，在"计算类型"列表框中重新选择该字段的汇总方式即可。

STEP04：选择值显示方式。在"数据透视表工具－选项"选项卡下单击"值显示方式"按钮，从展开的下拉列表中重新选择值显示方式，例如选择"总计的百分比"方式，如下左图所示。

STEP05：更改值显示方式后效果。此时，在数据透视表中"求和项：总价"列的数据显示为百分比形式，结果如下右图所示。

12.1.4　更改计算字段的数字格式

最终文件：实例文件 \ 第12章 \ 最终文件 \ 更改数字格式.xlsx

默认情况下，在数据透视表中显示出的计算字段数字都为常规格式，但很多时候为了使读者能够理解透视表的含义，需要根据实际情况更改计算字段的数字格式。

STEP01：打开"值字段设置"对话框。打开最终文件中的"添加字段.xlsx"工作簿，在"数据透视表字段列表"任务窗格中单击"数值"区域中的"求和项：总价"字段，从展开的下拉列表中单击"值字段设置"选项，如下左图所示。

STEP02：打开"设置单元格格式"对话框。弹出"值字段设置"对话框，单击"数字格式"按钮，如下右图所示。

 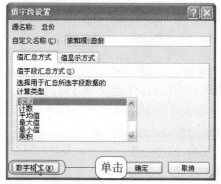

STEP03：**选择数字类型。**弹出"设置单元格格式"对话框，在"分类"列表框中选择数字类型，这里选择"货币"类型，再在"小数位数"文本框中输入保留的小数位数为"0"，如下左图所示。

STEP04：**更改数字格式后效果。**连续单击两次"确定"按钮，返回数据透视表中，此时"求和项：总价"列数据的数据都更改为了货币格式，结果如下右图所示。

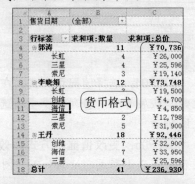

12.1.5 对透视表中数据进行排序

最终文件：实例文件 \ 第 12 章 \ 最终文件 \ 排序透视表 . xlsx

像普通的数据清单一样，在数据透视表中也可以对数据进行排序。用户只需选择要排序的字段，然后选择排序方式即可。

STEP01：**选择要排序字段任意单元格。**打开本章最终文件中的"更改数字格式.xlsx"工作簿，假设要对"求和项：数量"列数据进行排序，那么首先选择该列中任意含有数据的单元格，例如选择 B6 单元格，如下左图所示。

STEP02：**启动排序操作。**在"数据透视表工具－选项"选项卡下单击"排序"按钮，如下右图所示。

> ○ **知识点拨：直接选择排序方式**
>
> 当用户选择了要排序的字段后，可直接在"数据透视表工具－选项"选项卡下单击"升序"按钮 或 "降序"按钮 即可。

STEP03：**设置排序选项和方向。**弹出"按值排序"对话框，在"排序选项"选项组中选择排序方式，例如选择"升序"单选按钮，在"排序方向"选项组中单击"从上到下"单选按钮，如下左图所示。

STEP04：**排序结果。**单击"确定"按钮，返回数据透视表中，此时可以看到"求和项：数量"数据已经根据不同的销售员然后按照升序进行了重新排列，如下右图所示。

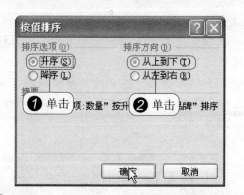

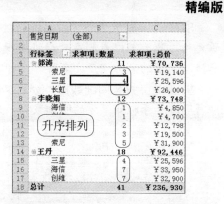

12.1.6 更改数据源

创建完毕数据透视表后，若用户需要更改创建数据透视表的数据源，此时不需要重新再创建一个数据透视表，只需按照如下方法操作即可。

STEP01：执行更改数据源操作。 打开本章最终文件中的"添加字段.xlsx"工作簿，在"数据透视表工具-选项"选项卡下单击"更改数据源"按钮，从展开的下拉列表中单击"更改数据源"选项，如下左图所示。

STEP02："更改数据透视表数据源"对话框。 弹出"更改数据透视表数据源"对话框，单击"表/区域"文本框右侧折叠按钮，如下右图所示。

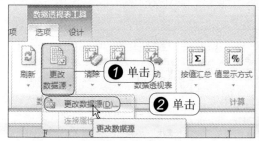

STEP03：重新选择数据源。 返回工作表中按照鼠标左键在工作表中进行拖动，重新选择创建数据透视表的区域，如下图所示。再次单击折叠按钮返回"更改数据透视表数据源"对话框单击"确定"按钮即可。

	A	B	C	D	E	F	G
2	售货日期	售货员姓名	产品品牌	单价	数量	总价	运输方式
3	2010-1-10	王丹	创维	￥4,700	2	￥9,400	轮船
4						￥6,500	汽车
5						￥6,380	汽车
6						￥19,400	轮船
7	2010-1-11	郭涛	三星	￥6,399	1	￥6,399	火车
8	2010-1-11	李晴	尼	￥380	1	￥6,380	火车
9	2010-1-12	王丹	信	￥4,850	1	￥4,850	飞机
10	2010-1-12	郭涛	索尼	￥6,380	1	￥6,380	汽车

移动数据透视表
Sheet1!$A$2:$E$26
拖动选择

12.1.7 查看透视表中的明细数据

对数据透视表明细数据的查看，其实就是对数据透视表中活动字段的展开与折叠。所谓活动字段，就是指当前所选择的字段。

STEP01: **显示活动字段名称。** 打开最终文件中的"添加字段.xlsx"工作簿,单击A5单元格,此时可以看到在"数据透视表工具－选项"选项卡下的"活动字段"文本框中显示活动字段的名称"产品名牌",如下左图所示。

STEP02: **折叠明细数据。** 分别单击"郭涛"和"李晓娟"左侧的折叠按钮 ,此时将隐藏郭涛和李晓娟下方的明细数据,只显示这两名销售员汇总的结果,如下右图所示。

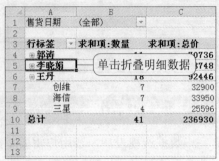

STEP03: **展开明细数据。** 如果需要查看某销售员下方的明细数据,可单击其左侧的展开按钮 ,例如单击"李晓娟"左侧的展开的按钮 ,此时可以查看到其显示出关于李晓娟销售不同品牌液晶电视的数量和金额,如下左图所示。

STEP04: **隐藏+/－按钮。** 如果用户需要隐藏+/－按钮,可在"数据透视表工具－选项"选项卡下单击"+/－按钮"按钮,使其呈未激活状态,如下中图所示。

STEP05: **隐藏+/－按钮后效果。** 此时可以看到透视表中的+/－按钮已经消失,如下右图所示。

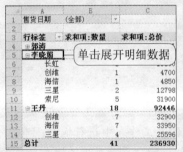

12.1.8　为透视表添分组

原始文件:实例文件 \ 第12章 \ 原始文件 \ 员工资料表.xlsx
最终文件:实例文件 \ 第12章 \ 最终文件 \ 组合.xlsx

可以采用自定义的方式对字段中的项进行组合,以帮助隔离满足用户个人需要却无法采用其他方式(如排序和筛选)轻松组合的数据子集。用户可以采用两种方式进行分组,一种是将所选内容进行分组;另外一种是使用"组合"对话框进行分组。

1. 将所选内容进行分组

STEP01: **选择要进行分组的数据区域。** 打开"实例文件 \ 第12章 \ 原始文件 \ 员工资料表.xlsx",在"透视表"工作表中,选择要分为一组的数据所在单元格区域A4:B11,如下左图所示。

STEP02: **将所选内容分组。** 在"数据透视表工具－选项"选项卡下单击"将所选内容分组"按钮,如下右图所示。

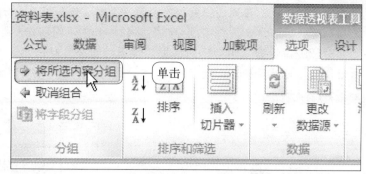

STEP03：组合的"数据组1"。系统会自动将选定的内容归纳到"数据组1"，并且在数据组名称和剩余的数据前面显示展开按钮，如下左图所示。

STEP04：组合其他数据。相同的方法，选择年龄为30～39所在的单元格区域，将其创建为"数据组2"，另外将年龄为40～48的创建为"数据组3"，如下右图所示。

STEP05：更改数据组名称。用户可以将默认的数据组名称更改为能够代表改组意义的名称，例如选中A4单元格，在编辑栏中输入"20～29岁"，然后按下Enter键，如下右图所示。

STEP06：更改其他数据组名称。相同的方法，将数据组2和数据组3的名称更改为"30～39岁"、"40～49岁"，如下左图所示。

STEP07：隐藏明细数据。单击"20～29岁"左侧的折叠按钮，将隐藏该部分的活动字段，直接显示出20～29岁年龄的总人数为11人，如下右图所示。

2. 使用"组合"对话框进行分组

STEP01：将字段分组。打开"实例文件\第12章\原始文件\员工资料表.xlsx"，单击要分组字段所在列的任意含有数据单元格，例如单击A4单元格，在"数据透视表工具－选项"选项卡下单击"将字段分组"按钮，如下左图所示。

STEP02：设置"组合"对话框。弹出"组合"对话框，在"起始于"和"终止于"文本框输入起始数据和终止数据"20"、"49"，并在"步长"文本框中输入步长值为"10"，如下右图所示。

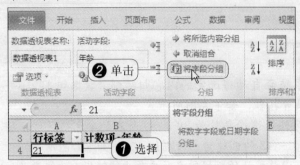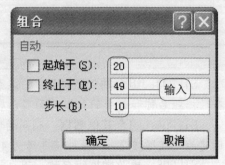

STEP03：自动分组结果。单击"确定"按钮，系统自动按照步长10进行分组，分组结果如下图所示。

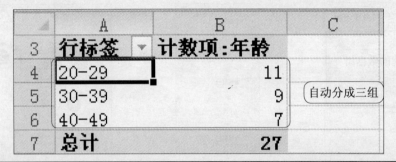

> **知识点拨：取消分组**
>
> 若用户需要取消分组，可选中分组后的数据透视表单元格，然后在"数据透视表工具－选项"选项卡下单击"取消分组"按钮即可。

12.1.9 为透视表应用样式设置

创建完毕数据透视表后，为了使数据透视表更加美观，可以为其套用内置的数据透视表样式，也可以自定义数据透视表样式。本节都将为读者分别进行介绍。

1. 套用内置数据透视表样式

最终文件：实例文件 \ 第12章 \ 最终文件 \ 套用样式.xlsx

系统为用户提供了很多默认的数据透视表样式，既专业又美观，只需展开"数据透视表样式"库选择喜欢的样式套用即可。

STEP01：选择数据透视表样式选项。打开最终文件中的"添加字段.xlsx"工作簿，选中数据透视表，在"数据透视表工具－设计"选项卡下的"数据透视表样式选项"组中勾选应用样式的效果，例如勾选"行标题"和"列标题"复选框，如下左图所示。

STEP02：展开样式库。在"数据透视表工具－设计"选项卡下单击"数据透视表样式"组中的快翻按钮，如下右图所示。可展开更多的透视表样式。

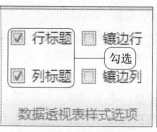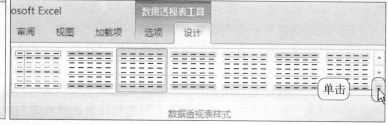

STEP03：选择数据透视表样式。 从展开的样式库中选择喜欢的数据透视表样式，这里选择如下左图所示的样式。

STEP04：套用样式后透视表效果。 套用了 STEP03 所选择的样式后，数据透视表效果如下右图所示。

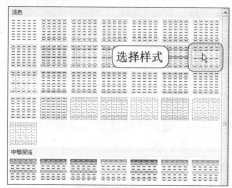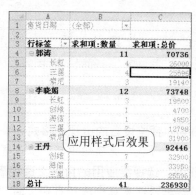

2. 自定义数据透视表样式

最终文件：实例文件 \ 第 12 章 \ 最终文件 \ 自定义样式.xlsx

如果用户不喜欢默认的数据透视表样式，可以自定义数据透视表的样式。手动设置数据透视表的各元素，并将其保存后应用到数据透视表中。

STEP01：打开"新建数据透视表快速样式"对话框。 打开本章最终文件中的"添加字段.xlsx"工作簿，选中数据透视表，在"数据透视表工具－设计"选项卡下单击"数据透视表样式"组的快翻按钮，从展开的库中单击"新建数据透视表样式"选项，如下左图所示。

STEP02：选择要设置的表元素。 弹出"新建数据透视表快速样式"对话框，在"表元素"列表框中选择要设置的透视表元素，例如选择"整个表"，然后单击"格式"按钮，如下中图所示。

STEP03：设置字体格式。 弹出"设置单元格格式"对话框，在"字体"选项卡下的"字形"组中单击"加粗"选项，从"颜色"下拉列表选择字体颜色为"深红"，如下右图所示。

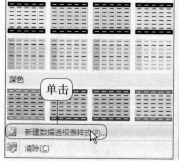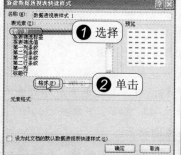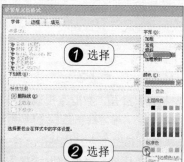

STEP04：设置边框。 单击"边框"标签，切换至"边框"选项卡下，从"颜色"下拉

列表中选择边框颜色为"绿色"，然后单击"外边框"和"内部"图标，如下左图所示。

STEP05：选择下一个要设置的表元素。单击"确定"按钮，返回"新建数据透视表快速样式"对话框，在"表元素"列表框中选择"标题行"元素，然后单击"格式"按钮，如下中图所示。

STEP06：选择标题行填充色。弹出"设置单元格格式"对话框，单击"填充"标签，切换至"填充"选项卡下，在"背景色"选项组中选择标题行填充色为"黄色"，如下右图所示。

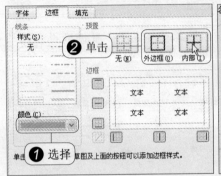
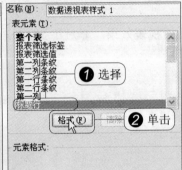
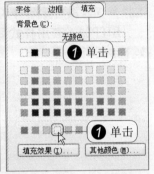

STEP07：预览设置的透视表格式。单击"确定"按钮，返回"新建数据透视表快速样式"对话框，在"预览"选项组中可预览设置完毕的格式效果，如下左图所示。

STEP08：选择要应用的自定义透视表颜色。单击"确定"按钮，返回数据透视表中，从展开的数据透视表库中选择自定义的"数据透视表样式 1"，如下中图所示。

STEP09：自定义数据透视表样式效果。应用了所选择的自定义样式后，数据透视表效果如下右图所示。

助跑地带——更改数据透视表为经典数据透视表布局

最终文件：实例文件\第 12 章\最终文件\更改为经典布局.xlsx

Excel 97~2003 中，在数据透视表中添加字段时，可以采用拖动的方法为数据添加字段，而 Excel 2007~2010 版本则不能再使用该功能。下面就为大家介绍如何将数据透视表更改为经典数据透视表布局。

❶ 打开"数据透视表选项"对话框。打开本章最终文件中的"创建数据透视表.xlsx"工作簿，在"数据透视表工具 - 选项"选项卡下单击"选项"按钮右侧下三角按钮，从展开下拉列表中单击"选项"，如下左图所示。

❷ 切换至经典数据透视表布局。弹出"数据透视表选项"对话框，切换至"显示"选项卡下，勾选"经典数据透视表布局（启用网格中的字段拖放）"复选框，如下右图所示。

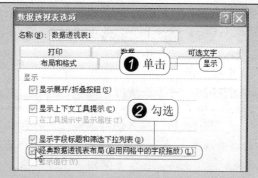

❸ **经典数据透视表布局效果。** 单击"确定"按钮，返回数据透视表，此时的数据透视表变成了如下左图所示。

❹ **拖动行字段。** 在"数据透视表字段列表"任务窗格中选择要放置在"行字段"区域中的字段，例如选择"产品品牌"字段，按住鼠标左键不放将其拖曳至"将行字段拖至此处"区域中，如下右图所示。

❺ **拖动值字段。** 同样的方法，选择"值字段"，例如选择"数量"字段，按住鼠标左键不放将其拖曳至"将值字段拖至此处"区域中，如下左图所示。

❻ **创建的数据透视表效果。** 按照同样的方法，将"售货日期"字段拖曳至"将报表筛选字段拖至此处"区域中，最后得到的数据透视表效果，如下右图所示。

	A	B
1	售货日期	(全部) ▾
2		
3	**求和项:数量**	
4	**产品品牌** ▾	**汇总**
5	长虹	7
6	创维	8
7	海信	8
8	三星	10
9	索尼	8
10	**总计**	**41**

创建的透视表效果

12.2 | 切片器的使用

在早期版本的 Excel 中，可以使用报表筛选器来筛选数据透视表中的数据，但在对多个项目进行筛选时，很难看到当前的筛选状态。在 Excel 2010 中，用户可以选择使用切片器来筛选数据。

12.2.1 在透视表中插入切片器

最终文件：实例文件 \ 第12章 \ 最终文件 \ 插入切片器 . xlsx

切片器是易于使用的筛选组件，它包含一组按钮，使您能够快速地筛选数据透视表中的数据，而无需打开下拉列表以查找要筛选的项目。下面就在数据透视表中插入切片器。

STEP01：执行插入切片器操作。打开本章最终文件中的"添加字段.xlsx"工作簿，在"数据透视表工具–选项"选项卡下单击"插入切片器"按钮，从展开的下拉列表中单击"插入切片器"选项，如下左图所示。

STEP02：勾选要筛选的字段。弹出"插入切片器"对话框，勾选要进行筛选的字段，例如勾选"售货员姓名"和"产品品牌"复选框，如下中图所示。

STEP03：插入的切片器。单击"确定"按钮，此时在透视表中自动插入了"售货员姓名"和"产品品牌"两个切片器，如下右图所示。

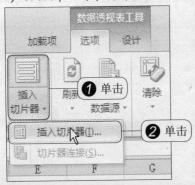 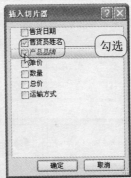 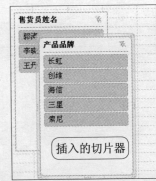

12.2.2 通过切片器查看数据表中数据

插入切片器的主要目的就是为了筛选数据透视表中的数据，下面本节就利用上一节中插入的切片器来查看透视表中的数据。

STEP01：选择要查看的品牌。打开本章最终文件中的"插入切片器.xlsx"工作簿，在"产品品牌"切片器中选择要查看的产品品牌，例如单击"长虹"按钮，如下左图所示。

STEP02：筛选出"长虹"品牌销售情况。此时在数据透视表中只显示了"长虹"品牌电视的销售情况，如下右图所示。

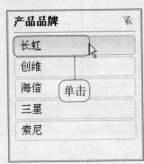

⁤	A	B	C
1	售货日期	(全部) ▾	
2		只显示"长虹"彩电销售情况	
3	行标签 ▼	求和项:数量	求和项:总价
4	⊟郭涛	4	26000
5	长虹	4	26000
6	⊟李晓娟	3	19500
7	长虹	3	19500
8	**总计**	7	45500

STEP03：选择要查看的售货员。在"售货员姓名"切片器中选择要查看的销售员姓名，例如单击"郭涛"按钮，如下左图所示。

STEP04：筛选出"郭涛"销售"长虹"情况。此时在数据透视表中只显示了"郭涛"

销售"长虹"彩电的情况，如下右图所示。

▲	A	B	C
1	售货日期	（全部）	
2		只显示"郭涛"销售"长虹"彩电情况	
3	行标签	求和项:数量	求和项:总价
4	⊟ 郭涛	4	26000
5	长虹	4	26000
6	总计	4	26000

STEP05：重新选择要显示的品牌。若用户需要查看"郭涛"销售其他品牌彩电的情况，可在"产品品牌"切片器中单击"索尼"按钮，如下左图所示。

STEP06：筛选出"郭涛"销售"索尼"情况。此时在数据透视表中只显示了"郭涛"销售"索尼"彩电的情况，如下右图所示。

▲	A	B	C
1	售货日期	（全部）	
2			
3	行标签	只显示"郭涛"销售"索尼"彩电情况	
4	⊟ 郭涛	3	19140
5	索尼	3	19140
6	总计	3	19140
7			
8			
9			
10			

12.2.3　美化切片器

最终文件：实例文件 \ 第12章 \ 最终文件 \ 美化切片器.xlsx

当用户在现有的数据透视表中创建切片器时，数据透视表的样式会影响切片器的样式，从而形成统一的外观。

STEP01：选择要美化的切片器。打开本章最终文件中的"插入切片器.xlsx"，选中要进行美化的切片器，例如选择"产品品牌"切片器，如下左图所示。

STEP02：展开切片器样式库。在"切片器工具－选项"选项卡下单击"切片器样式"组的快翻按钮，如下右图所示。将展开更多的切片器样式库。

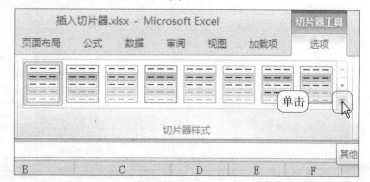

STEP03：选择切片器样式。从展开的库中选择喜欢的切片器样式，例如选择如下左图

所示的样式。

STEP04：套用样式后效果。 套用了STEP03中所选择的切片器样式后，"产品品牌"切片器效果如下中图所示。

STEP05：为"售货员姓名"切片器套用样式。 相同的方法，为"售货员姓名"切片器套用上不同的样式，最终效果如下右图所示。

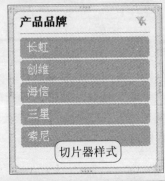

知识点拨：新建切片器样式

如果用户不喜欢默认的切片器样式，可自定义切片器样式然后套用。方法为：从展开的"切片器样式"库中单击"新建切片器样式"选项，将弹出"新建切片器快速样式"对话框，在"切片器元素"列表框中选择要设置的切片器元素，然后单击"格式"按钮弹出"格式切片器元素"对话框，在该对话框中设置切片器的字体、边框和填充效果即可。

助跑地带——更改添加的切片器名称

最终文件：实例文件\第12章\最终文件\更改切片器名称.xlsx

默认情况下，切片器的名称是添加筛选字段的名称，若用户为了实际情况需要更改切片器的名称，可按照如下方法进行操作。

❶ **选择要更改名称的切片器。** 打开本章最终文件中的"美化切片器.xlsx"工作簿，选择要更改名称的切片器，例如选择"产品品牌"切片器，如下左图所示。

❷ **打开"切片器设置"对话框。** 在"切片器工具-选项"选项卡下单击"切片器设置"按钮，如下中图所示。

❸ **更改名称。** 弹出"切片器设置"对话框，在"标题"文本框中重新输入切片器的名称，例如输入"彩电品牌"，然后单击"确定"按钮，如下右图所示。

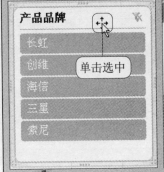

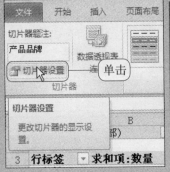

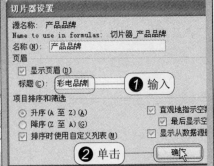

❹ **更改后的切片器名称。** 此时原有的"产品品牌"切片器更改为了"彩电品牌"，如下左图所示。

❺ **更改其他切片器名称。**同样的方法，更改"售货员姓名"切片器名称更改为"姓名"，如下右图所示。

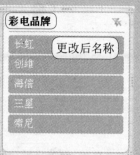

12.3 | 数据透视图的使用

数据透视图是对数据透视表显示的汇总数据的一种图解表示法。数据透视图是基于数据透视表的。虽然Excel允许同时创建数据透视表和数据透视图，但不能在没有数据透视表的情况下只创建一个数据透视图。

12.3.1　在数据透视表中插入数据透视图

最终文件：实例文件 \ 第12章 \ 最终文件 \ 数据透视图.xlsx

如果熟悉Excel中的图表创建方法，那么在创建和自定义数据透视图时就很轻松了。Excel的大多数图表特性都可以应用于数据透视图。下面就是来为"液晶电视一周销售情况.xlsx"工作簿创建基于数据透视表的透视图。

STEP01：执行创建数据透视图操作。打开本章最终文件中的"添加字段.xlsx"工作簿，在"数据透视表工具－选项"选项卡下单击"数据透视图"按钮，如下左图所示。

STEP02：选择图表类型。弹出"插入图表"对话框，选择"柱形图"子集中的"簇状柱形图"类型，如下右图所示。

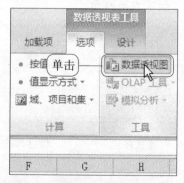

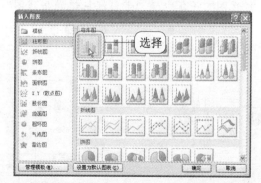

STEP03：创建的数据透视图。单击"确定"按钮，返回工作表中，创建的数据透视图效果如下左图所示。

STEP04：选择要设置的系列。从图表中可以看到只显示出了一个汇总项目，即"求和项：总价"，这是因为"求和项：数量"的值相对于"求和项：总价"的值过小，所以不能在图表中反映出来。那么就需要更改"求和项：数量"的图表类型，首先需要在图表上选择"求和项：数量"数据系列，在"数据透视图工具－布局"选项卡下单击"图表元素"文本框右侧下三角按钮，从展开的下拉列表中选择"系列'求和项：数量'"系列，如下右图所示。

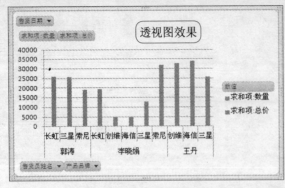
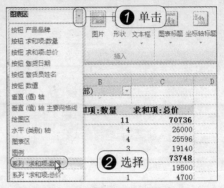

STEP05：设置数据系列格式。 系统自动选择"求和项：数量"系列，右击该系列，从弹出的快捷菜单中单击"设置数据系列格式"命令，如下左图所示。

STEP06：将系列显示在次要坐标轴。 弹出"设置数据系列格式"对话框，在"系列选项"选项卡下单击"次坐标轴"单选按钮，如下右图所示。

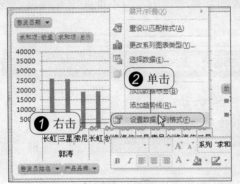
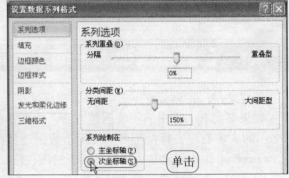

STEP07：更改系列图表类型。 单击"关闭"按钮，返回工作表中，再次右击"求和项：数量"系列，从弹出的快捷菜单中单击"更改系列图表类型"命令，如下左图所示。

STEP08：重新选择系列图表类型。 弹出"更改图表类型"对话框，重新选择图表类型为"折线图"子集中的"带数据标记的折线图"类型，如下右图所示。

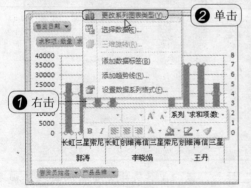
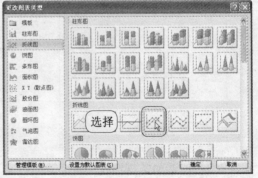

STEP09：更改系列图表类型后效果。 单击"确定"按钮，返回工作表中，将"求和项：数量"系列图表类型更改为折线图后效果如下左图所示。

STEP10：添加图表标题。 在"数据透视表工具－布局"选项卡下单击"图表标题"按钮，从展开库中单击"图表上方"选项，然后在图表上方输入图表标题"各销售员销售各品牌彩电数量和金额"，如下右图所示。

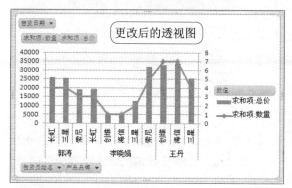

更改后的透视图

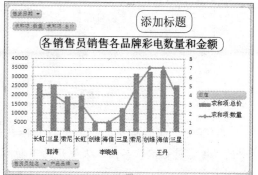

添加标题

12.3.2 对透视图中数据进行筛选

最终文件：实例文件 \ 第12章 \ 最终文件 \ 筛选数据透视图.xlsx

与数据透视表一样，在数据透视图中也可以进行筛选操作。在数据透视图中显示了很多筛选字段，用户可根据自己的需要筛选出需要的数据。

STEP01：筛选售货日期。打开本章最终文件中的"数据透视图.xlsx"工作簿，首先来对售货日期进行筛选，在数据透视图中单击"售货日期"字段，从展开的下拉列表中只勾选需要在图表上显示的日期，例如勾选"2010-1-10"和"2010-1-14"复选框，如下左图所示。选定后单击"确定"按钮。

STEP02：筛选日期结果。返回数据透视图中，此时在数据透视图中只显示了"2010-1-10"和"2010-1-14"这两天的销售情况，如下右图所示。

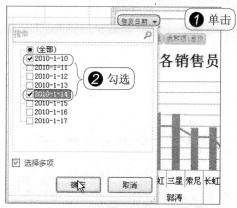

① 单击

② 勾选

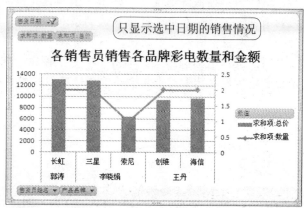

只显示选中日期的销售情况

STEP03：筛选售货员姓名。继续进行筛选操作，接下来筛选"售货员姓名"字段，单击数据透视图中的"售货员姓名"字段，从展开的下拉列表中勾选只想查看的售货员姓名，例如勾选"李晓娟"复选框，如下左图所示。选定后单击"确定"按钮。

STEP04：筛选售货员姓名结果。此时，在数据透视图中只显示出了"李晓娟"在"2010-1-10"和"2010-1-14"这两天的销售情况，如下右图所示。

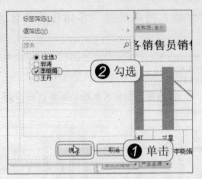

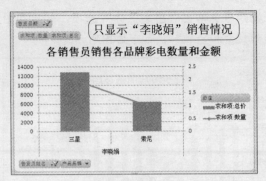

STEP05：清除筛选。 若要进行其他筛选，首先需进行其他筛选操作。单击数据透视图中的"售货员姓名"字段，从展开的下拉列表中单击"从'售货员姓名'中清除筛选"选项，如下左图所示。

STEP06：筛选数值。 同样的方法，清除"售货日期"字段的筛选。接着单击数据透视图中的"产品品牌"字段，从展开的下拉列表中指向"值筛选"选项，再在其展开的下拉列表中选择筛选条件，例如选择"大于"选项，如下右图所示。

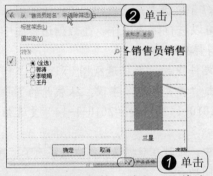

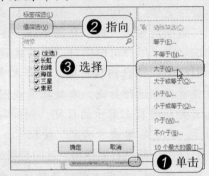

STEP07：设置筛选条件。 弹出"值筛选（产品品牌）"对话框，在"显示符合以下条件的项目"下拉列表中选择要筛选的求和项字段，例如选择"求和项：数量"，接着在最后一个文本框中输入大于的值，例如输入"4"，如下左图所示。

STEP08：值筛选结果。 单击"确定"按钮，返回工作表中，此时在数据透视图中只显示出了销售彩电数量大于4台的销售情况，如下右图所示。

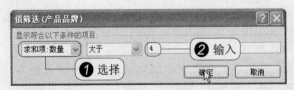

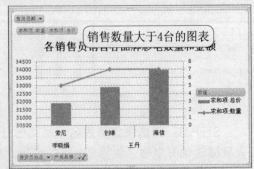

12.3.3 美化数据透视图

最终文件：实例文件 \ 第12章 \ 最终文件 \ 美化数据透视图.xlsx

创建完毕数据透视图后，为了使其更加美观，与图表一样，可以对其进行美化。美化

精编版

数据透视图的方法与美化图表的方法相同，下面就简单介绍如何使用内置的样式来美化数据透视图。

STEP01：选择图表样式。 打开本章最终文件中的"数据透视图.xlsx"工作簿，选中数据透视图，在"数据透视图工具-格式"选项卡下单击"图表样式"组快翻按钮，从展开的库中选择数据透视图样式，例如选择如下左图所示样式。

STEP02：选择图表区形状样式。 选择图表区，在"数据透视图工具-格式"选项卡下单击"形状样式"组快翻按钮，从展开库中选择图表区形状样式，例如选择"细微效果-黑色，深色1"样式，如下右图所示。

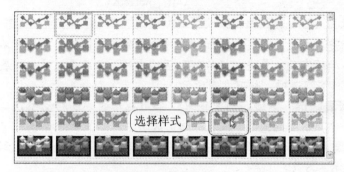

选择样式

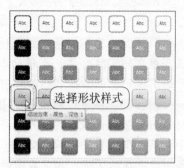

选择形状样式

STEP03：美化后数据透视图效果。 套用了以上两步所选择的图表样式和形状样式后，得到的数据透视图效果如下图所示。

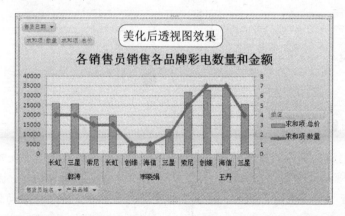

美化后透视图效果

各销售员销售各品牌彩电数量和金额

同步实践：制作年销售总结的数据透视表、图

原始文件：实例文件 \ 第12章 \ 原始文件 \ 年销售总结.xlsx
最终文件：实例文件 \ 第12章 \ 最终文件 \ 年销售总结透视表和图.xlsx

本节以创建"年销售总结"工作簿中的数据透视表和数据透视图为例，帮助用户掌握在 Excel 2010 工作表中使用数据透视表和透视图的方法，巩固本章所学内容。

STEP01：启动创建数据透视表功能。 打开"实例文件 \ 第12章 \ 原始文件 \ 年销售总结.xlsx"，选中工作表中任意含有数据单元格，在"插入"选项卡下单击"数据透视表"按钮，从展开的下拉列表中单击"数据透视表"选项，如下左图所示。

STEP02：设置"创建数据透视表"对话框。 弹出"创建数据透视表"对话框，直接单击"确定"按钮，如下中图所示。

STEP03：勾选要添加的字段。 在弹出的"数据透视表字段列表"任务窗格中勾选"产品名称"、"销售日期"、"产品型号"和"销售收入(万)"复选框,如下右图所示。

STEP04: 将字段移动到列标签。系统自动将所添加的字段分配到各个区域中,但并不适合用户的实际需要,可移动添加的字段。单击"行标签"区域中的"产品类型",从展开的下拉列表中单击"移动到列标签"选项,如下左图所示。

STEP05: 将字段移动到"报表筛选"区域。用户还可以采用拖动的方法移动字段,将"行标签"区域中的"产品名称"字段拖曳至"报表筛选"区域中,如下中图所示。

STEP06: 移动字段后效果。此时,可以在"数据透视表字段列表"任务窗格中查看到各字段所在的区域,如下右图所示。

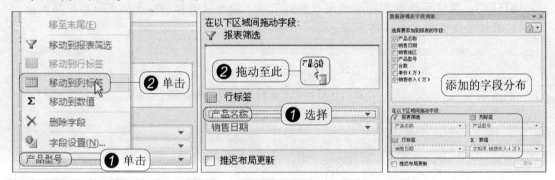

STEP07: 创建的数据透视表效果。添加完字段后,创建的数据透视表效果如下左图所示。

STEP08: 移动行标签。在数据透视表中选择"一季度"所在的行,然后将鼠标指针移近该行,当鼠标指针变成 形状时,按住鼠标左键向上拖动,将该行移动到"二季度"前面,如下右图所示。

STEP09: 移动行标签后效果。拖曳至"二季度"前面后释放鼠标左键,此时可以看到更改后的数据透视表效果如左图所示。

STEP10: 启动创建数据透视图功能。数据透视表创建完毕后,接下来根据创建的数据透视表创建数据透视图。在"数据透视表工具-选项"选项卡下单击"数据透视图"按钮,如下右图所示。

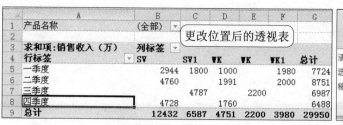

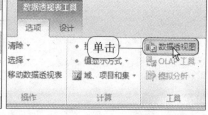

STEP11：**选择图表类型**。弹出"插入图表"对话框，选择"柱形图"子集中的"三维簇状柱形图"类型，如下左图所示。

STEP12：**创建的数据透视图效果**。单击"确定"按钮，返回工作表中，此时创建的数据透视图效果如下右图所示。

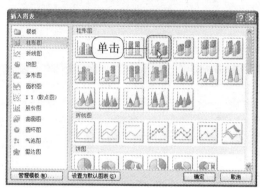

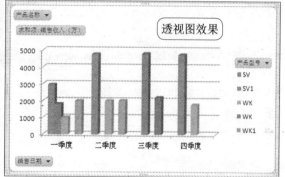

STEP13：**筛选产品名称**。在数据透视图中单击要筛选的字段"产品名称"，从展开的下拉列表中只选择要显示的产品名称，例如选择"服务器"，然后单击"确定"按钮，如下左图所示。

STEP14：**筛选结果**。此时，在数据透视图中就只显示出了"服务器"在一年四个季度中的销售情况，如下右图所示。

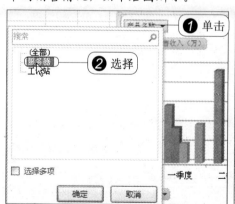

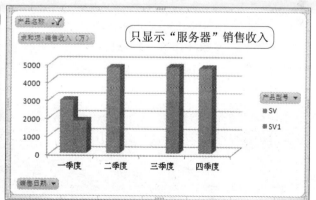

STEP15：**选择图表样式**。选中图表，在"数据透视图工具-设计"选项卡下单击"图表样式"组快翻按钮，从展开的库中选中"样式16"，如下左图所示。

STEP16：**添加图表标题**。在"数据透视图工具-布局"选项卡下单击"图表标题"按钮，从站的库中单击"图表上方"选项，如下右图所示。

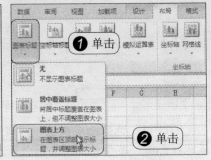

STEP17： 输入图表标题。输入图表标题"年度销售收入透视图"，得到图表的最终效果如下图所示。

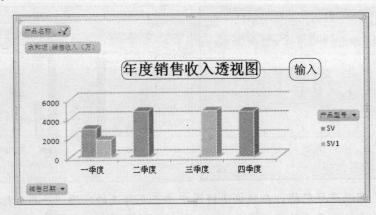

Chapter 13

工作表页面布局的设置
与打印

打印是电子表格软件的一个重要内容，这是使用电子表格的一个关键步骤。事实上，当在屏幕上编制好工作表后，Excel就会按默认设置安排好打印过程，执行"打印"操作后，就可以开始打印。但是，不同行业的用户需要的报告样式是不同的，每个用户都会有自己的特殊要求。为方便用户，Excel通过页面设置、打印预览等命令提供了许多用来设置或调整打印效果的实用功能。本章将介绍怎样利用这些功能，打印出完美的、具有专业性水平的工作表。

13.1 | 设置工作表的页面设置

做好工作表之后，在进行正式打印之前要确定的几件事情是：第一点，打印纸的大小；第二点，打印的份数；第三点，是否需要页眉和页脚；第四点，是打印指定工作表，还是整个工作簿，或某个工作表的单元格区域。这些问题可以通过页面设置解决。

13.1.1 调整工作表的页边距与居中方式

原始文件：实例文件 \ 第13章 \ 原始文件 \ 采购计划表 . xlsx
最终文件：实例文件 \ 第13章 \ 最终文件 \ 页边距 . xlsx

可以通过在"页面设置"对话框的"页边距"选项卡下为要打印的工作表设置上、下、左、右页边的距离，可以设定页眉 / 页脚距页边的距离。

STEP01：打开"页面设置"对话框。 打开"实例文件 \ 第13章 \ 原始文件 \ 采购计划表 . xlsx"，在"页面布局"选项卡下单击"页边距"按钮，从展开的库中可以看到当前工作表默认的页边距，你也可以选择其他页边距样式，若需要自定义页边距，可单击"自定义边距"选项，如下左图所示。

STEP02：查看默认页边距。 弹出"页面设置"对话框，可在"页边距"选项卡下以看到默认的页边距，如下右图所示。也可重新输入上、下、左、右和页眉页脚距离页边的距离。

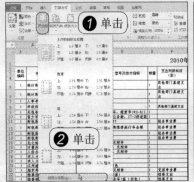
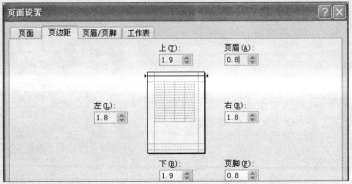

STEP03：自定义页边距。 这里设置"上"、"下"页边距为"2.5"，"左"、"右"页边距为"1.9"，"页眉"和"页脚"页边距为"1.3"，如下左图所示。

STEP04：选择居中方式。 在"居中方式"选项组中若勾选"水平"复选框，工作表在水平方向居中；若勾选"垂直"复选框，工作表在垂直方向居中。若两个都勾选，则工作表位于页面中间。这里只勾选"水平"复选框。设置完毕后单击"确定"按钮即可。如下右图所示。

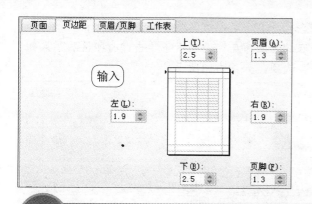

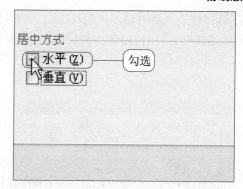

13.1.2　设置纸张

最终文件：实例文件 \ 第13章 \ 最终文件 \ 纸张.xlsx

设置纸张包括设置纸张的方向和大小。用户可以选择适合当前打印机的纸张类型，另外用户可以按纵向和横向两个方向来设置文件的打印方向。纵向是以纸的短边为水平位置打印；横向是以纸的长边为水平位置打印。

STEP01：选择纸张大小。打开最终文件中的"页边距.xlsx"工作簿，在"页面布局"选项卡下单击"纸张大小"按钮，从展开的库中选中纸张的大小，默认为A4纸张，这里选择"A3"纸张，如下左图所示。

STEP02：选择纸张方向。在"页面布局"选项卡下单击"纸张方向"按钮，从展开的库中选择纸张的方向，默认纸张方向为"纵向"，这里选择"横向"方向，如下右图所示。

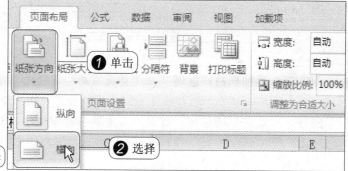

> **知识点拨：在"页面设置"对话框中设置纸张**
>
> 除了在"页面布局"选项卡下对纸张方向和纸张大小进行选择外，用户还可以在"页面设置"对话框中对这个选项进行选择。方法为：在"页面布局"选项卡下单击"页面设置"组对话框启动器，弹出"页面设置"对话框，切换至"页面"选项卡下，在"方向"选项组中可选择纸张方向，从"纸张大小"下拉列表中可选择纸张的类型。

13.1.3　设置工作表的打印区域

原始文件：实例文件 \ 第13章 \ 原始文件 \ 采购计划表.xlsx

用户若只需要打印工作表中的某一部分，可以选择要打印的单元格区域，将其设置为打印区域。工作表中没有选择到的单元格区域，将不会被打印到。

STEP01：选择要打印的区域。打开"实例文件 \ 第13章 \ 原始文件 \ 采购计划表.xlsx"，选择工作表中要打印的单元格区域,例如选择A2:D11单元格区域,如下左图所示。

STEP02: 执行设置为打印区域操作。在"页面布局"选项卡下单击"打印区域"按钮,从展开的下拉列表中单击"设置打印区域"选项,如下右图所示。

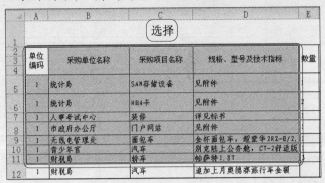 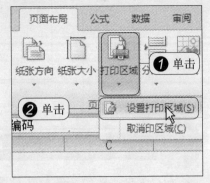

STEP03: 设置的打印区域。此时所选择的单元格区域范围周围出现了虚线框,即为所设置的打印区域,如下左图所示。

STEP04: 选择其他区域为打印区域。若用户需要添加其他区域为打印区域,可首先选择要添加为打印区域的范围,例如选择A30:D37单元格,如下右图所示。

STEP05: 添加到打印区域。在"页面布局"选项卡下单击"打印区域"按钮,从展开的下拉列表中单击"添加到打印区域"选项,如下左图所示。

STEP06: 取消打印区域。若用户需要取消打印区域,可在"页面布局"选项卡下单击"打印区域"按钮,从展开的下拉列表中单击"取消印区域"选项即可。

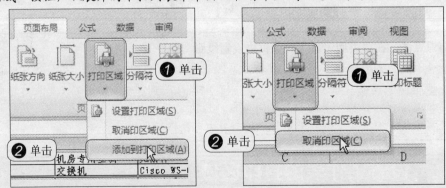

13.1.4 设置工作表背景

原始文件:实例文件 \ 第13章 \ 原始文件 \ 采购计划表.xlsx、背景图片.jpg
最终文件:实例文件 \ 第13章 \ 最终文件 \ 工作表背景.xlsx

在 Excel 中，还可以为工作表设置背景图案，以增强工作表的显示效果。需要注意的是添加的工作表背景图案不能随工作表一起打印出来。

STEP01：启动添加工作表背景功能。 打开"实例文件 \ 第13章 \ 原始文件 \ 采购计划表 . xlsx"，在"页面布局"选项卡下单击"背景"按钮，如下左图所示。

STEP02：选择背景图片。 弹出"工作表背景"对话框，从"查找范围"下拉列表中选择图片背景保存位置，选择要插入的图片"背景图片 . jpg"，然后单击"插入"按钮，如下右图所示。

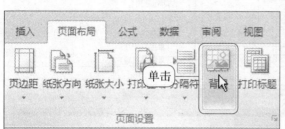
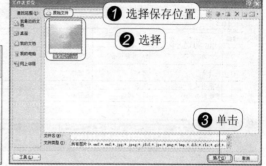

STEP03：插入背景后效果。 返回工作表中，插入背景的工作表效果如下左图所示。

添加的背景效果

> **知识点拨：删除背景**
>
> 若用户需要删除工作表中的背景，可在"页面布局"选项卡下直接单击"删除背景"按钮即可。

13.1.5 添加打印标题

最终文件：实例文件 \ 第13章 \ 最终文件 \ 打印标题.xlsx

如果要打印的工作表有多页，那么通常希望在每页的顶端处显示出该工作表的标题和表头字段，这样使打印出来的工作表更加清晰明了。

STEP01：执行添加打印标题操作。 打开本章最终文件中的"纸张 . xlsx"工作簿，在"页面布局"选项卡下单击"打印标题"按钮，如下左图所示。

STEP02：添加顶端标题行。 弹出"页面设置"对话框，在"工作表"选项卡下单击"顶端标题行"文本框右侧折叠按钮，如下右图所示。

STEP03: **选择标题行。**返回工作表中，鼠标指针变成向右的黑色箭头，选择第 1 至第 4 行作为标题行，如下左图所示。

STEP04: **确认添加的标题行。**再次单击折叠按钮返回"页面设置"对话框中，此时在"顶端标题行"文本框中显示出了添加的标题行区域，如下右图所示。

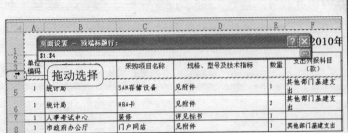

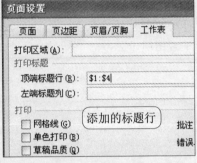

13.1.6 为页面添加页眉和页脚

页眉是打印在工作表顶部的眉批、文本或页号。页脚是打印在工作表底部的眉批、文本或页号。用户可根据自己的需要添加默认的页眉和页脚，也可以自定义页眉和页脚。

1. 选择默认的页眉和页脚

最终文件: 实例文件 \ 第13章 \ 最终文件 \ 默认页眉页脚.xlsx

在 Excel 2010 中为用户提供了 17 种页眉和页脚设置与一种"无"设置方式，用户可以根据自己的需要进行选择。

STEP01: **打开"页面设置"对话框。**打开本章最终文件中的"打印标题.xlsx"工作簿，在"页面布局"选项卡下单击"页面设置"组对话框启动器，如下左图所示。

STEP02: **选择默认页眉。**弹出"页面设置"对话框，切换至"页眉/页脚"选项卡下，从"页眉"下拉列表中选择默认的页眉样式，这里选择如下右图所示样式。

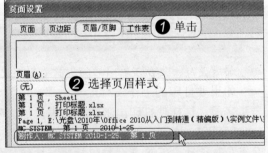

STEP03: **选择默认页脚样式。**同样的方法，从"页脚"下拉列表中选择系统默认的页脚样式，例如选择"第 1 页，共 ? 页"样式，如下右图所示。选择完毕后单击"确定"按钮即可。

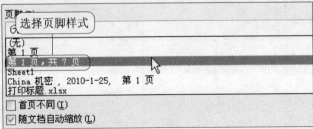

精编版

2. 自定义页眉和页脚

最终文件：实例文件 \ 第 13 章 \ 最终文件 \ 自定义页眉页脚 . xlsx

如果页眉和页脚下拉列表中没有用户需要的格式，还可以自己定义页眉和页脚。下面就以自定义页眉为例进行介绍。具体操作方法如下。

STEP01：启动自定义页眉功能。 打开本章最终文件中的"打印标题.xlsx"工作簿，打开"页面设置"对话框，切换至"页眉/页脚"选项卡下，单击"自定义页眉"按钮，如下左图所示。

STEP02：在页眉左侧插入日期。 弹出"页眉"对话框，将光标定位在"左"文本框中，然后单击"插入日期"按钮，如下右图所示。

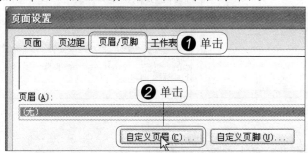
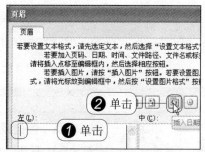

STEP03：在页眉中间位置输入文本。 在"中"文本框中输入文本内容，例如输入"六月份采购计划表"，若要设置输入文本的字体格式，可首先选择输入的文本，然后单击"格式文本"按钮，如下左图所示。

STEP04：设置字体格式。 弹出"字体"对话框，选择字体为"华文隶书"，字形为"加粗"，字体大小为"14"号，并从"颜色"下拉列表中选择字体颜色为"红色"，如下右图所示。

STEP05：在页眉右侧插入图片。 单击"确定"按钮返回"页眉"对话框中，将光标定位在"右"文本框中，单击"插入图片"按钮，如下左图所示。

STEP06：选择要插入的图片。 弹出"插入图片"对话框，从"查找范围"下拉列表中选择要插入图片保存位置，然后选中要插入的图片"实例文件 \ 第 13 章 \ 原始文件 \ 图标 . bmp"，选定后单击"插入"按钮，如下右图所示。

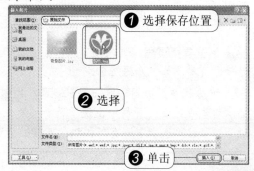

STEP07：预览自定义页眉。返回"页眉"对话框中，此时可以预览到自定义的左、中和右侧页眉效果，如下左图所示。

STEP08：添加页脚。单击"确定"按钮返回"页面设置"对话框中，同样的方法也可以自定义页脚，这里直接从"页脚"选项卡下选择默认页脚样式"第1页，共？页"，如下右图所示。

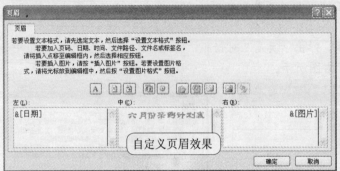
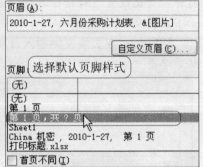

助跑地带——制作首页不同的页眉

最终文件：实例文件 \ 第13章 \ 最终文件 \ 首页不同的页眉.xlsx

很多时候，用户制作出来的表格首页都为封面，此时可以不需要为首页添加页眉或页脚，为了将工作表的首页与其他页面的页眉相区别，此时就需要制作出首页不同的页眉。怎样才能使用首页不同的页眉呢？具体方法如下。

❶ 选择页眉样式。打开本章最终文件中的"打印标题.xlsx"，打开"页面设置"对话框，切换至"页眉/页脚"选项卡下，首先从"页眉"下拉列表中选择页眉样式，例如选择"第1页"样式，如下左图所示。

❷ 设置首页不同。勾选"首页不同"复选框，如下中图所示。

❸ 打印预览。设置完毕首页不同后，接下来需要预览所设置的效果。单击"打印预览"按钮，如下右图所示。

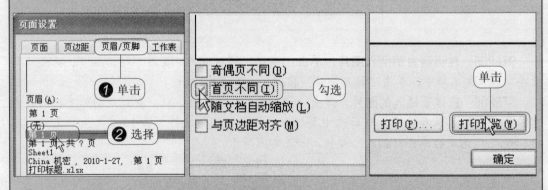

❹ 预览首页页眉。进入预览状态，首先预览的为工作表首页，此时可以看到首页中并没有显示出页眉，如下左图所示。

❺ 预览其他页页眉。单击"下一页"按钮，进入第2页中，预览第2页的打印效果，此时可以看到在第2页页眉中出现了选择的页眉样式，即显示当前的页码"第2页"，如下右图所示。继续单击"下一页"按钮，可相继预览第3页、第4页……。

首页不显示页眉

其他页显示页眉

13.2 ┃ 调整工作表的缩放比例与起始页码

在打印工作表之前可以设置表格放大或缩小打印的比例，Excel 2010 中允许用户将工作表缩小到正常大小的 10%，放大到 400% 进行打印。另外，若用户不想打印工作表中的所有页内容，可设置一个需要打印的起始页码。

13.2.1 设置工作表的缩放比例

在"页面设置"对话框的"页面"选项卡下有一个"缩放"选项组，用户可以通过单击"缩放比例：100% 正常尺寸"选项中间的向上或向下的箭头来调整工作表打印比例。

STEP01: 设置缩放比例。打开要设置的工作簿，在"页面布局"选项卡下单击"页面设置"组对话框启动器，弹出"页面设置"对话框，在"页面"选项卡下的"缩放比例：100% 正常尺寸"文本框中将中间的"100%"更改为其他打印比例，例如输入"50%"，如下左图所示。Excel 会根据定义的纸张大小来自动计算工作表缩放的比例。

STEP02: 调至页宽。假设当前 A3 纸张才能打印下的采购计划表，但是打印机最大只能打印到 A4 幅面，此时可执行如下操作：将工作表打印到两张 A4 的纸上，然后再拼接。在"页宽"文本框中输入"2"；在"页高"文本框中输入"1"，如下中图所示。

STEP03: 将工作表缩小打印。还有一种操作方法就是将工作表缩小打印到一张 A4 的纸上，在"页宽"文本框中输入"1"；在"页高"文本框中输入"1"即可，如下右图所示。

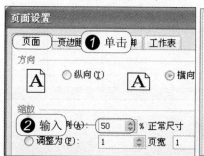
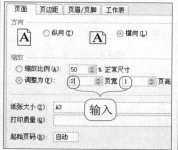
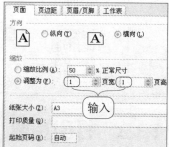

13.2.2 设置工作表打印的起始页码

在打印大型工作表的时候，如果不希望从第一页开始打印，此时可以设置工作表打印的起始页码,当打印时将从设置的起始页开始打印。

STEP01: **设置起始页码。** 打开要设置起始页码的工作簿,打开"页面设置"对话框,切换至"页面"选项卡下,在"起始页码"文本框中输入要开始打印的页码,例如输入"3",如下左图所示。

STEP02: **预览开始打印的页码。** 单击"打印预览"按钮,进入预览状态,此时可以看到页脚处显示的页码是从"第 3 页"开始的,如下右图所示。

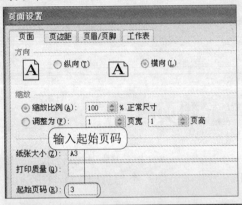

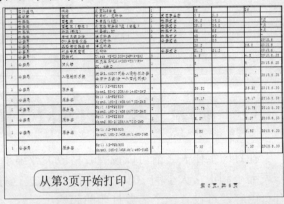

从第3页开始打印

> **助跑地带——打印工作表的网格线**
>
> *原始文件:实例文件\第13章\原始文件\液晶电视一周销售情况.xlsx*
>
> 若用户没有为制作的工作表添加边框,那么在打印时是不显示网格线的。为了在打印时显示出默认的网格线,可做如下设置。
>
> ❶ **设置打印时显示网格线。** 打开"实例文件\第13章\原始文件\液晶电视一周销售情况.xlsx",可以看到此工作表是没有添加边框的。打开"页面设置"对话框,切换至"工作表"选项卡下,在"打印"选项组中勾选"网格线"复选框,如下左图所示。
>
> ❷ **打印预览效果。** 单击"打印预览"按钮,进入预览状态,此时看到系统在打印时将自动为工作表添加边框,如下右图所示。

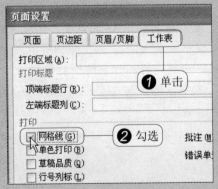

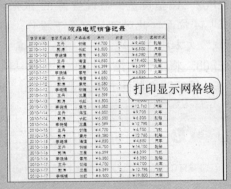

打印显示网格线

13.3 打印预览

为了能够使打印出来的工作表符合用户的要求,防止打印出错,很多时候需要在打印前进行预览,对前面所做的页面设置预览效果。除了前面通过在"页面设置"对话框中单击"打印预览"按钮预览打印效果之外,还可以利用预览窗口中的各种按钮进行预览设置。

STEP01: 启动打印预览功能。打开本章最终文件中的"自定义页眉页脚.xlsx"工作簿，单击"文件"按钮，从弹出的菜单中单击"打印"命令，如下左图所示。

STEP02: 预览效果。此时，在"打印"选项面板的右侧可预览打印的效果如下中图所示。

STEP03: 缩放预览效果。若用户觉得预览效果看不清楚，可单击预览页面下方的"缩放到页面"按钮，如下右图所示。

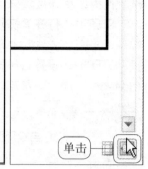

STEP04: 放大后拖动查看预览效果。此时预览效果比例放大，用户可拖动垂直或水平滚动条来查看工作表内容，如下左图所示。

STEP05: 换页查看。当前预览的为第"1"页，若用户要预览其他页面，可单击"下一页"按钮，如下右图所示。

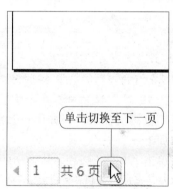

STEP06: 预览其他页。此时预览页面自动跳转到第2页中，此时用户可预览第2页的打印效果，如下左图所示。

STEP07: 显示边距。在预览时如果觉得不满意，还可以单击"显示边距"按钮在预览中显示边距，如下右图所示。将鼠标光标移至这些虚线上，即可拖动调整表格距离四周的距离。

13.4 ┃ 打印工作表

进行了页面设置和打印预览后，如果对设置的效果满意，即可开始打印。Excel除了可一次打印一张工作表外，还可以同时打印多份工作表，也可以设置打印工作表的范围。

13.4.1 设置打印份数

如果需打印多份相同的设置区域或工作表，不需要重复进行打印操作，只需在"打印"选项面板中稍作设置即可一次操作完成多份相同工作表的打印操作。

STEP01：打开"打印"选项面板。 打开本章最终文件中的"自定义页眉页脚.xlsx"工作簿，单击"文件"按钮，从弹出的菜单中单击"打印"命令，如下左图所示。

STEP02：设置打印份数。 在"打印"选项面板的"副本"文本框中输入要打印的份数，例如输入"10"，即可一次性打印10份工作表，如下右图所示。

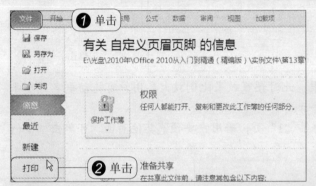

13.4.2 设置打印范围

在13.2.2节中为读者介绍了如何设置工作表打印的起始页码，但这并不能满足用户对打印范围的需求，假如用户只想打开工作表中的某些页，此时也设置打印的页数。具体方法如下：

单击"文件"按钮，从弹出的菜单中单击"打印"命令，在"打印"选项面板的"页数"文本框中输入要打印的页数范围，例如将范围设置为"3至5"，如下图所示。即打印第3～5页的工作表内容。

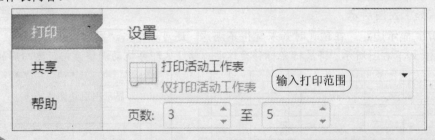

13.4.3 打印与取消打印操作

所有准备工作都准备完毕后，接下来就可以开始打印了。在发出文档的打印命令后，如果需要取消该文档的打印，也可以取消文档打印的操作。

STEP01：选择打印机。 打开本章最终文件中的"自定义页眉页脚.xlsx"工作簿，单击"文件"命令，从弹出的菜单中单击"打印"命令，在"打印"选项面板中的"打印机"下拉列表中选择连接到你电脑的打印机名称，例如选择"HP200C"，如下左图所示。

STEP02: 启动打印操作。选定打印机后，单击"打印"按钮，如下右图所示。系统便开始打印当前的工作表。

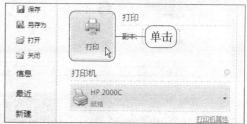

STEP03: 打开打印对话框。发出打印指令后，将鼠标指向桌面任务栏中的打印机图标，右击鼠标，从弹出的快捷菜单中单击"HP 2000C"命令，如下左图所示。

STEP04: 取消打印。弹出"HP 2000C"对话框，在对话框中显示当前正在打印的文档项目，若要取消打印，可右击工作表名称"自定义页眉页脚.xlsx"，从弹出的快捷菜单中单击"取消"命令，如下右图所示。

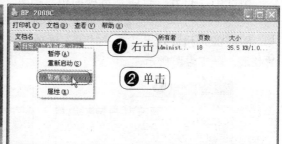

STEP05: 确认取消打印作业。弹出"打印机"提示框，提示用户是否要取消所选打印作业？单击"是"按钮即可，如下左图所示。

STEP06: 正在删除打印任务。程序就会执行删除所选文档的操作，在"HP 2000C"对话框中显示"正在删除"字样，如下右图所示，程序完成删除操作后，任务栏中的打印机图标会消失。

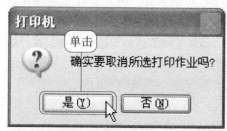

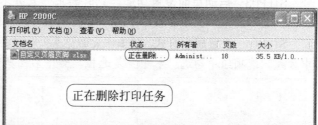

▶ **助跑地带——暂停打印**

　　在打印过程中，如果用户中途有事要走开，此时可以暂停打印。暂停打印的操作方法如下：

❶ 执行暂停打印操作。在"HP 2000C"对话框中右击打印的工作表名称，从弹出的快捷菜单中单击"暂停"命令，如下左图所示。

❷ 提示已暂停打印。程序会自动暂停打印的操作，在"HP 2000C"对话框中显示"已暂停"字样，如下右图所示。若用户需要重新开始打印文档，可在"HP 2000C"对话框中再次右击要打印的文档名称，从弹出的快捷菜单中单击"重新开始"命令即可。

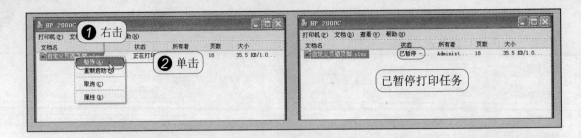

同步实践：设置"10月销售统计表"的页面布局

原始文件：实例文件 \ 第13章 \ 原始文件 \10月销售统计表.xlsx
最终文件：实例文件 \ 第13章 \ 最终文件 \10月销售统计表.xlsx

本节以设置"10月销售统计表"工作簿的页面布局为例，帮助用户掌握Excel 2010工作表打印之前页面设置的方法，巩固本章所学内容。

STEP01： 打开"打印"选项面板。打开"实例文件 \ 第13章 \ 原始文件 \10月销售统计表.xlsx"，单击"文件"按钮，从弹出的菜单中单击"打印"命令，如下左图所示。

STEP02： 预览效果。在"打印"选项面板中，此时你可以预览到"10月销售统计表"的效果，如下右图所示。

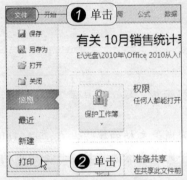

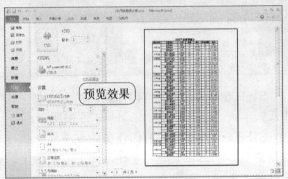

STEP03： 启动页面设置功能。此时的工作表并不适合打印要求，因此要对其进行页面设置。在"打印"选项面板中单击"页面设置"链接，如下左图所示。

STEP04： 设置居中方式。弹出"页面设置"对话框，切换至"页边距"选项卡下，在"居中方式"选项组中勾选"水平"复选框，如下右图所示。

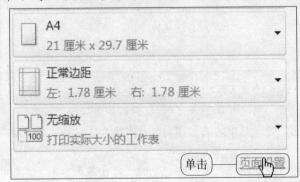

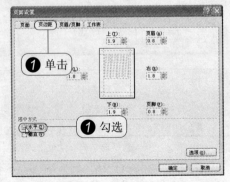

STEP05： 选择页眉样式。切换至"页眉 / 页脚"选项卡下，从"页眉"下拉列表中选择页眉样式为"10月销售统计表.xlsx"，如下左图所示。

STEP06: 选择页脚样式。从"页脚"下拉列表中选择页脚样式为"第1页，共？页"，如下右图所示。

STEP07: 启动设置打印标题。单击"确定"按钮关闭"页面设置"对话框，返回工作簿中。在"页面布局"选项卡下单击"打印标题"按钮，如下右图所示。

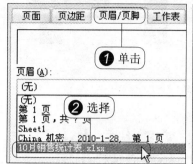
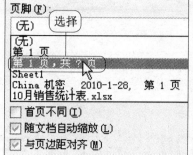

STEP08: 设置顶端标题行。弹出"页面设置"对话框，在"工作表"选项卡下单击"顶端标题行"文本框右侧的折叠按钮，如下左图所示。

STEP09: 选择顶端标题行。返回工作表中，选择顶端标题行为第1行和第2行，如下右图所示。

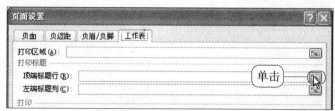

STEP10: 设置完毕后预览打印效果。再次单击折叠按钮返回"页面设置"对话框中，单击"打印预览"按钮，如下左图所示。

STEP11: 预览页面设置后打印效果。进入打印预览状态，此时用户可以看到预览的效果，如下右图所示为第2页预览效果。系统自动添加了标题行，并显示出页眉。

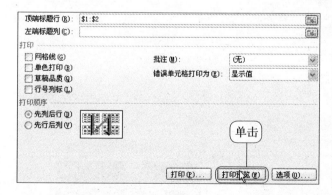

Chapter 14

PowerPoint 2010全新接触

当想与同行交流自己的学术成果时，当想向公众展示公司的新产品时，如果只是向同行或顾客发送书面文件，这样可能达不到预计的效果。此时可以使用PowerPoint 2010应用程序来实现。使用它既可以制作讲演稿、宣传稿、投影幻灯片，还可以在其中添加声音、视频帮助作者达到预计目标，生动、形象地表达出作者的意图。

14.1 幻灯片的基础操作

在 PowerPoint 2010 中幻灯片的基本操作，要新建一个具有多张幻灯片的演示文稿，主要操作方法有：直接新建幻灯片、更改现有幻灯片版式，复制与移动幻灯片。

14.1.1 新建幻灯片

在启动 PowerPoint 2010 后，将默认新建一个名为"演示文稿 1"的演示文稿，其中自动包含一张幻灯片。新建幻灯片有两种方法，一种是新建默认版式的幻灯片，另一种是新建不同版式的幻灯片。

1. 新建默认版式的幻灯片

最终文件：实例文件 \ 第 14 章 \ 最终文件 \ 新建默认版式的幻灯片 . pptx

新建默认版式的幻灯片时，是根据演示文稿默认主题的幻灯片版式来创建的，可以使用功能区中的"新建幻灯片"按钮来实现。

STEP01：新建幻灯片。启动 PowerPoint 2010 应用程序，自动创建一个名称为"演示文稿 1"的演示文稿，在"开始"选项卡的"幻灯片"组中，单击"新建幻灯片"按钮，如下左图所示。

STEP02：显示新建幻灯片效果。经过以上操作后，就完成了默认版式幻灯片的新建，如下中图所示。

> 📎 **知识点拨：使用右键菜单新建默认版式的幻灯片**
>
> 在新建默认版式的幻灯片时，可以在幻灯片任务窗格中右击空白处，在弹出的快捷菜单中单击"新建幻灯片"命令，即可在演示文稿中新建新的幻灯片。

2. 新建不同版式的幻灯片

最终文件：实例文件 \ 第 14 章 \ 最终文件 \ 新建指定版式的幻灯片 . pptx

新建不同版式幻灯片是通过"幻灯片"组中，新建幻灯片下拉按钮，在其展开的版式库中选择相应的版式，即可创建指定版式的幻灯片。

STEP01：新建幻灯片。启动 PowerPoint 2010 应用程序，自动创建一个名称为"演示文稿 1"的演示文稿，在"开始"选项卡的"幻灯片"组中，单击"新建幻灯片"右侧下拉按钮，在展开的下拉列表中选择相应的版式，如下左图所示。

STEP02：显示新建幻灯片效果。经过以上操作后，就完成了指定版式幻灯片的新建，如下右图所示。

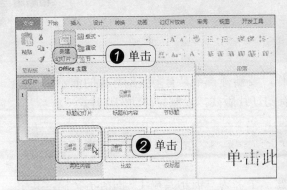

新建的指定版式幻灯片

14.1.2 更改幻灯片版式

原始文件：实例文件 \ 第14章 \ 最终文件 \ 新建指定版式的幻灯片 . pptx
最终文件：实例文件 \ 第14章 \ 最终文件 \ 更改版式的幻灯片 . pptx

更改幻灯片版式是指更改现有幻灯片的版式，只需单击"开始"选项卡中"幻灯片"组中的"版式"按钮，在展开的下拉列表中选择新版式即可。

STEP01：更改幻灯片版式。 打开"实例文件 \ 第14章 \ 最终文件 \ 新建指定版式的幻灯片 . pptx"，选择要更改版式的幻灯片缩略图，单击"幻灯片"组中的"版式"按钮，在展开的下拉列表中单击新的版式，如下左图所示。

STEP02：显示更改幻灯片版式后效果。 经过以上操作后，就完成了幻灯片版式的更改，如下中图所示。

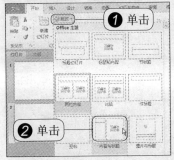
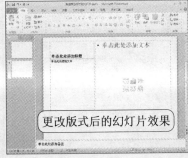

更改版式后的幻灯片效果

> **知识点拨：用右键菜单中更改版式**
>
> 右击需要更改版式的幻灯片缩略图，在快捷菜单中单击"版式"命令，在展开的版式库中选择新版式，即可更改幻灯片的版式。

14.1.3 移动与复制幻灯片

原始文件：实例文件 \ 第14章 \ 原始文件 \ 教师礼仪 . pptx
最终文件：实例文件 \ 第14章 \ 最终文件 \ 移动与复制幻灯片 . pptx

如果需要创建两个或多个内容和布局都类似的幻灯片，则可以通过创建一个具有两个幻灯片所有相同格式和内容的幻灯片，之后通过复制幻灯片来完成，提高工作效率。移动幻灯片是为了让作者能快速地调整幻灯片之间的相对位置关系，让演示文稿更符合作者的表现意图。

STEP01：复制幻灯片。 打开"实例文件 \ 第14章 \ 原始文件 \ 教师礼仪 . pptx"，右击需要复制的幻灯片，在弹出的快捷菜单中单击"复制幻灯片"命令，如下左图所示。

STEP02：显示复制幻灯片后的效果。 经过以上操作后，在当前幻灯片的下方新建了相同内容的幻灯片，如下中图所示。

STEP03：移动幻灯片。在幻灯片任务窗格中，选择需要移动的幻灯片缩略图，按住鼠标左键，将其拖动至目标位置，如下右图所示，释放鼠标即可得到调整顺序后的幻灯片。

复制幻灯片后的效果

拖动

助跑地带——将幻灯片组为逻辑节

原始文件：实例文件\第14章\原始文件\社交礼仪知识.pptx

最终文件：实例文件\第14章\最终文件\将幻灯片组织为逻辑节.pptx

在 PowerPoint 2010 中新建了节功能，可以使用多个节来组织大型幻灯片版面，以简化其管理和导航。此外，通过对幻灯片进行标记并将其分为多个节，可以与他人协作创建演示文稿。下面就来介绍一下新建逻辑节的操作。

❶ 新增节。打开目标演示文稿后，选中需要添加节的幻灯片，在"幻灯片"组中单击"节"按钮，在展开的下拉列表中单击"新增节"选项，如下左图所示。

❷ 重命名节。新建节后，右击新添加的节，在弹出的快捷菜单中单击"重命名节"命令，如下中图所示。

❸ 输入节名称。弹出"重命名节"对话框，在"节名称"文本框中输入节名称文本，如"第一节　社交礼仪常识"，单击"重命名"按钮，如下右图所示。

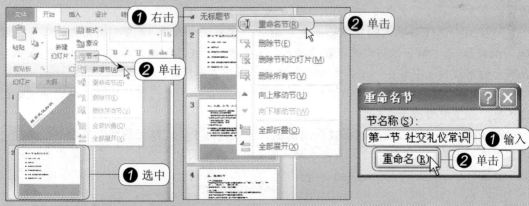

❹ 显示重命名节后效果。经过上述操作，即可将指定节重命名为"第一节　社交礼仪常识"，如下左图所示，单击节标题左侧的折叠节按钮 ⁴，即可将当前节折叠起来。

知识点拨：使用右键菜单新增节

还可以直接右击需要新增节的幻灯片，从快捷菜单中单击"新增节"命令，从而添加新节。

重命名节后的效果

知识点拨:节的移动与删除基本操作

节是一个独立的整体,用户可以根据需要在幻灯片列表中向上或向下移动节,将整个节的内容进行移动,也可以选中整个节,更改节幻灯片的背景样式等格式,则可以更改节中所有幻灯片的整体效果。

当用户不需要节时,可以右键单击要删除的节,然后单击"删除节"命令,将删除节信息,但是它不会将节内幻灯片内容进行删除,还可以使用"删除所有节"命令,一次性删除整个演示文稿的节。

14.2 | 为幻灯片添加内容

一份优秀的演示文稿中不仅有文字,还有很多不同类型的内容加入到演示文稿中,这些内容包括图片、图形、SmartArt 图形、表格、图表、声音和影片等。正因为有了这些内容,才使得演示文稿丰富多彩,不再单调。

14.2.1 在文本框中添加与设置文本

原始文件: 实例文件 \ 第 14 章 \ 原始文件 \ 电话礼仪 . pptx
最终文件: 实例文件 \ 第 14 章 \ 最终文件 \ 在文本框中添加与设置文本 . pptx

在幻灯片中除了可以直接通过标题占位符和正文占位符输入文本外,还可以使用文本框来输入。文本框是一种可移动、可调大小或图形容器。使用文本框可以在一张幻灯片中放置数个文字块或使文字按与幻灯片中其他文字不同的方向排列。

STEP01:选择要插入的文本框类型。 打开"实例文件 \ 第 14 章 \ 原始文件 \ 电话礼仪 . pptx",选中第 3 张幻灯片,在"插入"选项卡的"文本"组中单击"文本框"按钮,在展开的下拉列表中单击"横排文本框"选项,如下左图所示。

STEP02:绘制文本框。 在幻灯片中的适当位置,按住鼠标左键,拖动绘制需要大小的文本框,如下中图所示。

STEP03:打开"设置形状格式"对话框。 释放鼠标左键,即可得到要绘制的文本框,在其中输入需要的文本,然后右击文本框,在弹出的快捷菜单中单击"设置形状格式"命令,如下右图所示。

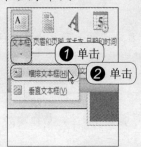

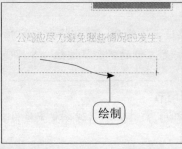

STEP04:设置文本框填充颜色。 在弹出的"设置形状格式"对话框中,单击"填充"选项,单击"纯色填充"单选按钮,然后单击"颜色"按钮,在展开的颜色列表框中选择

需要的颜色图标，如下左图所示。

STEP05：**为文本框添加阴影效果。**单击"阴影"选项，然后单击"预设"按钮，在展开的阴影样式库中选择需要的阴影样式选项，如下中图所示。

STEP06：**查看设置后文本框的效果。**完成文本框的设置后，关闭对话框，返回幻灯片中，可以看到新增加的文本框，设置为需要的样式，如下右图所示。

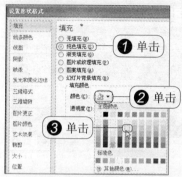
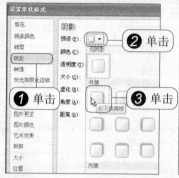
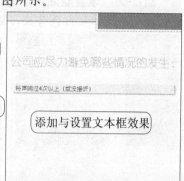

添加与设置文本框效果

知识点拨：更改文本框的形状

如果已经在文本框中添加了横排文本框，但该文本框的形状不符合用户的要求时，可以在"绘图工具——格式"选项卡的"插入形状"组中单击"编辑形状"按钮，在展开的形状样式库中，选择需要的形状样式选项，即可将文本框的外观更改为用户需要的形状。

14.2.2　为幻灯片插入与设置图片

原始文件：实例文件 \ 第14章 \ 原始文件 \ 电话礼仪 . pptx
最终文件：实例文件 \ 第14章 \ 最终文件 \ 为幻灯片插入与设置图片 . pptx

丰富演示文稿最好的方法就是在其中加入图片，这样可以达到直接美化的效果，同时也能让表现的内容更加形象化，更加清晰。为幻灯片插入与设置图片，即是在幻灯片中插入图片，调整图片的大小与位置，以及调整图片的显示模块与外观样式。

STEP01：**打开插入图片对话框。**打开"实例文件 \ 第14章 \ 原始文件 \ 电话礼仪 . pptx"，选中第1张幻灯片，在"插入"选项卡的"图像"组中单击"图片"按钮，如下左图所示。

STEP02：**选择图片文件。**在弹出的"插入图片"对话框，选择需要的图片文件，如下中图所示，单击"插入"按钮。

STEP03：**调整图片的位置。**此时，在幻灯片中插入了图片，选中图片，按住鼠标左键将其拖动至目标位置，如下右图所示。

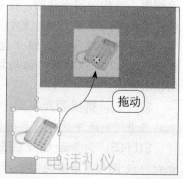

STEP04：拖动调整图片大小。 调整图片位置后，将鼠标指针置于图片上的控制点上，按住鼠标左键拖动，如下左图所示，按比例放大图片。

STEP05：删除背景。 调整图片大小后，选中图片，在"图片工具"选项卡中的"调整"组中单击"删除背景"按钮，如下中图所示。

STEP06：设置删除背景的范围。 执行了删除背景命令后，进入"背景消除"选项卡，且图片的背景以桃红色替换，拖动控点可以调整删除的背景范围，如下右图所示。

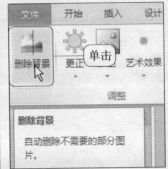

STEP07：保留更改。 设置好图片背景的删除范围后，单击"背景消除"选项卡中"关闭"组内"保留更改"按钮，如下左图所示。

STEP08：显示删除图片背景效果。 经过以上操作后，就完成了图片的插入与设置操作，得到如下右图所示幻灯片效果。

14.2.3 插入与设置自选图形

原始文件：实例文件 \ 第14章 \ 原始文件 \ 蝉的基本知识讲解 . pptx
最终文件：实例文件 \ 第14章 \ 最终文件 \ 使用 SmartArt 图形图片布局表现案例 . pptx
　　在 PowerPoint 2010 中也提供了普通自选图形和 SmartArt 图形，可以很方便地绘制流程图、结构图等示意图。在 PowerPoint 2010 中的 SmartArt 图形新增了一种图片布局，可在这种布局中使用图片来阐述案例。

STEP01：插入 SmartArt 图形。 打开"实例文件 \ 第14章 \ 原始文件 \ 蝉的基本知识讲解 . pptx"，选中第4张幻灯片，在正文占位符中单击"插入 SmartArt 图形"按钮，如下左图所示。

STEP02：选择图片布局。 弹出"选择 SmartArt 图形"对话框，单击"图片"选项，然后在中间列表中选择需要的图片布局样式，如下中图所示，单击"确定"按钮。

STEP03：为 SmartArt 图形添加图片。 此时，在当前幻灯片中插入了指定图片布局的 SmartArt 图形，若要为图形添加图片，请单击其中的图片按钮，如下右图所示。

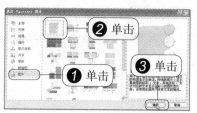

STEP04：选择图片文件。弹出"插入图片"对话框，选择需要的图片文件，如下左图所示，单击"插入"按钮。

STEP05：输入文本。此时在单击的图片框中显示了插入的图片，然后单击"文本"字样文本框，在其中输入文字，如下中图所示。

STEP06：为 SmartArt 图形添加其他图片。用相同的方法为图片框添加相应的图片，并添加说明文本，得到如下右图所示 SmartArt 图形。

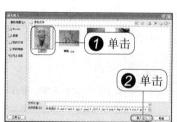

14.2.4　在幻灯片中插入与设置表格

原始文件：实例文件 \ 第 14 章 \ 原始文件 \ 企业文化建设与管理 . pptx
最终文件：实例文件 \ 第 14 章 \ 最终文件 \ 在幻灯片中插入与设置表格 . pptx

如果需要在演示文稿中添加有规律的数据，可以使用表格来完成。PowerPoint 中的表格操作远比 Word 简单得多。在 PowerPoint 中添加表格有 4 种不同的操作方法。可以在 PowerPoint 中创建表格以及设置表格格式，从 Word 中复制和粘贴表格，从 Excel 中复制和粘贴一组单元格，还可以在 PowerPoint 中插入 Excel 表格。具体执行什么操作，完全取决于用户的实际需求和拥有的资源。在此向用户介绍如何在幻灯片中插入与设置表格的具体操作方法。

STEP01：插入表格。打开"实例文件 \ 第 14 章 \ 原始文件 \ 企业文化建设与管理 .pptx"，选中第 6 张幻灯片缩略图，切换至"插入"选项卡下，单击"表格"组中的"表格"按钮，在展开的下拉列表中，拖动选取表格的行数与列数，如下左图所示。

STEP02：输入文本。此时在幻灯片中插入了 5 行、3 列的表格。接着在表格中输入文本内容，只要切换到中文输入法，即可将文字输入到表格中。在进行单元格切换时，可以直接单击下一个单元格，也可按下 Tab 键进行切换。输入完文本的表格，如下中图所示。

STEP03：更改表格的样式。在输入文本内容后，选中表格，在"表格工具－设计"选项卡下，单击"表格样式"组中的快翻按钮，在展开的样式库中选择需要的样式，如下右图所示。

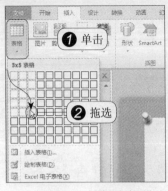

STEP04：使用表格样式选项修饰表格。此时表格应用了选定的表格样式，还可以在"表格样式选项"组中勾选需要的选项来修饰表格，如下左图所示，勾选"第一列"复选框，表格中的第1列以同一深灰色显示。

STEP05：手动调整表格的大小。如果表格的大小不符合用户的要求，只需选中表格，将鼠标指针置于表格的控制点上，按住鼠标左键拖动，如下中图所示，拖至目标大小后，释放鼠标左键即可得到需要大小的表格。

STEP06：手动调整表格的列宽。如果表格的列宽不符合要求，也可以将鼠标指针置于要调整列宽的边框上，待指针呈↔状，按住鼠标左键进行拖动，如下右图所示，拖至目标位置，释放鼠标左键，即可调整列表的列宽。

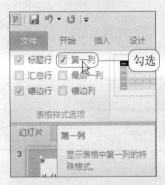
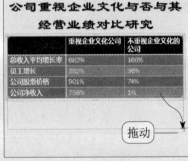

> 📎 **知识点拨**：表格样式选项功能说明如下：
> 标题行复选框：选中该复选框，可突出显示表格的第一行。
> 汇总行复选框：选中该复选框，可突出显示表格的最后一行（即汇总行）。
> 镶边行复选框：选中该复选框，可产生交替带有条纹的行。
> 第一列复选框：选中该复选框，可突出显示表格的第一列。
> 最后一列复选框：选中该复选框，可突出显示表格的最后一列（常用于汇总列）。
> 镶边列复选框：选中该复选框，可产生交替带有条纹的列。

STEP07：显示调整大小及列宽的表格效果。经过以上操作后，表格的内容及大小就基本设置完成，得到如下左图所示的表格效果。

STEP08：设置表格内容垂直居中。若要让表格中的内容垂直居中，可以选中表格，在

"表格工具－布局"选项卡中，单击"对齐方式"组中的"垂直居中"按钮，如下中图所示。

STEP09：设置表格内容水平居中。若要让表格中的内容水平居中，则在"表格工具－布局"选项卡中，单击"对齐方式"组中的"居中"按钮，如下右图所示。

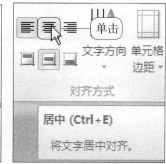

STEP10：显示表格的最终效果。此时表格中的内容就水平和垂直居中，得到如下左图所示的最终效果。

知识点拨：合并与拆分单元格

根据实际需要，有时需要将多个单元格合并为一个单元格，也可能需要将一个单元格拆分为多个单元格。其实它的操作很简单。如合并单元格，只需要选取要合并的多个单元格，切换至"表格工具——布局"选项卡下，单击"合并"组中的"合并单元格"按钮，即可将多个单元格合并为一个单元格，且单元格中的内容将以每个单元格内容为一段进行保留。

知识点拨：精确调整单元格大小

在 PowerPoint 中的表格也可以精确调整单元格大小。选中要调整的单元格，在"表格工具——布局"选项卡中的"单元格大小"组中输入宽度和高度即可。

14.2.5   在幻灯片中插入与设置图表

原始文件：实例文件 \ 第 14 章 \ 原始文件 \ 今日股票涨跌调查结果 . pptx

最终文件：实例文件 \ 第 14 章 \ 最终文件 \ 调查结果分析图 . pptx

与 Excel 创建图表的方式有些不同，在 PowerPoint 中插入图表时，是通过"MicroSoft PowerPoint 中的图表 -Microsoft Excel"工具进行图表的数据输入。如果事先为图表准备好了 Excel 格式的数据表，则也可以打开这个数据表并选择所需的数据区域，这样就可以将已有的数据区域添加到 PowerPoint 图表中。

STEP01：插入图片。打开"实例文件 \ 第 14 章 \ 原始文件 \ 今日股票涨跌调查结果 . pptx"，选中第 3 张幻灯片缩略图，切换至"插入"选项卡下，单击"插图"组中的"图表"按钮，如下左图所示。

STEP02：选择图表类型。弹出"插入图表"对话框，单击"饼图"选项，然后单击"三维饼图"选项，如下中图所示，单击"确定"按钮。

STEP03：打开 Microsoft PowerPoint 中图表。此时打开"Microsoft PowerPoint 中的图表 -Microsoft Excel"窗口，在其中显示了图表的默认值，如下右图所示。

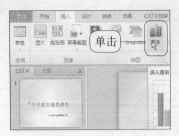 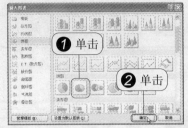 

STEP04：输入数据并调整图表数据区域大小。此时可将第2张幻灯片中的数据复制到图表数据区域中，它以蓝色框线表示图表数据区域大小，在输入数据后，可以向上拖动数据区域蓝色框线的右下角控制点，如下左图所示，缩小图表数据区域的大小。

STEP05：显示缩小数据区域的大小。释放鼠标左键，可以将数据区域中多余的行删除，如下中图所示。

STEP06：显示更改数据后的图表效果。返回幻灯片中，可以看到创建的默认饼图更改为如下右图所示图表。

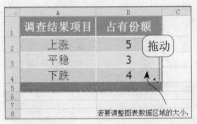 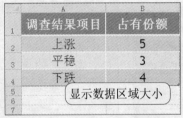 

STEP07：应用图表样式美化图表。选中图表，在"图表工具-设计"选项卡下，单击"图表样式"组中的快翻按钮，在展开的图表样式库中选择需要的样式选项，如下图所示。即可在指定图表上应用指定的预设图表样式。

STEP08：为图表添加数据标签。为了让图表中数据占有份额更清晰，可以为其添加数据标签，选中图表，在"图表工具-布局"选项卡下，单击"标签"组中的"数据标签"按钮，在展开的下拉列表中单击"其他数据标签选项"选项，如下中图所示。

STEP09：设置标签以百分比显示。弹出"设置数据标签格式"对话框，在"标签选项"选项中的"标签包含"选项组中，勾选"百分比"复选框和"显示引导线"复选框，然后在"标签位置"选项组中，单击"数据标签内"单选按钮，如下右图所示，然后关闭该对话框。

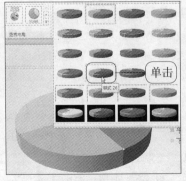  

STEP10：更改图表标题。此时图表中添加了百分比数据标签，单击图表标题文本框，在其中输入图表标题文本，得到如下左图所示的图表效果。

图表最终效果　*调查数据分析

> **知识点拨：使用事先准备好的Excel表格创建图表的方法**
>
> 　如果使用事先准备好的Excel格式的数据表，那么在PowerPoint中创建图表后，可以切换至"图表工具——设计"选项卡下，单击"数据"组中的"选择数据"按钮，打开"选择数据源"对话框，单击其中的折叠按钮，可以在数据表中选择已有数据，轻松创建需要的图表。

14.3 | 为幻灯片添加视频文件

　为了让演示文稿中内容更形象，更具有说明力，可以考虑加入一些视频文件，以提高演示文稿的可观赏性和说明力。在PowerPoint 2010中添加视频文件，可以通过三种渠道来完成：插入电脑中的视频文件、插入来自联机视频网站中的视频以及插入剪贴画视频。在添加视频文件后还可以根据需要调整视频文件的画面效果，如画面大小、画面色彩、画面边框样式等。

14.3.1 插入电脑中的视频文件

　原始文件：实例文件 \ 第14章 \ 原始文件 \ 九寨旅游景点指南.pptx、九寨沟珍珠滩.wmv
　最终文件：实例文件 \ 第14章 \ 最终文件 \ 插入电脑中的视频文件.pptx

　电脑中的视频文件是指用户通过从网上下载、使用摄像机、DV机自己拍摄等途径获得的视频文件，它放置在本地计算机中。PowerPoint 2010支持的视频格式有：视频文件（*.asx、*.wpl、*.wmx）、Windows视频文件（*.avi）、电影文件（*.mpeg、*.mpg）和Windows Media视频文件（*.wmv、*.wvx）等。下面以插入电脑中的视频文件为例介绍在幻灯片中添加视频的方法。

　STEP01：插入文件中的视频。打开"实例文件 \ 第14章 \ 原始文件 \ 九寨旅游景点指南.pptx"，选中第2张幻灯片缩略图，切换至"插入"选项卡下，单击"媒体"组中的"视频"按钮，在展开的下拉列表中单击"文件中的视频"选项，如下左图所示。

　STEP02：选择视频文件。弹出"插入视频文件"对话框，选择需要插入的视频文件，如下中图所示，然后单击"插入"按钮。

　STEP03：显示插入视频文件后效果。返回幻灯片中，可以看到在幻灯片中插入了指定的视频文件，并以视频文件第一帧画面作为视频的初始画面，如下右图所示。

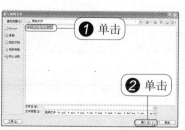

添加视频文件后的幻灯片效果

STEP04：播放视频文件。 若要在幻灯片窗格中，播放视频文件预览其效果。可以选中视频文件，在"视频工具－格式"选项卡的"预览"组中，单击"播放"按钮，如下左图所示。

STEP05：预览视频播放效果。 此时，幻灯片中选中的视频即开始播放，可以在视频播放器上查看播放的进度，如下右图所示。

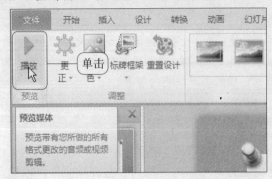 

14.3.2 调整视频文件画面效果

调整视频文件画面是 PowerPoint 2010 新增的功能，在以前的版本中，它是将插入幻灯片中的视频文件作为一个图片对象来设置的，采用图片工具的命令来调整视频文件画面的色彩、大小、图片样式。而在 PowerPoint 2010 中它将其与图片工具单独列出来，作为一个新的功能，可以调整视频文件画面的色彩、标牌框架以及视频样式、形状与边框等。

1. 调整视频文件画面大小

原始文件：实例文件 \ 第14章 \ 最终文件 \ 插入电脑中的视频文件 . pptx

最终文件：实例文件 \ 第14章 \ 最终文件 \ 调整视频文件画面大小 . pptx

在 PowerPoint 2010 中可以使用"大小"组中的"高度"和"宽度"以及"裁剪"按钮对视频文件的画面大小进行调整与裁剪。

STEP01：设置画面大小。 打开"实例文件 \ 第14章 \ 最终文件 \ 插入电脑中的视频文件 . pptx"，选中幻灯片中的视频文件，在"视频工具－格式"选项卡下，单击"大小"组中的对话框启动器按钮，如下左图所示。

STEP02：设置画面大小值。 弹出"设置视频格式"对话框，在"大小"选项中，勾选"锁定纵横比"复选框和"相对于图片原始尺寸"复选框，单击"高度"文本框的数值调节按钮，增大画面大小的高度，如下中图所示，设置完成后关闭该对话框。

STEP03：显示放大画面大小的视频效果。 返回幻灯片中，可以看到视频文件的画面大小按纵横比增大了，如下右图所示。

STEP04：裁剪画面。选中视频文件，在"视频工具－格式"选项卡下，单击"大小"组中的"裁剪"按钮，如下左图所示。

STEP05：调整剪裁控制点进行裁剪。此时以黑色框线包围画面，拖动黑色控制点裁除不需要部分的画面，它以灰色显示裁除的部分画面，如下中图所示。

STEP06：显示裁剪后视频文件画面效果。完成画面裁剪后，单击视频文件外的任意位置，即可确认画面的裁剪，得到如下右图所示视频画面。

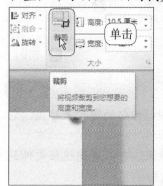  

2. 调整视频文件画面色彩

原始文件：实例文件 \ 第 14 章 \ 最终文件 \ 插入电脑中的视频文件 . pptx
最终文件：实例文件 \ 第 14 章 \ 最终文件 \ 设置视频文件画面色彩 . pptx

调整视频文件画面色彩是通过"视频工具——格式"选项卡下"调整"组中的命令来更改视频文件画面的亮度和对比度、颜色、标牌框架等属性。

STEP01：更改视频的亮度和对比度。打开"实例文件 \ 第 14 章 \ 最终文件 \ 插入电脑中的视频文件.pptx"，选中幻灯片中的视频文件，在"视频工具－格式"选项卡下，单击"调整"组中的"更改"按钮，在展开的下拉列表中选择需要亮度与对比度选项，如下左图所示。

STEP02：显示更改亮度和对比度效果。此时选中的视频画面就应用了指定的亮度和对比度，得到如下中图所示的视频画面。

STEP03：更改画面的颜色。如果想将视频做成回忆录（一般以灰度图像表示回忆）形式，可以选中视频文件，在"调整"组中单击"颜色"按钮，在展开的下拉列表中单击"灰度"选项，如下右图所示。

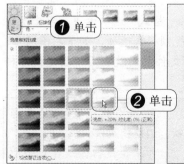  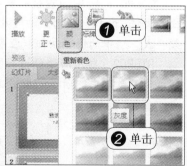

STEP04：显示更改颜色后效果。此时选中的视频文件即应用灰度颜色模式，如下左图所示。

STEP05：更改视频文件的标牌框架。选中视频文件，单击"调整"组中的"标牌框架"按钮，在展开的下拉列表中单击"文件中的图像"选项，如下中图所示。

STEP06: 选择作为框架图像的图片文件。弹出"插入图片"对话框,选择需要的图片文件,如下右图所示,单击"插入"按钮。

STEP07: 显示更改标牌框架后效果。此时视频文件的标牌即以指定的图片来替换,它将不是默认的视频文件第一帧图像,得到如下左图所示效果。

STEP08: 查看视频文件的播放效果。单击视频文件的播放效果。可以看到视频文件的整个播放过程中,图像都以灰度图像显示,得到如下图所示的效果。

> **知识点拨:快速消除视频文件画面的设置**
>
> 如果对自定义设置的视频文件画面大小、色彩等不满意时,可以直接单击"调整"组中的"重置设计"按钮,还原至默认视频画面效果。

3. 设置视频画面样式

原始文件: 实例文件 \ 第14章 \ 最终文件 \ 插入电脑中的视频文件 . pptx

最终文件: 实例文件 \ 第14章 \ 最终文件 \ 设置视频画面样式 . pptx

设置视频画面样式,是指对视频画面的形状、边框、阴影、柔化边缘等效果设置,设置视频画面样式与设置图片样式的方法相同,可以直接应用预设的视频样式,也可自定义形状等样式。

STEP01: 应用内置视频样式。打开"实例文件 \ 第14章 \ 最终文件 \ 插入电脑中的视频文件 .pptx",选中幻灯片中的视频文件,在"视频工具-格式"选项卡下,单击"视频样式"组中的快翻按钮,在展开的下拉列表中选择需要的视频样式选项,如下左图所示。

STEP02: 显示应用预设视频样式效果。此时选中的视频文件画面就应用了指定视频样式,得到如下中图所示的视频画面。

> **知识点拨:设置视频形状、边框和效果**
>
> 如果预设的视频样式不能满足你的要求,可以在"视频样式"组中单击"视频形状"、"视频边框"或"视频效果"按钮设置相应的视频画面样式。

14.3.3 控制视频文件的播放

在幻灯片中添加视频是为了更好、更真切地阐述某个对象。因此视频添加到幻灯片中后，需要播放视频文件。在PowerPoint 2010中新增了视频文件的剪辑、书签功能，能在直接剪裁多余的部分及设置视频播放的起始点。

1. 剪辑视频

原始文件：实例文件 \ 第14章 \ 最终文件 \ 插入电脑中的视频文件.pptx

最终文件：实例文件 \ 第14章 \ 最终文件 \ 剪辑视频.pptx

剪辑视频是通过指定开始时间和结束时间来剪裁视频剪辑。能有效地删除与演示文稿内容无关的部分，使视频更加简洁。

STEP01：**剪裁视频**。打开"实例文件 \ 第14章 \ 最终文件 \ 插入电脑中的视频文件.pptx"，选中幻灯片中的视频文件，在"视频工具－播放"选项卡下，单击"编辑"组中的"剪裁视频"按钮，如下左图所示。

STEP02：**裁剪视频开始部分**。弹出"剪裁视频"对话框，可以在该对话框中裁剪视频的开始与结束多余部分，向右拖动左侧绿色滑块，如下中图所示，可以设置视频播放时从指定时间处开始播放。

STEP03：**裁剪视频结束部分**。向左拖动左侧红色滑块，如下右图所示，可以设置视频播放时在指定时间点结束播放。

STEP04：**播放剪裁视频后的效果**。返回幻灯片中，选中视频文件，单击"播放"按钮，进行视频播放，可以看到视频从指定的时间处开始播放，当播放到指定的结束时间时停止播放，如下左图所示。

知识点拨：为视频剪辑添加书签

书签，顾名思义是标识用户播放到的位置。在视频剪辑中添加书签可以快速切换至需要位置。要为剪辑添加书签，首先选中要添加书签的帧，在"视频工具——播放"选项卡下，单击"书签"组中的"添加书签"按钮即可。在播放时，可按下Alt+HOME或Alt+End组合键进行跳转。

2. 设置视频文件淡入、淡出时间

原始文件：实例文件 \ 第 14 章 \ 最终文件 \ 插入电脑中的视频文件 . pptx

最终文件：实例文件 \ 第 14 章 \ 最终文件 \ 设置视频文件的淡入、淡出时间 . pptx

视频文件淡入、淡出时间是指在视频剪辑开始和结束的几秒内使用淡入、淡出效果。为视频文件添加淡入、淡出时间能让视频与幻灯片切换更完美地结合。

STEP01：设置淡入时间。 打开"实例文件 \ 第 14 章 \ 最终文件 \ 插入电脑中的视频文件 . pptx"，选中幻灯片中的视频文件，在"视频工具－播放"选项卡下的"编辑"组中的"淡入"文本框中输入"00.03"，如下左图所示，按下 Enter 键。

STEP02：设置淡出时间。 在"编辑"组中"淡出"文本框中输入"00.04"，如下右图所示，即可将视频文件的淡化持续时间设置为指定的时间，让视频与幻灯片更好地融合。

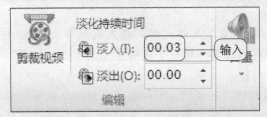 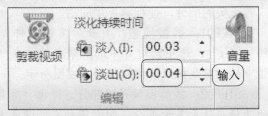

3. 设置放映幻灯片时视频开始播放的方式

原始文件：实例文件 \ 第 14 章 \ 最终文件 \ 插入电脑中的视频文件 . pptx

最终文件：实例文件 \ 第 14 章 \ 最终文件 \ 设置视频开始放映的方式 . pptx

视频文件的播放的开始方式有两种，一种是"单击时"开始播放，另一种是"自动"开始播放方式，即是在切换至视频文件所在幻灯片时，自动播放视频文件。

STEP01：设置开始方式。 打开"实例文件 \ 第 14 章 \ 最终文件 \ 插入电脑中的视频文件 . pptx"，选中幻灯片中的视频文件，在"视频工具－播放"选项卡下的"视频选项"组中的"开始"右侧下拉按钮，在展开的下拉列表中单击"自动"选项，如下左图所示。

STEP02：设置全屏播放。 在"视频选项"组中勾选"全屏播放"复选框，如下右图所示，可以设置视频文件设置在播放时全屏播放。

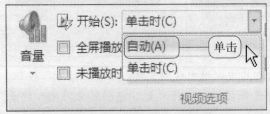 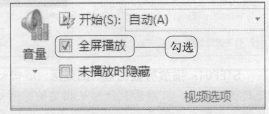

STEP03：调整音量。 在"视频选项"组中单击"音量"按钮，在展开的下拉列表中单击"中"选项，如下左图所示。

STEP04：设置播放结束时间。 在"视频选项"组中勾选"循环播放，直到停止"复选框和"播完返回开头"复选框，如下右图所示。即完成了视频文件的播放方式。

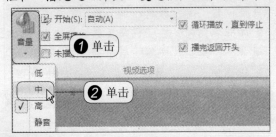 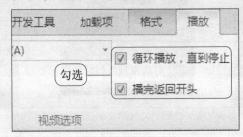

14.4 为幻灯片添加音频文件

为幻灯片添加音频文件，能够达到强调或实现某种特殊效果的目的。为了防止可能出现的链接问题，向演示文稿添加音频文件之前，最好先将音频文件复制到演示文稿所在的文件夹。为幻灯片添加音频文件有三种渠道，分别是：插入文件中的音频、插入剪贴画音频和录音音频。

14.4.1 为幻灯片插入剪贴画中的音频文件

原始文件：实例文件 \ 第 14 章 \ 原始文件 \ 社交礼仪知识 . pptx
最终文件：实例文件 \ 第 14 章 \ 最终文件 \ 为幻灯片插入剪贴画中的音频文件 . pptx

通过插入义件中音频的方法与为幻灯片添加电脑中的视频文件方法相同，需要用户首先提供要添加的音频文件。如果在制作演示文稿时，手头上没有合适的音频文件，可以直接在剪辑库中查看有没有合适的音频文件。

STEP01：**插入剪贴画音频**。打开"实例文件 \ 第 14 章 \ 原始文件 \ 社交礼仪知识 .pptx"，选中标题幻灯片，在"插入"选项卡下，单击"媒体"组中的"音频"按钮，在展开的下拉列表中单击"剪贴画音频"选项，如下左图所示。

STEP02：**插入音频剪辑文件**。弹出"剪贴画"任务窗格，在"剪辑"列表框中，单击需要插入剪辑文件右侧的下三角按钮，在展开的下拉列表中单击"插入"选项，如下中图所示。

STEP03：**显示插入的剪贴画音频文件效果**。此时在演示文稿中插入了音频文件，并在标题幻灯片中插入了一个声音图标及播放控制条，如下右图所示。

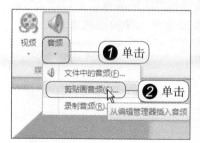 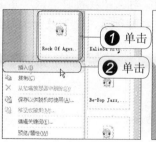 

14.4.2 更改音频文件的图标样式

原始文件：实例文件 \ 第 14 章 \ 最终文件 \ 为幻灯片插入剪贴画中的音频文件 . pptx
最终文件：实例文件 \ 第 14 章 \ 最终文件 \ 更改音频文件的图标样式 . pptx

在幻灯片中添加音频文件后，会在幻灯片中添加一个默认的声音图标。用户可以根据实际需要更改音频文件的图标，让音频文件图标与幻灯片内容结合得更加完美。

STEP01：**更改音频文件图标**。打开"实例文件 \ 第 14 章 \ 最终文件 \ 为幻灯片插入剪贴画中的音频文件 .pptx"，右击标题幻灯片中的声音图标，在弹出的快捷菜单中单击"更改图片"命令，如下左图所示。

STEP02：**选择图片文件**。弹出"插入图片"对话框，选择需要的图片文件，如下中图所示，单击"插入"按钮。

STEP03：显示更改音频图标样式的效果。此时选中的声音图标即更改为指定图片样式，如下右图所示。

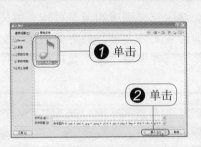

更改声音图标效果

14.4.3 设置音频选项

原始文件：实例文件 \ 第 14 章 \ 最终文件 \ 更改音频文件的图标样式 . pptx
最终文件：实例文件 \ 第 14 章 \ 最终文件 \ 设置音频选项 . pptx

在完成音频文件的添加后，同样可以设置音频文件的播放方式、音量等，其操作方法与设置视频文件的播放方式相同。设置音频选项可以控制音频文件开始播放的方式、播放时是否隐藏图片，播放的音量以及音频文件播放的时间。

STEP01：设置开始播放方式。打开"实例文件 \ 第 14 章 \ 最终文件 \ 更改音频文件的图标样式 . pptx"，选中声音图标，在"声音工具－播放"选项卡下，单击"音频选项"组中的"开始"下拉列表右侧下三角按钮，在展开的下拉列表中单击"跨幻灯片播放"选项，如下左图所示。

STEP02：更改音频其余选项。勾选"放映时隐藏"复选框、"循环播放，直到停止"和"播完返回开头"复选框，如下右图所示，设置放映幻灯片时音频文件的播放方式。

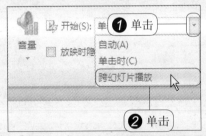
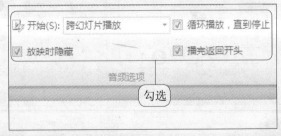

STEP03：更改音频文件的播放音量。在"音频选项"组中单击"音量"按钮，在展开的下拉列表中单击"中"选项，如下左图所示，设置音频文件播放时的音量为中等。

STEP04：播放幻灯片显示音频文件的放映效果。按下 Shift+F5 组合键，从当前幻灯片处开始放映，可以看到在放映音频文件时，声音图标被隐藏了，如下右图所示。

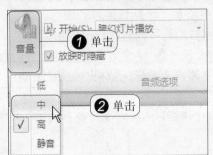

放映幻灯片时声音效果

⊙**助跑地带**——自己录制音频文件

原始文件：实例文件 \ 第 14 章 \ 原始文件 \ 社交礼仪知识 .pptx
最终文件：实例文件 \ 第 14 章 \ 最终文件 \ 自己录制音频文件 .pptx

在幻灯片中除了可以插入计算机中已存在的音频文件外，还可以自己录制音频文件，方便用户为幻灯片添加对应的旁白，增加演示文稿的可移植性，避免演讲者不在时，观众无法理解幻灯片中的信息。

❶ **插入录制音频。** 打开"实例文件 \ 第 14 章 \ 原始文件 \ 社交礼仪知识 .pptx"，选中标题幻灯片，在"插入"选项卡的"媒体"组中，单击"音频"按钮，在展开的下拉列表中单击"录制音频"选项，如下左图所示。

❷ **开始录制。** 弹出"录音"对话框，在"名称"文本框中输入需要名称，然后单击录制按钮 ⬤，如下中图所示，即可开始录制声音，在"声音总长度"处累计声音文件的长度。

❸ **停止录制。** 若要停止录音，请单击"停止"按钮 ◼，如下右图所示。

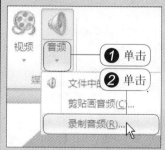

❹ **播放录制的声音。** 若要预览录制的音频效果，请单击"播放"按钮 ▶，如下左图所示。

❺ **保存录音文件。** 完成声音的录制后，单击"确定"按钮，如下中图所示。

❻ **显示录制的音频文件。** 此时，在幻灯片中添加了声音图标，表示录制的音频已添加，如下右图所示。

录制声音后的幻灯片效果

14.5 | 为幻灯片插入超链接

在幻灯片中还可以使用超链接和动作按钮为对象添加一些交互动作。所谓交互，其实就是指单击演示文稿中的某个对象可以引发的内容。为幻灯片插入超链接可以增强交互能力。

14.5.1 插入切换幻灯片的超链接

原始文件：实例文件 \ 第 14 章 \ 原始文件 \ 社交礼仪知识 .pptx

最终文件：实例文件 \ 第 14 章 \ 最终文件 \ 插入切换幻灯片的超链接 . pptx

插入切换幻灯片的超链接就是要实现单击幻灯片中指定对象时，切换至某张特定的幻灯片中，可以使用超链接命令来实现。

STEP01：插入超链接。打开"实例文件 \ 第 14 章 \ 原始文件 \ 社交礼仪知识 .pptx"，选中第 2 张幻灯片缩略图，选取需要添加超链接的文件，单击"插入"选项卡的"链接"组中的"超链接"按钮，如下左图所示。

STEP02：设置链接到位置。弹出"插入超链接"对话框，在"链接到"列表中单击"本文档中的位置"选项，在"请选择文档的位置"列表框中单击目标幻灯片，如下中图所示，单击"确定"按钮。

STEP03：显示插入超链接后的效果。此时选中的文本添加了超链接，在文本下添加了下划线，如下右图所示。

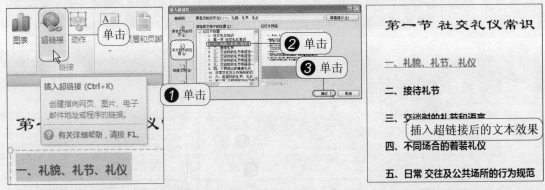

STEP04：预览超链接效果。按下 Shift+F5 组合键，从当前幻灯片开始放映，将鼠标指针置于添加超链接的文本上，指针呈手形并单击，如下左图所示。

STEP05：显示跳转到的目标幻灯片。幻灯片放映自动跳转到文本链接的目标幻灯片，如下右图所示。

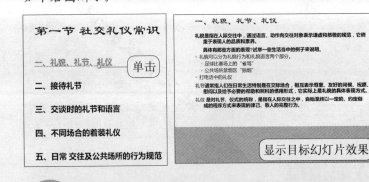

知识点拨：删除超链接

如果不再需要超链接，可以打开"编辑超链接"对话框，单击"删除链接"按钮，即可将对象上的超链接删除。

14.5.2　插入链接到新建文档的超链接

原始文件：实例文件 \ 第 14 章 \ 原始文件 \ 社交礼仪知识 . pptx

最终文件：实例文件 \ 第 14 章 \ 最终文件 \ 插入链接到新建文档的超链接 . pptx

在设置幻灯片链接时，可以将链接设置为链接到一个新建的文档中，这个文档可以是 Office 类型的办公文档（Word、Excel 和 PowerPoint 等），也可以是网页文件、文本文件或一些图片格式的文件。它的操作方法与插入切换幻灯片的超链接方法相同。

STEP01：插入超链接。打开"实例文件 \ 第 14 章 \ 原始文件 \ 社交礼仪知识 .pptx"，选中第 2 张幻灯片缩略图，选取需要添加超链接的文件，单击"插入"选项卡的"链接"组中的"超链接"按钮，如下左图所示。

STEP02：设置链接到目标位置。弹出"插入超链接"对话框，在"链接到"列表框中，单击"新建文档"选项，然后在"新建文档名称"文本框中输入名称，单击"开始编辑新文档"单选按钮，如下中图所示，单击"确定"按钮。

STEP03：显示新建的文档。此时自动新建一个名为"礼貌、礼节、礼仪"的演示文稿，如下右图所示，即可打开编辑新文档并为原文档中选取的对象应用超链接样式，表示添加了超链接。

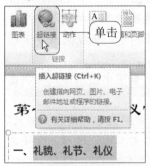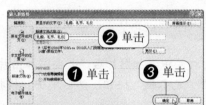

同步实践：制作"时装发布方案"演示文稿

最终文件：实例文件 \ 第 14 章 \ 最终文件 \ 制作"时装发布方案"演示文稿 .pptx

本章对演示文稿中的幻灯片的基础操作，如新建幻灯片、为幻灯片添加内容、为幻灯片添加视频与音频文件等进行了介绍。通过本章的学习后，就可以制作内容丰富，色彩明丽的演示文稿，吸引听众的视线与听觉。下面结合本章所述知识点，来制作一个关于时装发布方案的演示文稿。

STEP01：创建标题幻灯片。启动 PowerPoint 2010，在标题幻灯片中，单击标题占位符，如下左图所示，即可输入标题文本。

STEP02：新建幻灯片。完成标题幻灯片的创建后，右击幻灯片任务窗格中的空白处，在弹出的快捷菜单中单击"新建幻灯片"命令，如下中图所示。

STEP03：输入文本。在新建的幻灯片中，单击标题占位符或正文占位符，即可在其中输入需要的文本，如下右图所示。

STEP04：插入图片。接着为演示文稿添加服装展示图片与搭配说明。新建幻灯片，在正文占位符中，单击"插入来自文件的图片"按钮，如下左图所示。

STEP05：选择图片。弹出"插入图片"对话框，选择需要的图片文件，如下中图所示，单击"插入"按钮。

STEP06：查看插入的图片效果。此时在幻灯片中插入了如下右图所示的图片。

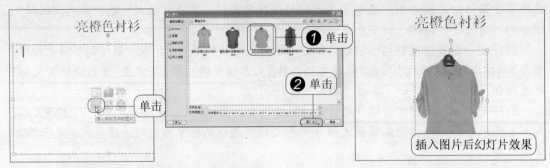

插入图片后幻灯片效果

STEP07：删除图片背景。选中图片，在"图片工具-格式"选项卡下"调整"组中，单击"删除背景"按钮，然后调整图片的删除背景范围，如下左图所示，调整完成单击图片外任意位置即可。

STEP08：移动图片位置。选中图片，按住鼠标左键向左拖动，如下中图所示，可将图片移至目标位置。

STEP09：插入文本框。在幻灯片中添加图片后，若要添加图片说明文字，请在"插入"选项卡下的"文本"组中，单击"文本框"按钮，然后单击"横排文本框"选项，如下右图所示。

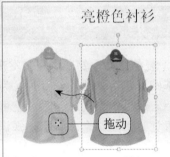
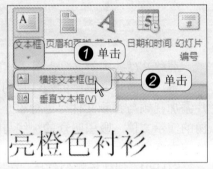

STEP10：添加文本。然后在幻灯片中绘制文本框，在其中输入需要的文本，如下左图所示。

STEP11：设置文本字体格式。选取文本，在"开始"选项卡的"字体"组中，设置字体为"幼圆"、字号为"28"磅并添加文本阴影，如下右图所示。

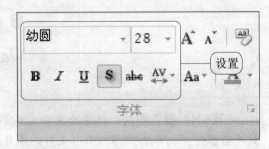

STEP12：调整文本的行距。接着在"段落"组中单击"行距"按钮，在展开的下拉列表中单击"1.5"选项，如下左图所示。

STEP13：显示调整字体格式后效果。此时，文本框中的字体，则更改为如下右图所示的效果。

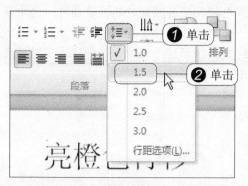

亮橙色衬衫

如此高亮度、高饱和度的衬衫绝对抢眼，而且能让你看起来气色更好。袖口的蝴蝶结装饰是唯一的装饰，简单却能烘托出

调整字体格式后效果

STEP14：插入媒体剪辑。用相同的方法，创建其他服装及相关说明信息幻灯片，然后新建幻灯片，单击正文占位符中的"插入媒体剪辑"按钮，如下左图所示。

STEP15：选择视频文件。弹出"插入视频文件"对话框，选择需要的视频文件，如下中图所示，单击"插入"按钮。

STEP16：裁剪视频画面大小。此时在幻灯片中添加了视频文件，选中视频文件，在"视频工具－格式"选项卡下，单击"大小"组中的"裁剪"按钮，拖动裁剪视频画面中无关的部分，如下右图所示。

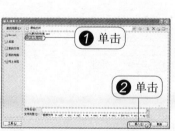

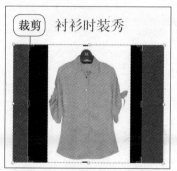

STEP17：应用视频画面样式。选择视频文件，在"视频工具－格式"选项卡下，单击"视频样式"组中的快翻按钮，在展开的样式库中，选择需要的样式，如下左图所示。

STEP18：查看应用预设样式的效果。此时视频画面应用了指定的样式，如下中图所示。

STEP19：添加背景音乐。选中标题幻灯片，在"插入"选项卡的"媒体"组中，单击"音频"按钮，在展开的下拉列表中单击"文件中的音频"选项，如下右图所示。

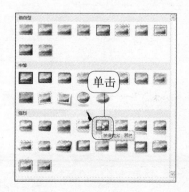

应用视频画面样式

STEP20：**选择背景音乐。**弹出"插入音频"对话框，选择需要的背景音乐文件，如下左图所示，单击"插入"按钮。

STEP21：**移动声音图标信息。**此时在幻灯片中插入了音频文件的声音图标，选中声音图标，将其拖至目标位置即可，如下中图所示。

STEP22：**显示时装发布方案演示文稿的最终效果。**经过上述操作，即完成了时装发布方案演示文稿的制作，得到如下右图所示最终演示文稿。

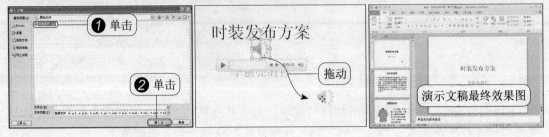

Chapter 15

使用母版统一演示文稿风格

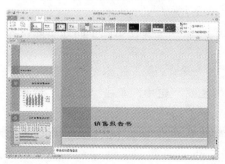

幻灯片母版是幻灯片层次结构中的顶层幻灯片，用于存储有关演示文稿的主题和幻灯片版式的信息，包括背景、颜色、字体、效果、占位符大小和位置。每个演示文稿至少包含一个幻灯片母版。修改和使用幻灯片母版的主要优点是可以对演示文稿中的每张幻灯片（包括以后添加到演示文稿中的幻灯片）进行统一的样式更改。使用幻灯片母版时，由于无需在多张幻灯片上键入相同的信息，因此节省了时间。本章将介绍如何使用幻灯片母版统一演示文稿的风格。

15.1 进入幻灯片母版

原始文件: 实例文件 \ 第 15 章 \ 原始文件 \ 黄山旅游胜地 醉温泉 . pptx

最终文件: 实例文件 \ 第 15 章 \ 最终文件 \ 进入幻灯片母版 . pptx

要使用幻灯片母版统一演示文稿风格，首先需要进行幻灯片母版视图。

STEP01: 进入幻灯片母版视图。 打开"实例文件 \ 第 15 章 \ 原始文件 \ 黄山旅游胜地 醉温泉 . pptx"，切换至"视图"选项卡下，在"母版"视图组中单击"幻灯片母版"按钮，如下左图所示。

STEP02: 显示进入母版视图效果。 此时进入幻灯片母版视图中，可以看到自带的一个幻灯片母版中包括了 11 个版式，如下右图所示。

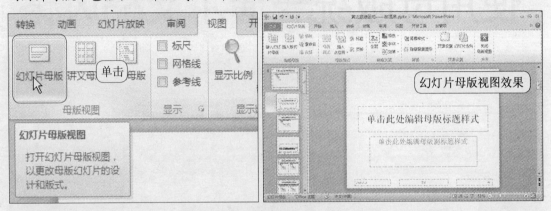

15.2 设置演示文稿的主题

　　所谓主题就是指将一组设置好的颜色、字体和图形外观效果整合到一起，即一个主题中结合了这 3 个部分的设置结果。如果希望版式有不同于整个母版的颜色和字体等外观，可以设置某个版式的主题。设置演示文稿的主题有两种渠道：直接选择要使用的预设主题样式，更改现有主题的颜色、字体或效果从而得到新的主题样式。

15.2.1 选择要使用的主题样式

原始文件: 实例文件 \ 第 15 章 \ 最终文件 \ 进入幻灯片母版 . pptx

最终文件: 实例文件 \ 第 15 章 \ 最终文件 \ 使用预设主题样式 . pptx

PowerPoint 2010 中预置了 44 种主题，用户可以直接从中选择使用。下面介绍如何为演示文稿设置主题。

　　STEP01: 选择要使用的主题样式。 打开"实例文件 \ 第 15 章 \ 最终文件 \ 进入幻灯片母版 . pptx"，在"幻灯片母版"选项卡中的"编辑主题"组中，单击"主题"按钮，在展开的下拉列表中单击"波形"选项，如下左图所示。

　　STEP02: 显示应用预设主题效果。 此时幻灯片母版中的所有幻灯片版式均应用选定的主题样式，如下中图所示。

知识点拨：为单个版式应用主题样式

　　选取需要更改主题样式的版式，单击"主题"按钮，在展开的主题样式库中，右击需要主题样式选项，然后单击"应用于所选幻灯片母版"命令即可。

15.2.2 更改主题颜色

　　原始文件：实例文件 \ 第 15 章 \ 最终文件 \ 使用预设主题样式 .pptx
　　最终文件：实例文件 \ 第 15 章 \ 最终文件 \ 更改主题颜色 .pptx

　　修改主题颜色对演示文稿的更改效果最为显著，通过一个单击操作，即可将演示文稿的色调从随意更改为正式或进行相反的更改。若要更改现有主题颜色，只需要单击"编辑主题"组中的"颜色"按钮，在展开的列表中选择需要的主题颜色即可。

　　STEP01：更改主题颜色。打开"实例文件 \ 第 15 章 \ 最终文件 \ 使用预设主题样式 .pptx"，在"幻灯片母版"选项卡中的"编辑主题"组中，单击"颜色"按钮，在展开的下拉列表中单击"流畅"选项，如下左图所示。

　　STEP02：显示更改主题颜色效果。此时幻灯片母版中的所有幻灯片版式根据指定的颜色进行了更改，得到如下右图所示。

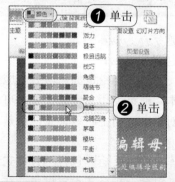 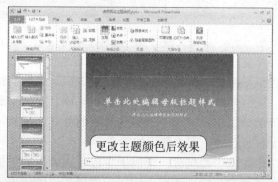

知识点拨：自定义主题颜色

　　如果"主题颜色"列表中没有合适的主题颜色，可以单击"新建主题颜色"命令，打开"新建主题颜色"对话框，在"主题颜色"选项组中可以自定义设置"文字/背景－深色1"、"文字/背景－浅色1"、"文字/背景－深色2"、"文字/背景－浅色2"、"强调文字颜色1"、"强调文字颜色2"、"强调文字颜色3"、"强调文字颜色4"、"强调文字颜色5"、"强调文字颜色6""超链接"和"已访问的超链接"的颜色，输入主题颜色名称，单击"保存"按钮即完成主题颜色的新建。

15.2.3 更改主题字体

原始文件: 实例文件 \ 第 15 章 \ 最终文件 \ 更改主题颜色.pptx
最终文件: 实例文件 \ 第 15 章 \ 最终文件 \ 更改主题字体.pptx

专业的文档设计师知道，对整个文档使用一种字体始终是一种美观且安全的设计选择。当需要营造对比效果时，小心地使用两种字体将是更好的选择。每个 Office 主题均定义了两种字体，一种用于标题，另一种用于正文文本。二者可以是相同的字体，也可以是不同的字体。PowerPoint 使用这些字体构造自动文本样式。此外，用于文本和艺术字的快速样式库也会使用这些相同的主题字体。更改主题字体将对演示文稿中的所有标题和项目符号文本进行更新。

STEP01: 更改主题字体。打开"实例文件 \ 第15章 \ 最终文件 \ 更改主题颜色.pptx"，在"幻灯片母版"选项卡中的"编辑主题"组中，单击"字体"按钮，在展开的下拉列表中单击"活力"选项，如下左图所示。

STEP02: 显示更改主题字体后的效果。此时幻灯片母版中的所有幻灯片版式都应用了指定的主题字体样式，如下右图所示。

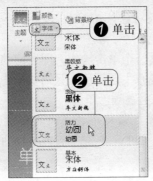
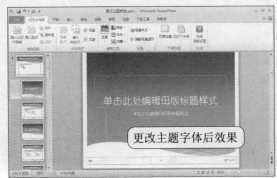

15.2.4 更改主题效果

原始文件: 实例文件 \ 第 15 章 \ 最终文件 \ 更改主题字体.pptx
最终文件: 实例文件 \ 第 15 章 \ 最终文件 \ 更改主题效果.pptx

主题效果是指应用于文件中元素的视频属性的集合。主题效果指定如何将效果应用于图表、SmartArt 图形、形状、图片、表格、艺术字和文本。通过使用主题效果库，可以替换不同的效果集以快速更改这些对象的外观。虽然不能创建自己的主题效果集，但是可以选择要在自己的主题中使用的效果。

每个主题中都包含一个用于生成主题效果的效果矩阵。此效果矩阵包含三种样式级别的线条、填充和特殊效果，如阴影效果和三维效果。通过组合三种格式设置度量（线条、填充和效果），可以生成与同一主题效果完全匹配的视频效果。

STEP01: 更改主题字体。打开"实例文件 \ 第15章 \ 最终文件 \ 更改主题字体.pptx"，在"幻灯片母版"选项卡中的"编辑主题"组中，单击"效果"按钮，在展开的下拉列表中单击"精装书"选项，如下左图所示。

STEP02: 显示更改主题效果后效果。完成主题效果后，可以选中占位符，切换至"绘图工具－格式"选项卡下，单击"形状样式"组中的快翻按钮，在展开的形状样式库中，看到该形状样式库中的样式效果进行了更改，如下右图所示。

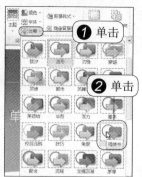
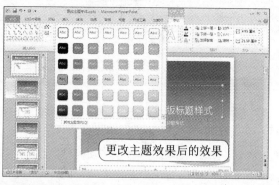

更改主题效果后的效果

15.3 ｜ 更改幻灯片内容

除了更改幻灯片母版的主题样式外，还可以更改幻灯片母版的内容，包含幻灯片的文本、图片等对象在幻灯片中的位置及大小、文本的字体格式、幻灯片的背景等内容。

15.3.1　更改幻灯片的文本格式

原始文件：实例文件 \ 第15章 \ 最终文件 \ 更改主题效果.pptx
最终文件：实例文件 \ 第15章 \ 最终文件 \ 更改幻灯片的文本格式.pptx

更改幻灯片的标题格式即是设置从幻灯片母版中更改标题占位符中文本的字体格式，如字体、字号、字形及字体颜色以及正文占位符中文本的项目符号等。

STEP01：更改字体。 打开"实例文件 \ 第15章 \ 最终文件 \ 更改主题效果.pptx"，选中幻灯片母版窗格中的第1张幻灯片版式缩略图，选取标题占位符，切换至"开始"选项卡下，单击"字体"组中的"字体"下拉列表右侧按钮，在展开的下拉列表中单击"华文细黑"选项，如下左图所示。

STEP02：更改字号。 接着单击"字体"组中的"字号"下拉列表右侧按钮，在展开的下拉列表中单击"48"选项，如下中图所示。

STEP03：加粗标题并添加文本阴影。 在"字体"组中单击"加粗"按钮和"文本阴影"按钮，如下右图所示，即可将标题占位符的字体设置为需要的文本格式。

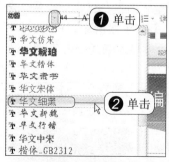
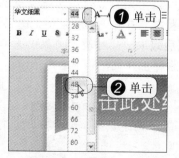

STEP04：更改项目符号。 将光标插入点置于正文占位符中的首行文本的前面，在"段落"组中，单击"项目符号"右侧按钮，在展开的下拉列表中单击需要的项目符号选项，如下左图所示。

STEP05：更改其他级别的项目符号。 用相同的方法，将第二级文本的项目符号更改为实心圆点，将第三级文本的项目符号更改为空心正方形，将第四级文本的项目符号更改为实心菱形，将第五级文本的项目符号更改为"勾"符号，如下右图所示。

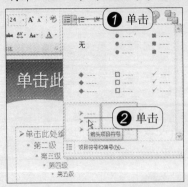

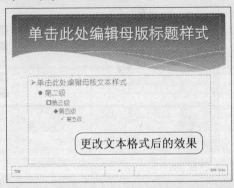

15.3.2 设置幻灯片背景

在 PowerPoint 2010 中也可以为演示文稿中的幻灯片添加背景或水印，使演示文稿独具特色或者明确标识演示主办方。为幻灯片设置背景的方法与 Word 文档中设置文档的页面背景相同。唯一不同之处在于，PowerPoint 中为幻灯片设置背景可以为单个幻灯片或所有幻灯片设置。

1. 为当前幻灯片版式应用预设背景

原始文件：实例文件 \ 第 15 章 \ 最终文件 \ 更改幻灯片的文本格式 .pptx
最终文件：实例文件 \ 第 15 章 \ 最终文件 \ 为当前幻灯片应用预设背景 .pptx

背景样式是 PowerPoint 独有的样式，它们使用新的主题颜色模式，新的模型定义了将用于文本和背景的两种深色和两种浅色。浅色总是在深色上清晰可见，而深色也总是在浅色上清晰可见。背景样式中提供了六种强调文字颜色，它们在四种可能出现的背景色中的任意一种背景上均可清晰可见。

如果希望指定版式有不同于整个母版的背景样式，可以为某个指定的版式添加根据所选主题相应的背景样式。具体为当前幻灯片版式应用预设背景样式的操作如下。

STEP01： 选取要应用指定背景样式的版式幻灯片。打开"实例文件 \ 第 15 章 \ 最终文件 \ 更改幻灯片的文本格式 .pptx"，在幻灯片版式窗格中，单击选取要应用背景样式的版式幻灯片，如选中标题版式幻灯片，如下左图所示。

STEP02： 应用预设背景样式。在"幻灯片母版"选项卡下的"背景"组中，单击"背景样式"按钮，在展开的下拉列表中单击需要的背景样式选项，如下中图所示。

STEP03： 显示应用背景样式后效果。此时演示文稿中选中的幻灯片版式应用了指定的背景样式，其余幻灯片版式保留原背景样式，如下右图所示。

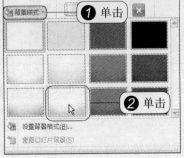

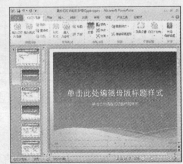

2. 为所有幻灯片应用同一背景

原始文件：实例文件 \ 第 15 章 \ 最终文件 \ 更改幻灯片的文本格式 .pptx

最终文件：实例文件 \ 第 15 章 \ 最终文件 \ 为所有幻灯片应用同一背景 .pptx

除了为当前幻灯片版式添加背景样式外，还可以一次性为整个幻灯片母版中的所有幻灯片版式添加相同的背景样式，其操作方法与为当前幻灯片版式应用预设背景样式的方法相同。

STEP01：选取幻灯片窗格中的第 1 张幻灯片版式。打开"实例文件 \ 第 15 章 \ 最终文件 \ 更改幻灯片的文本格式 .pptx"，在幻灯片版式窗格中，选中第 1 张幻灯片母版，如下左图所示。

STEP02：应用预设背景样式。在"幻灯片母版"选项卡下的"背景"组中，单击"背景样式"按钮，在展开的下拉列表中单击需要的背景样式选项，如下中图所示。

STEP03：显示应用背景样式后效果。此时演示文稿中所有的幻灯片版式应用了指定的背景样式，如下右图所示。

 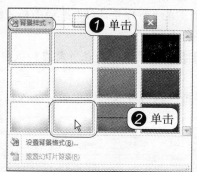 

助跑地带——隐藏背景图形

如果在当前演示文稿中不显示所选主题中包含的背景图形，可以使用"背景"组中的"隐藏背景图形"复选框来设置。下面就来介绍一下隐藏背景图形的操作。

❶ 隐藏背景图形。打开目标文档后，选中需要隐藏背景图形的幻灯片版式，勾选"背景"组中的"隐藏背景图形"复选框，如下左图所示。

❷ 显示隐藏背景图形后效果。此时选中幻灯片版式中应用主题包含的背景图形即被隐藏了，如下右图所示。

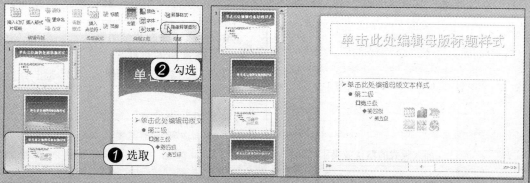

15.4 | 在母版中为幻灯片插入其他元素

在 PowerPoint 2010 中除了可以设置现有幻灯片母版的主题和内容格式以及幻灯片背

景外，还可以在演示文稿中新建一个幻灯片母版，或是新插入一个版式，添加占位符等，设计出需要的幻灯片版式。还能在幻灯片版式中添加页眉和页脚、图片等固定信息，快速为演示文稿添加独特的标志或是为所有幻灯片添加相同的内容。

15.4.1 添加幻灯片母版与版式

原始文件: 实例文件 \ 第 15 章 \ 最终文件 \ 使用预设主题样式 .pptx

最终文件: 实例文件 \ 第 15 章 \ 最终文件 \ 添加幻灯片母版及版式 .pptx

前面介绍的是为 PowerPoint 2010 自带的一个幻灯片母版进行主题、幻灯片内容及背景格式设置。如果希望在保留自带幻灯片母版的情况下，设计一个新的母版和版式，则可以考虑添加新的母版和版式，方便在同一个演示文稿中应用多种不同的版式和主题样式。

STEP01: 插入幻灯片母版。打开"实例文件 \ 第 15 章 \ 最终文件 \ 使用预设主题样式 .pptx"，进入幻灯片母版视图，在"幻灯片母版"选项卡的"编辑母版"组中，单击"插入幻灯片母版"按钮，如下左图所示。

STEP02: 显示新建幻灯片母版后效果。自动在当前虚构版中的最后一个版式的下方插入新的母版，如下中图所示。

STEP03: 插入版式。接着单击"编辑母版"组中的"插入版式"按钮，如下右图所示。

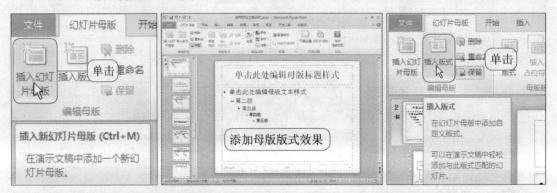

STEP04: 显示插入的版式效果。在当前幻灯片母版的最后一张幻灯片版式的下方添加了新幻灯片版式，它默认包含标题、日期、页脚、幻灯片编号四个占位符，如下左图所示。

> **知识点拨: 断网也能听歌**
>
> 如果要添加的幻灯片母版，它与当前幻灯片母版中大多数版式相同，可以选中当前幻灯片母版并右击，在弹出的快捷菜单中单击"复制幻灯片母版"命令，即可在演示文稿中复制生成新的幻灯片母版，然后再对幻灯片母版中的部分幻灯片版式进行调整即可。

15.4.2 为幻灯片插入占位符

原始文件: 实例文件 \ 第 15 章 \ 最终文件 \ 添加幻灯片母版及版式 .pptx

最终文件：实例文件 \ 第 15 章 \ 最终文件 \ 为幻灯片插入占位符 .pptx

幻灯片版式包含要在幻灯片上显示的全部内容的格式设置、位置和占位符。占位符是版式中的容器，可容纳如文本、表格、图表、SmartArt 图形、影片、声音、图片及剪贴画等内容。在幻灯片版式中添加占位符，能让幻灯片中的内容更加整齐、美观，易于管理。

STEP01：插入幻灯片母版。打开"实例文件 \ 第 15 章 \ 最终文件 \ 添加幻灯片母版及版式 .pptx"，进入幻灯片母版视图，选取 15.4.1 节中新建的幻灯片版式，然后，在"母版版式"组中，单击"插入占位符"按钮，在展开的下拉列表中选择需要的占位符选项，如下左图所示。

STEP02：绘制占位符。在当前幻灯片版式中，拖动鼠标绘制"文字（竖排）"占位符，如下中图所示。

STEP03：更改占位符中提示文本。将绘制的占位符中的文字更改为"单击此处编辑图片标题"，如下右图所示。

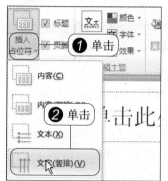
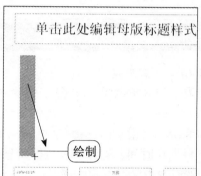

STEP04：选取图片占位符。再次单击"插入占位符"按钮，在展开的下拉列表中单击"图片"选项，如下左图所示。

STEP05：绘制图片占位符。在竖排文字占位符右侧拖动鼠标绘制图片占位符，如下中图所示。

STEP06：复制生成新的占位符。若要为幻灯片版式添加已有的占位符，可以选中占位符，按住 Ctrl 键，拖动鼠标绘制，得到如下右图所示的占位符。

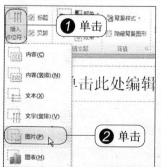
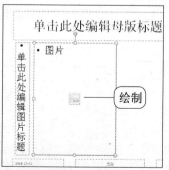

知识点拨：快速显示与隐藏标题和页脚

新建幻灯片版式时，会默认添加标题占位符和页脚（日期和时间、页脚和幻灯片编号）占位符。若要隐藏，请在"母版版式"组中取消"标题"或"页脚"复选框的勾选。

STEP07：更改版式。退出幻灯片母版视图，选择需要应用新幻灯片版式的幻灯片缩略图，在"幻灯片"组中，单击"版式"按钮，展开的下拉列表中选择新设计的幻灯片版式选项，如下左图所示。

STEP08：**显示应用幻灯片版式后效果。**此时选中幻灯片即应用了指定的幻灯片版式，可以看到幻灯片中的内容的位置发生了变化，如下右图所示。

15.4.3 为幻灯片添加页眉和页脚

原始文件：实例文件 \ 第15章 \ 最终文件 \ 使用预设主题样式.pptx
最终文件：实例文件 \ 第15章 \ 最终文件 \ 为幻灯片添加页眉和页脚.pptx

在幻灯片母版中添加页眉和页脚，可以使演示文稿中每张幻灯片都具有相同的标识或文本信息。为幻灯片添加页眉和页脚常用于创建具有独特标识的演示文稿。添加页眉和页脚也可以为幻灯片添加作者、日期和时间、幻灯片编号等信息，做到一步到位，避免手动为每张幻灯片添加标识信息，费时费力又得不到好评。

STEP01：**选择幻灯片母版。**打开"实例文件 \ 第15章 \ 最终文件 \ 使用预设全题样式.pptx"，进入幻灯片母版视图，选择幻灯片窗格中的幻灯片母版，如下左图所示。

STEP02：**打开"页眉和页脚"对话框。**切换至"插入"选项卡，单击"文本"组中的"页眉和页脚"按钮，如下中图所示。

STEP03：**添加日期和时间。**弹出"页眉和页脚"对话框，在"幻灯片"选项卡下，勾选"日期和时间"复选框，单击"固定"单选按钮，在其文本框中输入如下右图所示文本。

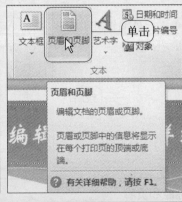
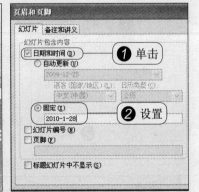

> **知识点拨：在幻灯片中添加固定信息**
>
> 在幻灯片母版中还可以添加图片、文本框、艺术字等对象元素，让其显示在整个演示文稿的每张幻灯片中，可直接选择幻灯片母版，然后使用"插入"选项卡下的命令添加幻灯片固定信息。

STEP04: 添加幻灯片编号。接着在对话框中，勾选"幻灯片编号"复选框，如下左图所示。

STEP05: 添加"页脚"信息。勾选"页脚"复选框，在其下的文本框中输入页脚信息，如下中图所示。

STEP06: 设置标题幻灯片中不显示。如果演示文稿的标题幻灯片中不显示页眉和页脚信息，请勾选"标题幻灯片中不显示"复选框，然后单击"全部应用"按钮，如下右图所示。

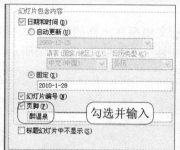

STEP07: 查看添加页眉和页脚后幻灯片母版效果。此时在幻灯片中的每张幻灯片版式中添加了相同的日期和时间、页脚等信息，并显示了幻灯片编号，如下左图所示。

STEP08: 查看幻灯片页眉和页脚信息。退出幻灯片母版视图，此时可以看到除了标题幻灯片外，所有幻灯片都添加了页眉和页脚信息，如下右图所示。

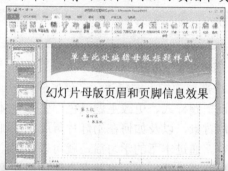
幻灯片母版页眉和页脚信息效果

普通视图下添加的页眉和页脚

助跑地带——在幻灯片母版中重命名幻灯片版式

为了方便用户记忆和查看幻灯片版式，可以为幻灯片版式重命名，下面就来介绍一下重命名幻灯片版式的操作。

❶ 打开"重命名版式"对话框。打开目标文档后，右击需要重命名的幻灯片版式，在弹出的快捷菜单中单击"重命名版式"命令，如下左图所示。

❷ 输入版式名称。弹出"重命名"对话框，在"版式名称"文本框中输入需要的名称，单击"重命名"按钮，如下中图所示。

❸ 重命名后效果。再将鼠标指针置于幻灯片版式上，将显示重命名后的名称，如下右图所示。

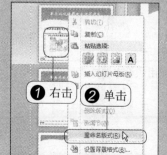
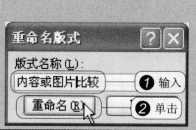

重命名版式后的名称

15.5 | 返回普通视图

在幻灯片母版中完成演示文稿的主题、内容格式以及幻灯片版式添加、元素添加后，若要查看使用幻灯片母版更改演示文稿整体风格后的效果，需要返回普通视图下进行查看，返回普通视图的方法很简单。

在幻灯片母版视图下完成演示文稿整体风格的编辑后，只需单击"幻灯片母版"选项卡下"关闭"组中的"关闭母版视图"按钮即可，如下图所示，返回普通视图。

同步实践：在普通视图中编辑"销售报告"演示文稿风格

原始文件：实例文件 \ 第15章 \ 原始文件 \ 销售报告.pptx
最终文件：实例文件 \ 第15章 \ 最终文件 \ 在普通视图下编辑演示文稿风格.pptx

本章中介绍了在幻灯片母版视图下，应用预设主题样式、更改主题颜色、主题字体、主题效果、更改幻灯片中内容的格式，设置幻灯片背景，以及如何在幻灯片母版中添加新的母版与版式、插入其他元素及页眉和页脚等内容。通过本章的学习后，就可以使用幻灯片母版的强大功能快速设置整个演示文稿的风格与外观效果，下面将补充介绍如何在幻灯片的普通视图中编辑演示文稿的风格，它与在幻灯片母版中设置幻灯片风格相似。

STEP01：打开"插入图片"对话框。打开"实例文件 \ 第15章 \ 原始文件 \ 销售报告.pptx"，切换到"设计"选项卡，单击"主题"组中快翻按钮，在展开的主题样式库中选取来自Office.Com上的主题样式选项，如下左图所示。

STEP02：查看应用主题样式效果。此时整个演示文稿应用了选定的主题样式，得到如下右图所示演示文稿效果。

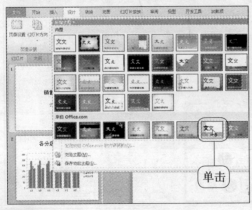

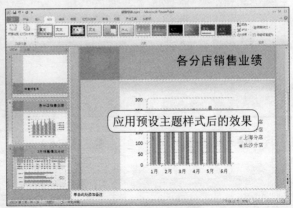

STEP03：更改主题颜色。如果选定的主题颜色不符合要求，请单击"主题"组中的"颜色"按钮，在展开的下拉列表中选取需要的颜色选项，如下左图所示。

STEP04：查看更改主题颜色后效果。此时当前演示文稿中的主题颜色即根据选定颜色进行了更改，如下右图所示。

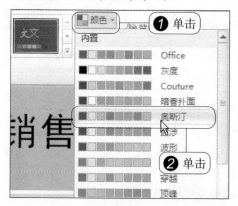
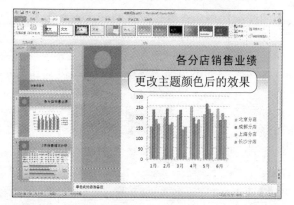

STEP05：更改主题字体。如果希望更改整个演示文稿的字体搭配，可在"主题"组中，单击"字体"按钮，在展开的下拉列表中单击需要的字体选项，如下左图所示。

STEP06：查看更改主题字体效果。此时，演示文稿中的标题文本更改为"隶书"字体，正文文本更改为"华文楷体"字体，如下右图所示。

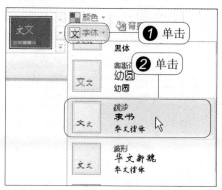

STEP07：更改主题效果。如果希望应用预设主题的效果为"都市"效果，可以在"主题"组中单击"效果"按钮，在展开的效果样式库中选取需要的主题效果，如下左图所示。

STEP08：查看更改主题的效果。此时演示文稿中应用形状样式等三维效果的图形将有明显的更改，也可以打开"形状样式"库，其中的形状效果同样发生了相应的更改，如下右图所示。

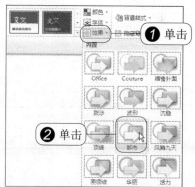
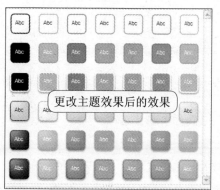

STEP09: 更改指定幻灯片的背景样式。选中标题幻灯片,在"设计"选项卡的"背景"组中,单击"背景样式"按钮,在展开的下拉列表中,右击需要的背景样式,在弹出的快捷菜单中单击"应用于所选幻灯片"命令,如下左图所示。

STEP10: 查看更改幻灯片背景样式效果。可以看到演示文稿中选定的幻灯片应用了指定的背景样式,其余幻灯片的背景未发生更改,如下右图所示。

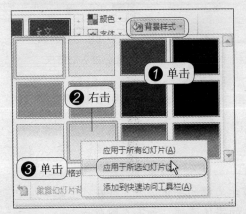

Chapter 16

演示文稿由静态到动态的转变

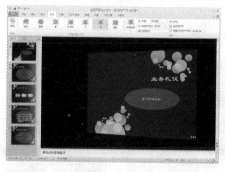

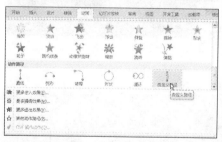

演示文稿由静态到动态的转变，就是为幻灯片及幻灯片中的对象添加动画和交互效果，让演示文稿更富生机和活力。动画与交互效果可以说是制作演示文稿的精髓所在。在PowerPoint 2010中设置与使用动画和交互效果是通过对幻灯片的切换效果、对幻灯片中对象的进入、退出、强调和动作路径进行设置，以确保演示文稿中幻灯片的动画效果质量，让听众将注意力集中在要点上、提高观众对演示文稿的兴趣。

16.1 为幻灯片设置多姿多彩的切换方式

所谓幻灯片的切换效果就是指两张连续的幻灯片之间的过渡效果，也就是从前一张幻灯片转到下一张幻灯片之间要呈现出什么样貌。还可以控制切换效果的速度、添加声音，甚至还可以对切换效果进行自定义。

16.1.1 选择幻灯片的转换方式

原始文件：实例文件 \ 第16章 \ 原始文件 \ 业务拜访礼仪 .pptx
最终文件：实例文件 \ 第16章 \ 最终文件 \ 选择幻灯片的转换方式 .pptx

在 PowerPoint 2010 中提供了 34 种预设的幻灯片切换动画效果，用户可以根据需要进行选取即可为指定的幻灯片添加需要的转换动画。

STEP01：应用转换效果。 打开"实例文件 \ 第16章 \ 原始文件 \ 业务拜访礼仪 .pptx"，在幻灯片任务窗格中，选择需要应用幻灯片转换效果的幻灯片缩略图，然后在"转换"选项卡中，单击"切换到此幻灯片"组中的快翻按钮，在展开的下拉列表中单击需要的转换效果选项，如下左图所示。

STEP02：预览添加转换方式的效果。 当鼠标指针置于要添加的转换效果样式上，将在幻灯片窗格中，播放添加转换方式后幻灯片的播放效果，如下右图所示。

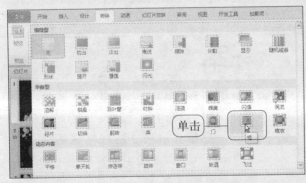

> **知识点拨：** 使用三维动画图形效果切换
>
> 在 PowerPoint 2010 中，新增了包括真正的三维空间中的动画路径和旋转，将幻灯片的切换更加平滑更吸引观众。为幻灯片添加三维动画图形效果转换的方法其实就是为幻灯片添加转换效果。在转换效果库中将切换效果分为三类，分别是：细微型、华丽型、动态型。

16.1.2 设置幻灯片转换的方向

在 PowerPoint 2010 中为幻灯片的转换效果添加了"效果选项"功能，可用于更改切换动画效果的属性，如它的方向或颜色。下面介绍如何使用"效果选项"功能更改幻灯片转换的方向。

原始文件：实例文件 \ 第16章 \ 最终文件 \ 选择幻灯片的转换方式 .pptx
最终文件：实例文件 \ 第16章 \ 最终文件 \ 设置幻灯片转换的方向 .pptx

STEP01：**更改转换动画的方向。** 打开"实例文件 \ 第 16 章 \ 最终文件 \ 选择幻灯片的转换方式 .pptx"，选择需要更改幻灯片转换方向的幻灯片，在"转换"选项卡下的"切换到此幻灯片"组中的"效果选项"按钮，在展开的下拉列表中单击"自底部"选项，如下左图所示。

STEP02：**预览幻灯片切换效果。** 在更改转换动画方向时，自动播放动画效果，若要自己预览动画效果，请单击"预览"组中的"预览"按钮，如下右图所示。

STEP03：**转换动画播放效果。** 此时在幻灯片窗格中，播放幻灯片转换动画，从底部开始进行播放，如下右图所示。

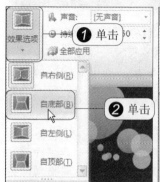

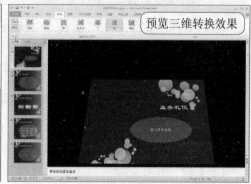

16.1.3　设置幻灯片转换时的声音

原始文件：实例文件 \ 第 16 章 \ 最终文件 \ 设置幻灯片转换的方向 .pptx
最终文件：实例文件 \ 第 16 章 \ 最终文件 \ 设置幻灯片转换时的声音 .pptx

在 PowerPoint 2010 播放幻灯片时，能够在切换到下一张幻灯片时发出一定的声音效果以做提示之用。下面介绍如何为幻灯片设置切换声音的操作。

STEP01：**打开"添加音频"对话框。** 打开"实例文件 \ 第 16 章 \ 最终文件 \ 设置幻灯片转换的方向 .pptx"，选择需要更改幻灯片转换声音的幻灯片，在"转换"选项卡下的"计时"组中的"声音"下拉列表右侧按钮，在展开的下拉列表中单击"其他声音"选项，如下左图所示。

STEP02：**选择音频文件。** 弹出"添加音频"对话框，选择需要的音频文件，如下右图所示，单击"确定"按钮即可。

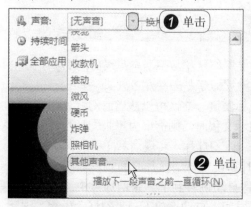

STEP03：**设置转换声音后效果。** 此时在"计时"组中的"声音"下拉列表中显示了选

定的声音文件的名称，如下图所示，播放幻灯片切换动画时，同时播放指定的声音提示信息。

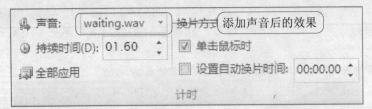

16.1.4 设置幻灯片的切换持续时间

原始文件：实例文件 \ 第16章 \ 最终文件 \ 设置幻灯片转换时的声音.pptx
最终文件：实例文件 \ 第16章 \ 最终文件 \ 设置幻灯片切换动画持续时间.pptx

在两张连续的幻灯片之间进行切换时，已添加了切换动画效果后，还可以调整动画持续时间，相当于以往版本中的幻灯片之间的切换速度。持续时间越长，切换动画放映的时间也就越长（动画播放也就越慢）。

STEP01：打开"添加音频"对话框。打开"实例文件 \ 第16章 \ 最终文件 \ 设置幻灯片转换时的声音.pptx"，选择需要更改幻灯片切换动画持续时间的幻灯片，在"转换"选项卡下的"计时"组中，单击"持续时间"下拉列表右侧的数值调节按钮，调整动画持续时间，如下左图所示。

STEP02：播放调整持续时间后幻灯片切换效果。在调整动画持续时间后，可以单击"预览"按钮，预览幻灯片切换动画播放的时间，如下右图所示。

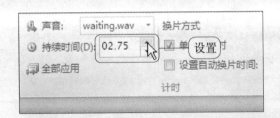

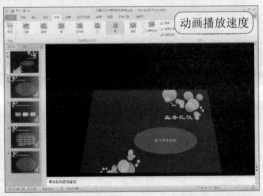

16.1.5 设置幻灯片的换片方式

原始文件：实例文件 \ 第16章 \ 最终文件 \ 设置幻灯片切换动画持续时间.pptx
最终文件：实例文件 \ 第16章 \ 最终文件 \ 设置幻灯片的换片方式.pptx

在演示文稿放映时，默认的换片方式是单击鼠标左键一次，可以从当前幻灯片切换至下一个幻灯片。但是，有时需要在展台上循环播放演示文稿时，则需要为每张幻灯片设置一个间隔时间，在经过这个指定时间后会自动切换到下一张幻灯片，实现演示文稿的自动播放。

因此，幻灯片的换片方式有两种：单击鼠标时和设置自动换片时间。顾名思义，单击鼠标时是指在演示文稿放映时，单击鼠标左键，将自动跳转到下一张幻灯片中。设置自动换片时间，则是当幻灯片放映时间到达指定的间隔时间，自动播放下一张幻灯片内容。这两种换片方式可以单独使用，也可以同时使用。下面将具体介绍设置幻灯片换片方式的操作。

STEP01：**设置单击鼠标时切换幻灯片。** 打开"实例文件 \ 第16章 \ 最终文件 \ 设置幻灯片切换动画持续时间.pptx"，选择需要设置换片方式的幻灯片，在"转换"选项卡下的"计时"组中，勾选"单击鼠标时"复选框，如下左图所示。

STEP02：**设置自动换片时间。** 勾选"设置自动换片时间"复选框，然后在其后文本框中通过单击数值调节钮，或是直接输入幻灯片切换间隔时间，也就是当前幻灯片放映的时间，如下右图所示。

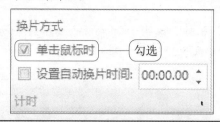

知识点拨：换片方式的优先级别

　　将演示文稿放映时，将换片方式同时设置了单击鼠标时和设置自动换片时间。若放映时间没有达到间隔时间时，单击鼠标左键，将直接跳转到下一张幻灯片，也就是说，单击鼠标时换片方式优先于设置自动换片时间方式。

16.1.6　设置整个演示文稿应用相同的幻灯片切换效果

　　原始文件：实例文件 \ 第16章 \ 最终文件 \ 设置幻灯片的换片方式.pptx
　　最终文件：实例文件 \ 第16章 \ 最终文件 \ 将幻灯片切换效果应用于所有幻灯片中.pptx
　　如果希望将演示文稿中所有幻灯片间的切换，设置为与当前幻灯片所设切换相同，可以在设置当前幻灯片切换效果后，使用"全部应用"功能来实现。

STEP01：**将当前幻灯片切换效果全部应用到所有幻灯片中。** 打开"实例文件 \ 第16章 \ 最终文件 \ 设置幻灯片的换片方式.pptx"，选中标题幻灯片，在"转换"选项卡的"计时"组中，单击"全部应用"按钮，如下左图所示。

STEP02：**显示全部应用切换效果的幻灯片效果。** 此时，演示文稿中的所有幻灯片均应用了标题幻灯片所设置的幻灯片切换效果，选中第2张幻灯片，可以在"转换"选项卡中，查看到与标题幻灯片切换效果相同的设置，如下右图所示。

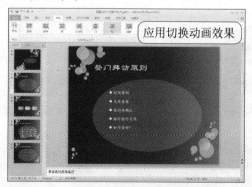

16.1.7　删除幻灯片之间的切换效果

　　删除幻灯片的切换效果主要分为删除幻灯片的切换动画以及删除幻灯片的切换声音效

果两种。

1. 删除幻灯片的切换动画

删除幻灯片的切换动画的方法与为幻灯片添加切换动画的方法相同，只需要将预设的切换效果动画设置为无即可。

STEP01：删除幻灯片的切换动画。选中需要删除切换效果动画的幻灯片，在"转换"选项卡的"切换到此幻灯片"组中，单击快翻按钮，在展开的切换效果样式库中，单击"无"选项，如下左图所示。

STEP02：显示删除切换动画后幻灯片效果。此时，选中幻灯片中的切换效果动画被删除，在幻灯片切换时，将直接显示下一张幻灯片信息，如下右图所示。

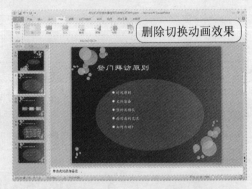

2. 删除幻灯片的切换声音效果

要删除幻灯片的切换声音，仍需要选择该幻灯片，然后使用与添加幻灯片切换效果声音的方法，将选择的声音设置为无即可。

STEP01：删除幻灯片的切换声音。选中需要删除切换声音的幻灯片，在"转换"选项卡的"计时"组中，单击"声音"下拉列表右侧按钮，在展开的下拉列表中单击"无声音"选项，如下左图所示。

STEP02：显示删除切换声间的幻灯片效果。此时，选中幻灯片中的切换声音被删除，在"声音"下拉列表中显示"无声音"字样，如下右图所示。

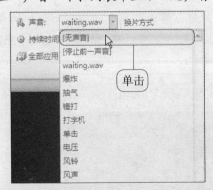
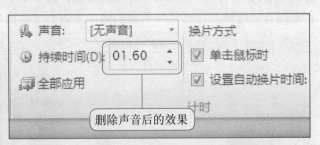

16.2 | 在"动画"选项卡中设置幻灯片中各对象的动画效果

若要将观众的注意力集中在要点上，有效地控制信息流以及提高观众对演示文稿的兴趣，使用动画是一种很好的方法。前面介绍的幻灯片切换效果也是动画的一种，它能增强视觉观赏效果。可以将Microsoft PowerPoint2010演示文稿中的文本、图片、形状、表格、

SmartArt 图形和其他对象制作成动画，赋予它们进行、退出、大小或颜色变化甚至移动等视觉效果。让演示文稿更富生机与活力、更吸引观众的眼球。

16.2.1 进入动画效果设置

原始文件：实例文件 \ 第 16 章 \ 原始文件 \ 业务拜访礼仪 . pptx

最终文件：实例文件 \ 第 16 章 \ 最终文件 \ 为幻灯片中对象添加进入动画效果 . pptx

进入动画效果是指幻灯片中对象进入幻灯片的动作效果在 PowerPoint 2010 中提供了 13 种默认的进入动画效果。下面将介绍如何为幻灯片中指定对象添加预设进入动画效果和自定义进入动画效果的操作。

STEP01：选择要添加动画的对象。 打开 "实例文件 \ 第 16 章 \ 原始文件 \ 业务拜访礼仪 . pptx"，选中标题幻灯片，选取标题占位符，在 "动画" 选项卡下，单击 "动画" 组中快翻按钮，如下左图所示。

STEP02：选择进入动画效果。 在展开的下拉列表中，单击 "进入" 选项组中的 "弹跳" 选项，如下右图所示。

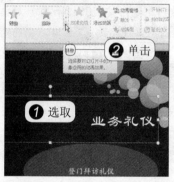 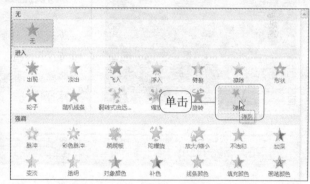

STEP03：预览动画效果。 在添加动画效果后，单击 "预览" 组中的 "预览" 按钮，如下左图所示。

STEP04：显示动画放映效果。 此时在幻灯片窗格中，显示了指定对象添加动画后的效果，如下右图所示。

 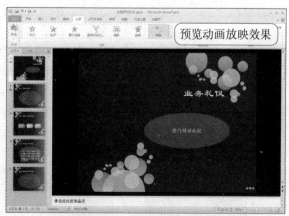

STEP05：打开 "更改进入效果" 对话框。 选择需要添加进入动画效果的对象，在 "动画" 选项卡下的 "动画" 组中，单击快翻按钮，在展开的下拉列表中单击 "更多进入效果" 选项，如下左图所示。

STEP06：选择要添加的进入动画效果。弹出"更改进入效果"对话框，在列表框中选择需要添加的动画选项，如下右图所示，单击"确定"按钮。

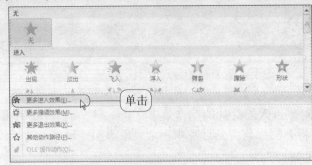

STEP07：预览动画播放效果。单击"预览"按钮，在幻灯片窗格中，播放了当前幻灯片中所有对象的动画效果，如下左图所示。

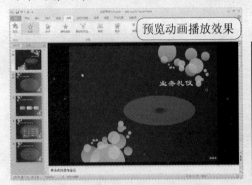

预览动画播放效果

> **知识点拨：使用高级动画命令添加进入动画**
>
> 除了在"动画"组中使用预设动画为对象添加动画外，还可以在"高级动画"组中，单击"添加动画"按钮，在展开的下拉列表中单击需要动画样式，或者单击"更多进入效果"或是其他选项，同样可以设置幻灯片中对象的进入动画。

16.2.2 强调动画效果设置

原始文件：实例文件 \ 第16章 \ 原始文件 \ 业务拜访礼仪 . pptx
最终文件：实例文件 \ 第16章 \ 最终文件 \ 为幻灯片中对象添加强调动画效果 . pptx
强调动画效果是指对象从初始状态变化到另一个状态，再回到初始状态的变化过程。起到了强调突出的目的。比如，设置对象为"强调动画"中的"变大／变小"效果，可以实现对象从小到大（或设置从大到小）的变化过程，从而产生强调的效果。为幻灯片中对象添加强调动画的效果与设置对象进入效果相似，下面将具体介绍其操作。

STEP01：选择要添加动画的对象。打开"实例文件 \ 第16章 \ 原始文件 \ 业务拜访礼仪 . pptx"，选中第2张幻灯片，选取标题占位符，如下左图所示。

STEP02：添加强调动画效果。在"动画"选项卡下的中"高级动画"组中，单击"添加动画"按钮，在展开的下拉列表中的"强调"选项组中单击"画笔颜色"选项，如下右图所示。

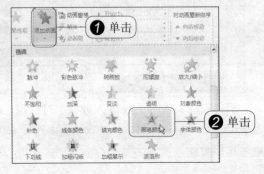

STEP03: 预览强调动画效果。单击"预览"按钮，在幻灯片窗格中将播放对象的强调动画效果，如下左图所示。

STEP04: 更改强调效果的画笔颜色。在添加强调效果后，可以单击"动画"组中的"效果选项"按钮，在展开的下拉列表中选择适当的画笔颜色，如下右图所示。

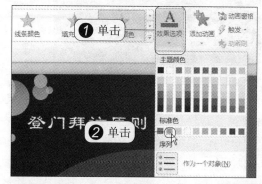

STEP05: 预览更改强调动画后效果。单击"预览"按钮，在幻灯片窗格中将播放对象更改后的强调动画效果，如下左图所示。

知识点拨：为对象添加其他自定义动画

　　选中要添加强调动画的对象，单击"高级动画"组中的"添加动画"按钮，在展开的下拉列表中单击"更多强调效果"选项，打开"更改强调效果"对话框，在其中列出了"基本型"、"细微型"、"温和型"和"华丽型"四种类型的强调效果动画，用户只需单击选择需要的效果即可。

知识点拨：更改文本对象动画的序列

　　当指定对象为文本段落时，在设置"强调效果"后，单击"效果选项"按钮，在展开的下拉列表中的"序列"组，可选择文本对象动画的发送序列。

16.2.3　退出动画效果设置

　　原始文件：实例文件 \ 第 16 章 \ 原始文件 \ 业务拜访礼仪 . pptx
　　最终文件：实例文件 \ 第 16 章 \ 最终文件 \ 为幻灯片中对象添加退出动画效果 . pptx

　　"进入"动画是使对象从无到有，而"退出"动画正好相反，它可以使对象从"有"到"无"，触发后的动画效果与进入效果正好相反，对象在没有触发动画之前，是存在屏幕上的，而当其被触发后，则从屏幕上以某种设定的效果消失。如设置对象为"退出"动画中的切出效果，则对象在触发后逐渐地从屏幕上某处切出，从而消失在屏幕上。下面将介绍退出动画效果的添加操作。

STEP01: 选择要添加动画的对象。打开"实例文件 \ 第 16 章 \ 原始文件 \ 业务拜访礼仪 . pptx"，选中第 2 张幻灯片，选取标题占位符，如下左图所示。

STEP02: 为指定对象添加退出动画效果。在"动画"选项卡下的"动画"组中，单击"快翻"按钮，在展开的动画效果库中，单击"退出"选项组中的"收缩并旋转"选项，如下右图所示。

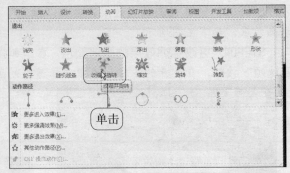

STEP03：预览退出效果。在添加动画效果后，在"动画"选项卡下的"预览"组中单击"预览"按钮，如下左图所示。

STEP04：显示动画播放效果。在幻灯片窗格中，即将播放为对象添加的动画效果，如下右图所示。

16.2.4 动作路径动画效果设置

动作路径动画效果是通过引导线使对象沿着引导线运动。例如设置对象为"动作路径"中的"向右"效果，则对象在触发后会沿着设定的方向线移动，其移动路径与引导线重合。下面将介绍动作路径动画效果的添加操作。

1. 使用预设动作路径添加动画效果

原始文件：实例文件 \ 第16章 \ 原始文件 \ 业务拜访礼仪 .pptx

最终文件：实例文件 \ 第16章 \ 最终文件 \ 使用预设动作路径添加动画效果 .pptx

预设动作路径是PowerPoint 2010为用户提供设置好的动作路径，只需单击几次鼠标即可。

STEP01：选择要添加动画的对象。打开"实例文件 \ 第16章 \ 原始文件 \ 业务拜访礼仪 .pptx"，选择标题幻灯片中的标题占位符，如下左图所示。

STEP02：选择动作路径选项。在"动画"选项卡下的"动画"组中，单击快翻按钮，在展开的动画效果库中，单击"动作路径"选项组中的"弧形"选项，如下右图所示。

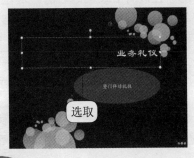
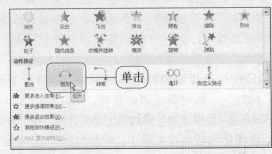

STEP03: 查看添加动作路径后效果。此时，在幻灯片中为指定对象添加了动作路径，以绿色三角形显示动作路径的开始位置，以红色三角形标示路径结束，如下左图所示。

STEP04: 调整动作路径长度及弧度。选中绿色三角形图标，按住鼠标左键，向左拖动，可调整动作路径开始处的位置及长度，如下右图所示。

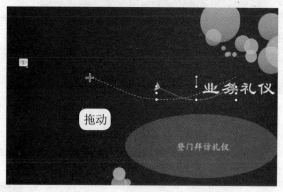

STEP05: 预览动作路径动画效果。完成动作路径设置后，在"动画"选项卡下的"预览"组中，单击"预览"按钮，如下左图所示。

STEP06: 查看动画播放效果。此时在幻灯片窗格中，显示了动作路径动画的播放效果，如下右图所示。

> **知识点拨：调整预设动作路径的方向**
>
> 当为指定对象添加动作路径动画后，可以在"动画"组中单击"效果选项"按钮，在展开的下拉列表中单击"方向"组中需要的动作路径方向选项，即可更改当前对象的动作路径方向。

2. 自定义动作路径为对象添加动画效果

原始文件：实例文件 \ 第 16 章 \ 原始文件 \ 业务拜访礼仪 .pptx

最终文件：实例文件 \ 第 16 章 \ 最终文件 \ 自定义动作路径添加动画效果 .pptx

如果预设的动作路径不能满足用户的需求时，可以使用"自定义路径"选项，根据实际需要在幻灯片中绘制对象的动作路径，让对象沿着绘制的动作路径运行。下面将介绍一个自定义动作路径的操作。

STEP01: 选择要添加动画的对象。打开"实例文件 \ 第 16 章 \ 原始文件 \ 业务拜访礼仪 .pptx"，选择标题幻灯片中的标题占位符，如下左图所示。

STEP02: 选择自定义动作路径选项。在"动画"选项卡下的"动画"组中，单击快翻按钮，在展开的动画效果库中，单击"动作路径"选项组中的"自定义路径"选项，如下右图所示。

STEP03: 更改动作路径线条类型。在选定"自定义动作路径"选项后，单击"动画"组中的"效果选项"按钮，在展开的下拉列表中单击"曲线"选项，如下左图所示。

STEP04: 绘制动作路径。在幻灯片窗格中的任意位置单击，开始绘制动作路径，接着单击第2个位置点，此时可以拖动鼠标调整动作路径线条的弧底，如下右图所示。

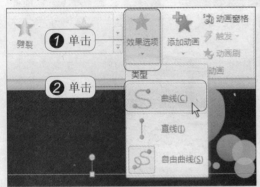

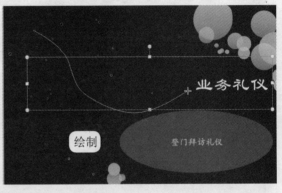

STEP05: 结束动作路径绘制。继续在幻灯片窗格中绘制动作路径，当完成动作路径的绘制后，可以双击鼠标左键，结束动作路径绘制，如下左图所示。

STEP06: 编辑顶点。若对刚才手动绘制动作路径的弧度等不满意，请选中动作路径，在"动画"组中，单击"效果选项"按钮，在展开的下拉列表中单击"编辑顶点"选项，如下右图所示。

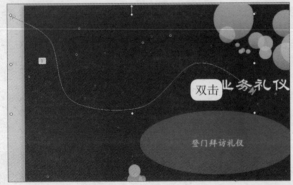

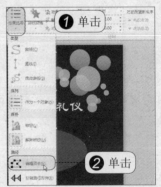

STEP07: 删除顶点。此时，自定义的动作路径上的顶点，以黑色小方形显示，右击需要删除的顶点，在弹出的快捷菜单中单击"删除顶点"命令，如下左图所示，此时选中的编辑顶点即被删除了。

STEP08: 更改动作路径线条平滑度。如果要调整动作路径线条的弧度，右击需要调整的编辑顶点，在弹出的快捷菜单中单击"平滑顶点"命令，如下右图所示。

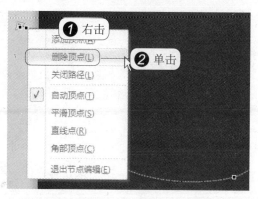
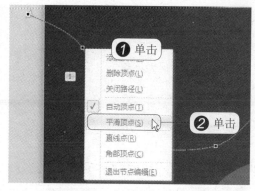

STEP09: 使用平滑调整柄调整线条平滑度。此时，选中的顶点上显示出了相应的平滑手柄，拖动手柄可以调节顶点的平滑度，如左下图所示。

STEP10: 移动顶点位置。选中要移动的顶点，待鼠标指针呈 状时，按住鼠标左键，向右拖动，如下右图所示，拖至适当位置释放鼠标左键即可。

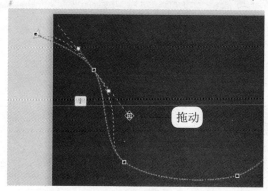
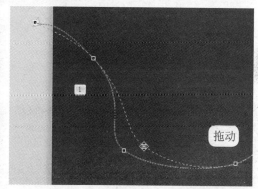

STEP11: 退出节点编辑。当完成动作路径线条的编辑后，可以右击动作路径线条，在弹出的快捷菜单中单击"退出节点编辑"命令，如下左图所示，即可退出节点编辑。也可以直接在动作路径外任意位置双击，也可退出节点编辑。

STEP12: 预览自定义动作路径动画效果。在完成动作路径的绘制后，单击"预览"按钮，可以在幻灯片窗格中显示动作路径播放的效果，如下右图所示。

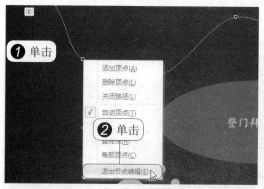

播放自定义动作路径动画效果

业务礼仪

登门拜访礼仪

知识点拨：为同一对象添加多个动画效果

在 PowerPoint 2010 中可以为同一个对象添加多个动画效果，可以是不同类型的动画，如进入、退出、强调、动作路径等等，也可以是同一类型的动作，如"进入"动画组中的"飞入"、"浮入"等等。

助跑地带——更改动画顺序

在 PowerPoint 2010 中，为同一张幻灯片中的不同对象或同一对象添加多个动画效果，它将以用户添加动画的顺序自动为动画效果添加序号。若是希望重新调整动画的顺序，可以使用"动画窗格"中的"重新排序"功能，或是"计时"组中的"对动画重新排序"功能来实现，下面就来介绍一下更改动画顺序的操作。

1. 通过功能区命令更改动画顺序

原始文件：实例文件\第16章\原始文件\业务拜访礼仪.pptx

最终文件：实例文件\第16章\最终文件\通过功能区命令更改动画顺序.pptx

在 PowerPoint 2010 中的"动画"选项卡中，新增了"对动画重新排序"功能命令，可以在"幻灯片窗格"中选择要调整动画顺序的对象，然后在"计时"组中单击相应的命令进行调整，下面将具体介绍一下通过功能区命令更改动画顺序的操作。

❶ 选择要调整动画顺序的对象。打开"实例文件\第16章\原始文件\业务拜访礼仪.pptx"，在第 3 张幻灯片中，使用前面介绍的方法，先为 SmartArt 图形添加需要的动画效果，然后再为标题占位符添加需要的动画效果，然后选中 SmartArt 图形动画效果顺序号，如下左图所示。

❷ 重新排列动画顺序。在"动画"选项卡的"计时"组中，单击"向后移动"按钮，如下右图所示。

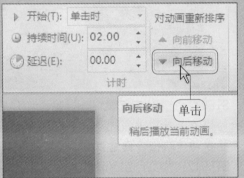

❸ 重新排列动画顺序。此时就完成了动画顺序的调节，可以看到幻灯片窗格中，对象的动画编号发生了更改，如下左图所示。

❹ 查看动画播放效果。单击"预览"组中的"预览"按钮，在幻灯片窗格中，将按照调整后的动画顺序进行播放，如下右图所示。

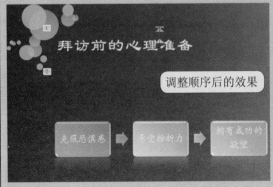

2. 使用动画窗格功能重新排序动画

原始文件：实例文件 \ 第16章 \ 原始文件 \ 业务拜访礼仪 .pptx

最终文件：实例文件 \ 第16章 \ 最终文件 \ 使用动画窗格功能更改动画顺序 .pptx

在 PowerPoint 2010 中也可以使用"动画窗格"来调整动画的顺序，具体操作方法与以前版本的操作方法相同。下面将介绍使用"动画窗格"更改动画顺序的操作。

❶ **为对象添加动画效果**。打开"实例文件 \ 第16章 \ 原始文件 \ 业务拜访礼仪.pptx"，在第 3 张幻灯片中，使用前面介绍的方法，先为 SmartArt 图形添加需要的动画效果，然后再为标题占位符添加需要的动画效果，如下左图所示。

❷ **打开"动画窗格"**。在"动画"选项卡下，单击"高级动画"组中的"动画窗格"按钮，如下右图所示，即可打开"动画窗格"任务窗格。

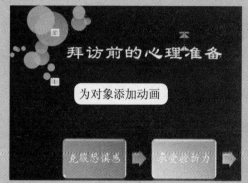
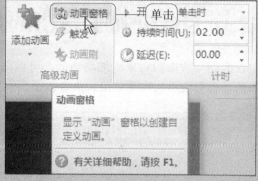

❸ **调动动画顺序**。在"动画窗格"中列出了当前幻灯片中的动画效果选项，选择需要调整的动画效果选项，如"2. 标题1"选项，单击 按钮，如下左图所示。

❹ **看调整后动画效果顺序**。此时，可以看到动画效果选项的位置发生了相应地变化，如下右图所示。

> **知识点拨：播放动画效果**
>
> 在 PowerPoint 2010 中，要播放当前幻灯片中对象的动画效果，除了使用功能区中的"预览"命令和"动画窗格"中的"播放"按钮外，还可以直接单击"幻灯片缩略图窗格"中幻灯片编号下方的 按钮，即可播放当前幻灯片的动画效果。

❺ **播放动画效果**。完成动画效果顺序调整后，单击"动画窗格"任务窗格中的"播放"按钮，如下左图所示。

❻ **查看动画的播放效果**。此时在幻灯片窗格中按调整后的顺序播放对象，如下右图所示。

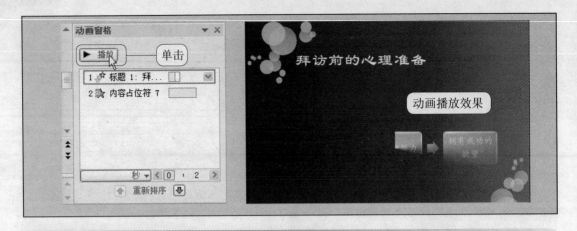

16.3 设置动画的"效果选项"

在为幻灯片中的对象添加动画后，可以更改动画的运行方向，运行方式等，还可以为对象的动画效果添加特殊效果、声音效果，设置动画的持续时间等效果。

16.3.1 设置动画的运行方式

原始文件：实例文件 \ 第 16 章 \ 最终文件 \ 为幻灯片中对象添加进入动画效果 .pptx
最终文件：实例文件 \ 第 16 章 \ 最终文件 \ 更改动画的运行方式 .pptx

动画的运行方式是指动画的方向、动画的序列等，可以通过"动画"组中的"效果选项"按钮来设置，也可以使用"动画窗格"任务窗格中的"效果选项"对话框来设置。下面将介绍使用"动画窗格"中的"效果选项"功能来设置动画的运行方式。

STEP01：**选择要添加动画的对象。** 打开"实例文件 \ 第 16 章 \ 最终文件 \ 为幻灯片中对象添加进入动画效果 .pptx"，选中标题幻灯片，在"动画"选项卡下的"高级动画"组中，单击"动画窗格"按钮，如下左图所示。

STEP02：**设置效果选项。** 在"动画窗格"任务窗格列表框中，单击需要更改运行方式的动画效果选项右侧下三角按钮，在展开的下拉列表中单击"效果选项"选项，如下右图所示。

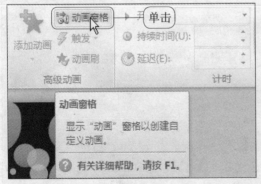
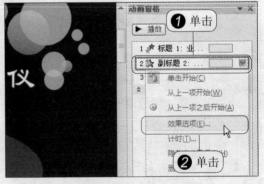

STEP03：**更改效果方向。** 弹出"圆形扩展"对话框，切换至"效果"选项卡下，在"设置"选项组中，单击"方向"下拉列表右侧的下三角按钮，在展开的下拉列表中单击"缩小"选项，如下左图所示。

STEP04：**预览更改动画方向后效果。** 完成动画效果方向更改后，单击"确定"按钮关闭该对话框，在幻灯片窗格中将自动播放更改动画方向后的动画播放效果，如下右图所示。

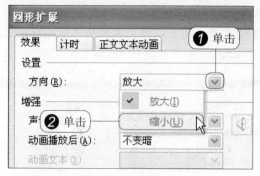

STEP05：更改动画效果的形状。再次选中动画序号为 2 的对象，在"动画"选项卡下的"动画"组中单击"效果选项"按钮，在展开的下拉列表中，单击"形状"选项组中的"加号"选项，如下左图所示。

STEP06：预览更改动画形状后效果。此时在幻灯片窗格中将自动播放更改动画形状后的动画效果，如下右图所示。

16.3.2　设置动画的声音效果

原始文件：实例文件 \ 第 16 章 \ 最终文件 \ 为幻灯片中对象添加进入动画效果 .pptx
最终文件：实例文件 \ 第 16 章 \ 最终文件 \ 设置动画的声音效果 .pptx

动画的声音效果是指播放动画时发出的声音，它能起到提示的作用。下面将介绍为动画添加声音强调效果的操作。

STEP01：打开"动画窗格"。打开"实例文件 \ 第 16 章 \ 最终文件 \ 为幻灯片中对象添加进入动画效果 .pptx"，在"高级动画"组中，单击"动画窗格"按钮，如下左图所示。

STEP02：打开效果选项对话框。在"动画窗格"任务窗格列表框中，单击需要添加声音效果选项右侧下三角按钮，在展开的下拉列表中单击"效果选项"选项，如下右图所示。

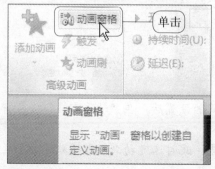

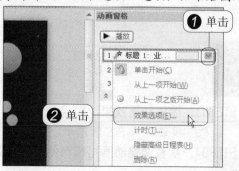

STEP03: 添加声音。弹出"弹跳"对话框，在"效果"选项卡下，单击"声音"下拉列表右侧的下三角按钮，在展开的下拉列表中单击需要的声音选项，如下左图所示。

STEP04: 调整声音音量大小。在添加声音效果后，还可以单击其后的声音图标按钮，在展开的音量调节列表中，拖动滑块，调整音量的大小，如下右图所示，设置完成后单击"确定"按钮，即可为动画添加声音效果。

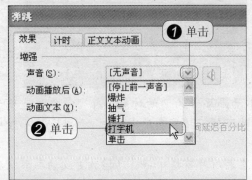 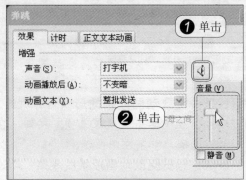

16.3.3 设置动画效果的持续时间

原始文件：实例文件 \ 第16章 \ 最终文件 \ 为幻灯片中对象添加进入动画效果.pptx
最终文件：实例文件 \ 第16章 \ 最终文件 \ 设置动画效果的持续时间.pptx

在PowerPoint 2010中用户可以根据实际需要，更改动画播放的持续时间以及动画播放的延迟时间（单击触发对象后，经过几秒开始播放动画）。在PowerPoint 2010中动画默认的持续时间为2秒。下面将介绍使用PowerPoint 2010新增的持续时间功能，设置动画效果的播放时间。

STEP01: 选择要设置持续时间动画选项。打开"实例文件 \ 第16章 \ 最终文件 \ 为幻灯片中对象添加进入动画效果.pptx"，在"动画窗格"任务窗格中，选中需要调整持续时间的动画效果选项，在"动画"选项卡下的"计时"组中单击"持续时间"数值调节钮，如下左图所示。

STEP02: 调整持续时间。单击向上的按钮，将持续时间设置为"05.50"，如下右图所示，表示动画播放的时间为5.50秒。

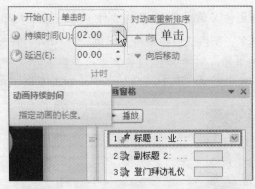 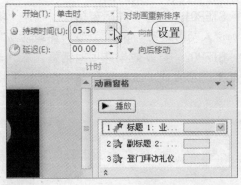

STEP03: 播放动画效果。完成动画持续时间的设置后，在"动画窗格"任务窗格中，单击"播放"按钮，如下左图所示。

STEP04: 查看调整动画持续时间后播放效果。此时选定动画效果播放的时间延长，对象运动的时间增长，放慢了动画播放速度，如下右图所示。因此，可得知当动画的播放持续时间越长，播放速度将越慢，持续时间越短，播放速度越快。

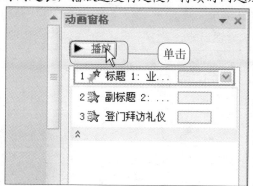

STEP05：设置延迟时间。若要设置动画播放时，延迟0.5秒播放，选中要延迟的动画效果选项，在"计时"组中单击"延迟"后数值调节按钮，设置延迟时间为"0.5"秒，如下左图所示。

STEP06：查看播放效果。当再次播放该动画时，可以看到设置延迟后的动画效果，在触发后经过0.5秒后，才出现动画效果，如下右图所示。

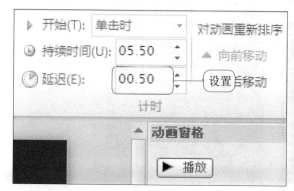

设置延迟后播放效果

> **知识点拨：使用"计时"功能设置动画播放速度**
>
> 在"动画窗格"中，选中需要设置持续时间的动画选项，单击其右侧的下三角按钮，在展开的下拉列表中单击"计时"选项，打开"效果选项"对话框，切换至"计时"选项卡中，在"期间"下拉列表中选择需要的速度，如"慢速（3秒）"等，然后在"延迟"下拉列表中设置动画延迟的时间，单击"确定"按钮即可。

16.3.4　使用触发功能控制动画播放效果

原始文件：实例文件\第16章\原始文件\业务拜访礼仪.pptx
最终文件：实例文件\第16章\最终文件\使用触发功能控制动画播放.pptx

所谓触发就是为幻灯片中对象的动画设置一个特殊的开始条件，单击某个图形时，触发某个对象的动画效果播放。例如，在幻灯片中添加一个形状对象，当单击该对象时开始播放幻灯片中所有对象的动画，可以使用触发功能来实现。下面就来介绍一下如何使用触发功能创建下拉式菜单的操作。

STEP01：为幻灯片中对象添加动画。打开"实例文件\第16章\原始文件\业务拜访礼仪.pptx"，用前面学习的知识，为标题幻灯片中的对象添加需要的动画效果，如下左图所示。

STEP02：选择形状样式。切换至"插入"选项卡下，单击"插图"组中的"形状"按钮，在展开的下拉列表中选择需要的形状样式，如下右图所示。

 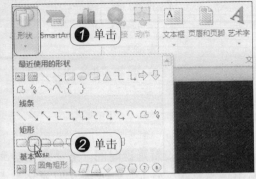

STEP03：绘制形状。在标题幻灯片中的适当位置，绘制需要的形状，如下左图所示，拖至适当大小后，释放鼠标左键即可。

STEP04：添加文本。右击绘制的形状，在弹出的快捷菜单中单击"编辑文本"命令，如下右图所示。

 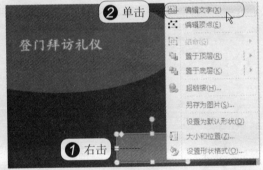

STEP05：输入文本。此时激活形状上的文本框，在其中输入需要的文本，如"播放"字样，如下左图所示。

STEP06：选择要触发的动画选项。在"动画窗格"任务窗格中，选择需要指定触发对象的动画选项，如下右图所示。

 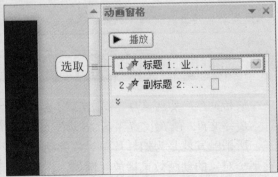

STEP07：添加触发对象。选中动画效果选项后，在"动画"选项卡下的"计时"组中，单击"触发"按钮，在展开的下拉列表中单击"触发>圆角矩形 3"选项，如下左图所示。

STEP08：单击播放形状。完成对象动画选项的触发对象指定，按下 Shift+F5 组合键，从当前幻灯片处开始播放，然后将鼠标指针置于形状按钮，鼠标指针呈手形，单击形状按钮，如下右图所示。

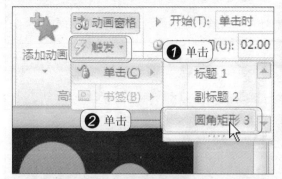

STEP09：查看动画播放效果。此时，将播放该形状对象所触发的动画，如下左图所示。

知识点拨：使用"效果选项"对话框中的触发器按钮设置触发对象

在"动画窗格"中，选择要设置触发对象的动画，单击其右侧的下三角按钮，在展开的下拉列表中单击"计时"选项，打开"效果选项"对话框，在"计时"选项卡中，单击"触发器"按钮，然后单击"单击下列对象时启动效果"单选按钮，在其后选择触发对象即可。

助跑地带——使用动画刷复制动画效果

原始文件：实例文件\第16章\最终文件\为幻灯片中对象添加进入动画效果.pptx
最终文件：实例文件\第16章\最终文件\使用动画刷复制动画效果.pptx

在PowerPoint 2010中新增了"动画刷"功能，可以复制动画，其使用方式与使用格式刷复制文本格式类似。借助动画刷，可以复制某一对象或幻灯片中的动画，并将其格式复制到其他对象或幻灯片、演示文稿中的多张幻灯片或影响所有幻灯片的幻灯片母版，或者复制来自不同演示文稿的动画。在此就来介绍一下使用动画刷快速复制动画的操作。

❶ 选取要复制的动画。打开"实例文件\第16章\最终文件\为幻灯片中对象添加进入动画效果.pptx"，在标题幻灯片中选取要复制动画的对象，如下左图所示。

❷ 使用动画刷复制。在"动画"选项卡下"高级动画"组中，单击"动画刷"按钮，如下右图所示。

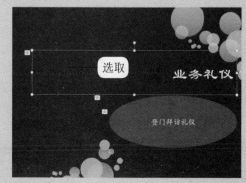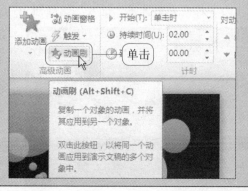

❸ 复制动画。此时鼠标指针呈 状，切换至第 2 张幻灯片中，单击要应用复制动画的对象，如单击标题占位符，如下左图所示。

❹ 播放动画效果。此时，在幻灯片窗格中将自动播放添加动画后的效果，其动画效果与标题幻灯片中标题占位符的动画效果相同，如下右图所示。

16.4 │ 设置对象的特殊动画效果

为了额外强调或在某个阶段中显示信息，可以将文本按段、按字或字母制作成动画，让幻灯片中的文本对象更具有视觉冲击力。也可以使用动画创建运动的动态 SmartArt 图形来进一步强调或分阶段显示信息。本节将介绍如何为文本对象添加逐字或逐段的动画以及如何快速将 SmartArt 图形制作成动画。

16.4.1 │ 为文本对象添加逐词动画效果

原始文件：实例文件 \ 第 16 章 \ 原始文件 \ 业务拜访礼仪 .pptx
最终文件：实例文件 \ 第 16 章 \ 最终文件 \ 为文本添加逐词动画 .pptx

在为标题占位符或正文占位符文本添加动画时，它是按段落发送的。在设置文本对象的动画时，可以将其作为一个对象、整批发送和按段落发送。除此之外，部分文本对象的动画还可以按字 / 词或字母进行发送。下面将介绍为文本对象添加逐词的动画效果操作。

STEP01：为幻灯片中对象添加动画。打开"实例文件 \ 第 16 章 \ 原始文件 \ 业务拜访礼仪 .pptx"，选择标题幻灯片中的标题占位符，如下左图所示。

STEP02：添加动画效果。在"动画"选项卡下的"动画"组中，单击"快翻"按钮，在展开的下拉列表中单击"进入"选项组中的"弹跳"选项，如下右图所示。

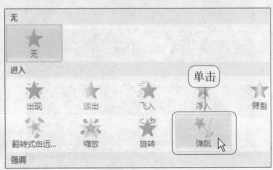

STEP03: **打开效果选项对话框。**在"动画窗格"任务窗格中，单击动画效果选项右侧的下三角按钮，在展开的下拉列表中单击"效果选项"选项，如下左图所示。

STEP04: **设置动画文本效果。**弹出"弹跳"对话框，在"效果"选项卡下，单击"动画文本"下拉列表右侧的下三角按钮，在展开的下拉列表中单击"按字/词"选项，如下右图所示。

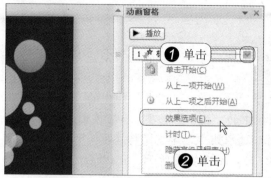 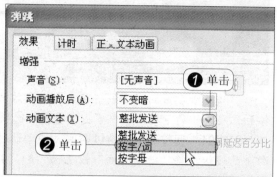

STEP05: **设置延迟时间。**此时在"动画文本"下拉列表下出现"字/词之间延迟百分比"数值框，在其中输入延迟时间，如下左图所示。

STEP06: **预览动画文本效果。**此时，在幻灯片窗格中自动播放为标题文本添加的动画效果，如下右图所示。

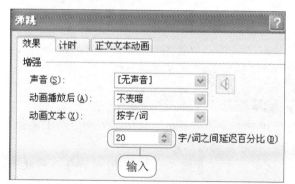 

16.4.2 创建动态的 SmartArt 图形

原始文件：实例文件 \ 第 16 章 \ 原始文件 \ 业务拜访礼仪 .pptx

最终文件：实例文件 \ 第 16 章 \ 最终文件 \ 创建动态的 SmartArt 图形 .pptx

在 PowerPoint2010 中要创建动态的 SmartArt 图形，就是为 SmartArt 图形添加动画。可以将整个 SmartArt 图形制作动画，或者只将 SmartArt 图形中的个别形状制作动画。为确定哪种动画与 SmartArt 图形布局的搭配效果最好，可以在 SmartArt 图形"文本"窗格中查看您的信息，因为大多数动画都是从"文本"窗格上显示的顶层项目符号开始向下移动的。SmartArt 图形的可用动画取决于您为 SmartArt 图形选择的布局，但您可以同时将全部形状制成动画，或一次一个形状地制作动画。

STEP01: **为幻灯片中对象添加动画。**打开"实例文件 \ 第 16 章 \ 原始文件 \ 业务拜访礼仪 .pptx"，在 3 张幻灯片中，选择 SmartArt 图形，如下左图所示。

STEP02: **添加进入动画。**在"动画"选项卡的"动画"组中，单击快翻按钮，在展开的下拉列表中单击"进入"选项组中的"浮入"选项，如下右图所示。

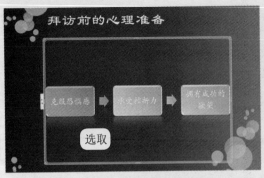

STEP03: 设置动画序列。在添加动画效果后，再次单击"动画"组中的"效果选项"按钮，在展开的下拉列表中单击"序列"选项组中的"逐个"选项，如下左图所示。

STEP04: 调整动画的持续时间。在"计时"选项组中，单击"持续时间"数值框右侧向上的按钮，将"持续时间"设置为"04.00"秒，如下右图所示。SmartArt 图形中逐个形状的动画持续时间分别为 04.00 秒。该 SmartArt 图形动画的总时间则为 12 秒。

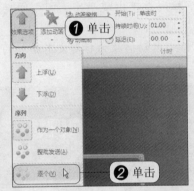

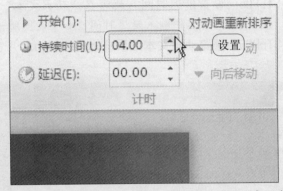

STEP05: 设置动画延迟时间。在"计时"组中，单击"延迟"数值框右侧的向上按钮，设置延迟时间为"00.05"秒，如下左图所示。在触发动画后延迟 0.5 秒播放。

STEP06: 显示动画编号。返回幻灯片窗格中，可以看到 SmartArt 图形的每个形状都添加了相应的动画，在 SmartArt 图形的左上角显示了动画的顺序编号，如下右图所示。

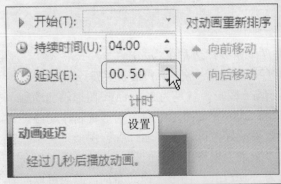

> **知识点拨：为SmartArt图形中单个形状添加动画效果**
>
> 在 PowerPoint 2010 中可以将 SmartArt 图形中的个别形状制成动画。只需选择要制成动画的 SamrtArt 图形，在"高级动画"组中，单击"添加动画"按钮，选择要应用到个别形状的动画，将效果选项中的序列设置为逐个，然后在"动画窗格"任务窗格中，按下 Ctrl 键依次单击每个形状来选择不希望制成动画的所有形状，即完成了对单个形状动画效果的添加。

STEP07：播放动态 SmartArt 图形。完成动态 SmartArt 图形的创建后，单击"预览"组中的"预览"按钮，则在幻灯片窗格中将播放 SmartArt 图形的动画效果，如下图所示。

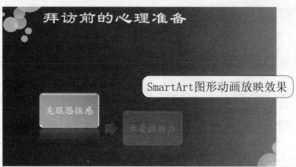

> **知识点拨：颠倒SmartArt图形动画的顺序**
>
> 选取要颠倒顺序动画的 SmartArt 图形，然后打开"动画窗格"任务窗格，单击动画效果选项右侧的下三角按钮，在展开的下拉列表中单击"效果选项"选项，打开"效果选项"对话框，在"SmartArt 动画"选项卡，勾选"倒序"复选框，单击"确定"按钮即可，颠倒 SmartArt 图形的动画顺序。

同步实践：让"2010 新产品发布会"演示文稿动起来

原始文件：实例文件 \ 第 16 章 \ 原始文件 \2010 新产品发布会.pptx
最终文件：实例文件 \ 第 16 章 \ 最终文件 \2010 新产品发布会.pptx

本章介绍了为对象添加进入、强调、退出、动作路径动画效果，还介绍了如何使用"效果选项"和"计时"组中的命令功能来设置动画的运行方式、为动画添加声音、设置持续时间等，最后还介绍如何为文本和 SmartArt 图形添加特殊动画。通过本章的学习后，就可以通过动画，让幻灯片中的所有对象动起来，为幻灯片添加转换效果，让演示文稿更加生动、视觉冲击力更强。下面将结合本章所学知识，来让"2010 新产品发布会"演示文稿动起来。

STEP01：选择幻灯片。打开"实例文件 \ 第 16 章 \ 原始文件 \2010 新产品发布会.pptx"，选择标题幻灯片，如下左图所示。

STEP02：添加幻灯片转换效果。切换至"转换"选项卡下，单击"切换到此幻灯片"组中的快翻按钮，在展开的下拉列表中单击"华丽型"选项组中的"溶解"选项，如下中图所示。

STEP03：添加切换声音效果。在"转换"选项卡下"计时"组中，单击"声音"下拉列表右侧按钮，在展开的下拉列表中选择需要的声音选项，如下右图所示。

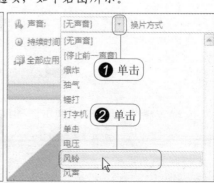

STEP04: 设置持续时间。在"计时"组中，单击"持续时间"数值框右侧的向上按钮，将"持续时间"设置为"03.00"秒，如下左图所示。

STEP05: 为第2张幻灯片添加切换效果。在幻灯片缩略图窗格中，单击第2张幻灯片，然后在"转换"选项卡的"切换到此幻灯片"组中，单击快翻按钮，在展开的下拉列表中单击"华丽型"选项组中的"框"选项，如下右图所示，将其设置为三维效果转换。

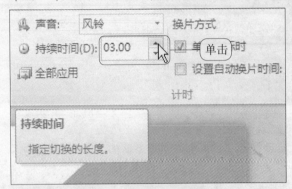
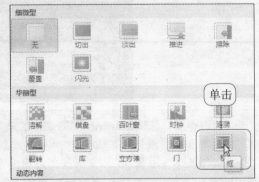

STEP06: 预览幻灯片添加的切换效果。此时在幻灯片窗格中，将播放幻灯片切换的动画效果，如下左图所示。

STEP07: 选择要添加动画的对象。在标题幻灯片中，单击标题占位符，将选中该对象，如下右图所示。

STEP08: 添加进入动画效果。切换至"动画"选项卡下，在"动画"组的动画样式列表中，单击需要的动画效果，例如"淡出"选项，如下左图所示。

STEP09: 设置动画的持续时间。在"动画"选项卡下的"计时"组中，单击"持续时间"数值框右侧的向上按钮，设置"持续时间"为"02.00"秒，同理，设置延迟时间为"00.50"秒，如下右图所示。

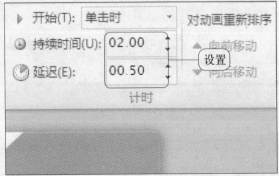

STEP10：打开效果选项对话框。打开"动画窗格"，在列表框中单击要更改动画效果的选项右侧下三角按钮，在展开的下拉列表中单击"效果选项"选项，如下左图所示。

STEP11：设置动画文本效果。弹出"淡出"对话框，在"效果"选项卡下，单击"动画文本"下拉列表右侧下三角按钮，在展开的下拉列表中单击"按字 / 词"选项，如下中图所示。

STEP12：设置延迟百分比。接着在其下的文本框中输入字 / 词之间延迟的百分比，如下右图所示，设置完成后单击"确定"按钮。

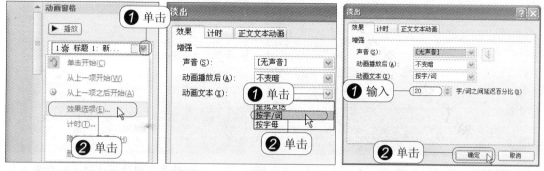

STEP13：预览文本动画效果。此时，在幻灯片窗格中自动播放文本对象的动画效果，如下左图所示。

STEP14：选取第 2 个要添加动画的对象。接着在标题幻灯片中，单击选中副标题占位符，如下右图所示。

STEP15：为选定对象添加动画效果。在"动画"选项卡下，单击"高级动画"组中的"添加动画"按钮，在展开的下拉列表中单击"进入"选项组中的"擦除"选项，如下左图所示。

STEP16：设置持续时间。在"计时"组中，设置"持续时间"为"02.50"秒，如下中图所示。

STEP17：更改动画方向。选中动画选项，单击"动画"组中的"效果选项"按钮，在展开的下拉列表中单击"自左侧"选项，如下右图所示，即完成对副标题文本动画的设置。

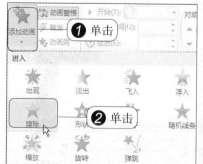

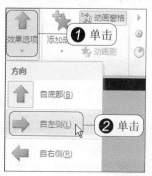

STEP18: 选中需要复制的动画。在标题幻灯片中单击标题占位符，选中该对象的动画效果，如下左图所示。

STEP19: 使用动画刷复制。在"动画"选项卡下的"高级动画"组中，单击"动画刷"按钮，如下右图所示。

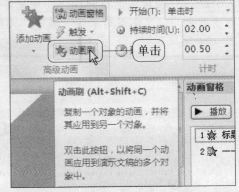

STEP20: 粘贴动画格式。此时鼠标指针呈 状，将鼠标指针要应用该动画格式的对象上，然后单击鼠标左键，如下左图所示，即可将复制的动画格式粘贴到当前对象上。若要将动画效果复制到多个对象上，请双击"动画刷"按钮，然后依次单击要粘贴动画效果的对象即可。

STEP21: 设置图片对象的动画效果。用相同的方法设置演示文稿中其他文本的动画效果，设置完成后，单击选中需要添加动画效果的图形对象，如下右图所示。

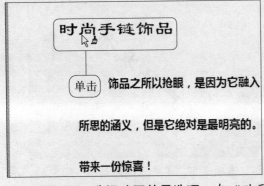
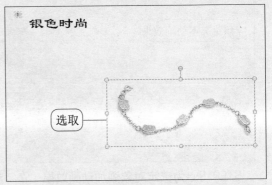

STEP22: 选择动画效果选项。在"动画"选项卡的"动画"组中，单击快翻按钮，在展开的下拉列表中单击需要动画效果，如下左图所示。

STEP23: 更改动画方向。接着在"动画"组中，单击"效果选项"按钮，在展开的下拉列表中单击"中央向左右展开"选项，如下右图所示。

STEP24: **设置动画持续时间。**在"计时"组中，设置持续时间为 04.00 秒，如下左图所示。然后使用"动画刷"功能，将该图形对象的动画效果复制到演示文稿中的其他图形对象上。

STEP25: **查看演示文稿放映效果。**完成演示文稿中幻灯片及幻灯片中对象的动画效果添加后，可以按下 F5 键进入幻灯片放映视图播放演示文稿中幻灯片及幻灯片中对象的动画效果，如下右图所示。

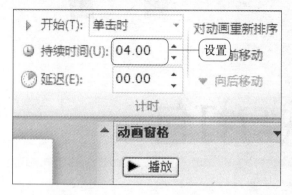

Chapter **17**

幻灯片的放映与打包

演示文稿的制作目的就是为了演示和放映。因此完成演示文稿内容的编辑，以及幻灯片中对象的动画设置后，接着就该播放演示文稿，将演示文稿内容展示在其他人面前。掌握幻灯片的放映技巧能够更加巧妙、熟练地放映演示文稿，让演示文稿中的内容随心所欲地进行播放。

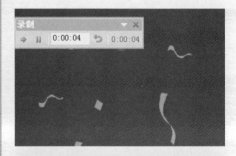

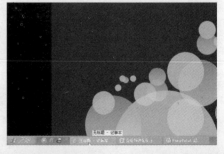

17.1 放映幻灯片前的准备工作

　　为了使演示文稿内容按照预先计划的顺利进行，放映前必须要有统筹安排与设置放映选项，包括隐藏幻灯片、每张幻灯片放映时间、是否事先配制声音、采取哪种放映方式等等。

17.1.1 隐藏幻灯片

原始文件：实例文件 \ 第 17 章 \ 原始文件 \ 菜品推荐 . pptx
最终文件：实例文件 \ 第 17 章 \ 最终文件 \ 隐藏幻灯片 . pptx

　　隐藏幻灯片是将某些重要信息或是不想让所有观众看到的信息隐藏起来，在放映时观众将看不到这些隐藏的幻灯片。隐藏幻灯片并不是将其从演示文稿中删除，因此演讲者（或作者）可以在演示文稿的普通视图下查看隐藏幻灯片的内容。

　　STEP01：选择要隐藏的幻灯片。打开"实例文件 \ 第 17 章 \ 原始文件 \ 菜品推荐 . pptx"，在幻灯片缩略图窗格中，单击需要隐藏幻灯片的缩略图，如下左图所示。

　　STEP02：隐藏幻灯片。切换至"幻灯片放映"选项卡下，单击"设置"组中的"隐藏幻灯片"按钮，如下中图所示。

　　STEP03：显示隐藏幻灯片后的效果。经过以上操作后，选中幻灯片即可被隐藏起来，并且在播放时不会显示出来，该幻灯片与其他未隐藏的幻灯片有一个明显的标记，其左上角的幻灯片编号四周显示一个边框，边框中有一条斜对角线，如下右图所示。

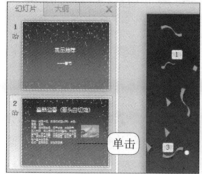 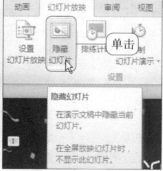 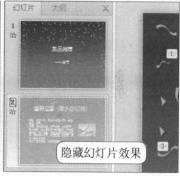

17.1.2 排练计时

原始文件：实例文件 \ 第 17 章 \ 原始文件 \ 菜品推荐 . pptx
最终文件：实例文件 \ 第 17 章 \ 最终文件 \ 为演示文稿添加排练计时 . pptx

　　排练计时主要用于将每张幻灯片上所用的时间将被记录下来，可以保存这些计时，以后将其用于自动运行放映。常用于在展台浏览或观众自行浏览类型演示文稿的放映。

　　STEP01：添加排练计时。打开"实例文件 \ 第 17 章 \ 原始文件 \ 菜品推荐 . pptx"，切换至"幻灯片放映"选项卡下，单击"设置"组中的"排练计时"按钮，如下左图所示。

　　STEP02：自动记录幻灯片放映时间。自动进入幻灯片放映视图，从第一张幻灯片开始放映，并弹出"录制"工具栏，在其中以文本框显示了当前幻灯片放映的时间，在工具栏最右侧显示了演示文稿累计放映时间，如下中图所示。

STEP03：播放演示文稿。接着单击鼠标左键，开始放映幻灯片中的对象动画，如下右图所示，动画的开始方式取决于用户设置对象动画时的开始方式，一般采用单击鼠标左键的方式。

STEP04：录制下一张幻灯片的排练时间。当完成当前幻灯片中对象动画的放映后，可以单击"录制"工具栏中的"下一项"按钮，如下左图所示，也可以直接单击鼠标左键进行幻灯片切换。

STEP05：记录幻灯片放映时间。此时"录制"工具栏中文本框的时间将重新开始计算，在录制工具栏最右侧将累计前面幻灯片的放映时间，如下右图所示。

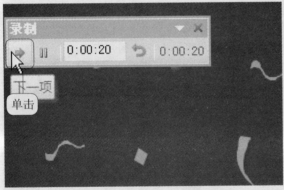
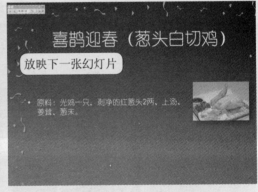

STEP06：重复录制幻灯片放映时间。如果当前幻灯片的放映时间或顺序记录有误，可以单击"录制"工具栏中的"重复"按钮，如下左图所示。

STEP07：查看重新录制当前幻灯片时间。此时当前幻灯片中记录的放映时间将被清零，在累计时间中扣除当前幻灯片中的放映时间，重新从0开始记录，如下右图所示。

STEP08：保留排练时间。当完成演示文稿中所有幻灯片的放映时间排练后，将弹出

"Microsoft PowerPoint"对话框，其中显示了"幻灯片放映共需时间，是否保留新的幻灯片排练时间"，如下左图所示，单击"是"按钮。

STEP09：查看添加排练计时后效果。自动切换至"幻灯片浏览"视图下，在其中显示了各幻灯片添加的排练时间，如下中图所示。

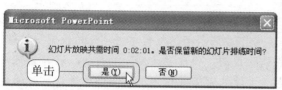

添加排练计时后的效果

> **知识点拨：PowerPoint 2010中各视图的功能**
>
> 在 PowerPoint 2010 中演示文稿视图包括普通视图、幻灯片浏览视图、备注页视图、阅读视图和幻灯片放映视图（即幻灯片放映界面）。
>
> 普通视图：包含了"大纲视图"和"幻灯片缩略图"视图，其中幻灯片缩略图是使用率最高的视图方式。所有的幻灯片编辑操作都可以在该视图方式下进行。大纲视图则是为了方便组织演示文稿结构和编辑文本而设计。
>
> 幻灯片浏览视图：它以幻灯片缩略图形式浏览整个演示文稿，并可以对前后幻灯片中不谐调的地方加以修改。
>
> 备注页视图：它用于为幻灯片添加备注信息，该备注信息可以包含图形、文本等信息。
>
> 阅读视图：将演示文稿设为适应窗口大小的幻灯片放映查看。
>
> 幻灯片放映视图：进入幻灯片放映界面，可以查看整个演示文稿放映的效果。

17.1.3 录制幻灯片

在 PowerPoint 2010 中新增了"录制幻灯片演示"功能，该功能可选择开始录制或清除录制的计时和旁白的位置。它相当于以往版本中的"录制旁白"功能，将演讲者在演示、讲解演示文件的整个过程中的解说声音录制下来，方便日后在演讲者不在的情况下，听众能更准确地理解演示文稿的内容。

1. 从头开始录制

原始文件：实例文件 \ 第 17 章 \ 原始文件 \ 菜品推荐 . pptx

最终文件：实例文件 \ 第 17 章 \ 最终文件 \ 从头开始录制幻灯片演示 . pptx

从头开始录制就是从演示文稿的第一张幻灯片开始，录制音频旁白，激光笔势或幻灯片和动画计时在放映幻灯片时播放。

STEP01：打开演示文稿。打开"实例文件 \ 第 17 章 \ 原始文件 \ 菜品推荐 . pptx"，在"幻灯片缩略图"任务窗格中单击第 2 张幻灯片，如下左图所示。

STEP02：从头开始录制。切换至"幻灯片放映"选项卡下，单击"录制幻灯片演示"按钮，在展开的下拉列表中单击"从头开始录制"选项，如下右图所示。

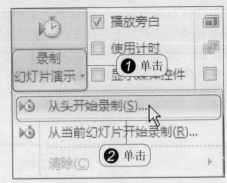

STEP03：选择想要录制的内容。弹出"录制幻灯片演示"对话框，勾选"幻灯片和动画计时"复选框和"旁白和激光笔"复选框，如下左图所示，然后单击"开始录制"按钮。

STEP04：录制计时及旁白。进入幻灯片放映视图，弹出"录制"工具栏，它与排练计时的"录制"工具栏功能相同，唯一的区别在于该录制工具栏中不能手动设置计时时间，如下右图所示。

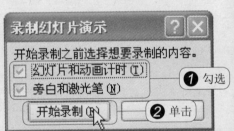

STEP05：显示录制幻灯片演示后效果。当完成幻灯片演示的录制后，自动切换至幻灯片浏览视图下，并且在每张幻灯片中添加上声音图标，在其下方显示幻灯片的播放时间，如下左图所示。

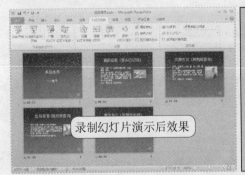

知识点拨：快速删除演示文稿中所有计时或旁白

如果你对录制的旁白或计时不满意，可以单击"设置"组中的"录制幻灯片演示"按钮，在展开的下拉列表中单击"清除"选项，在其下级列表中单击"清除所有幻灯片中的计时"选项或是"清除所有幻灯片中的旁白"选项，即可删除当前演示文稿中所有幻灯片的计时或是旁白。

2．从当前幻灯片开始录制

原始文件：实例文件＼第17章＼原始文件＼菜品推荐.pptx
最终文件：实例文件＼第17章＼最终文件＼从当前幻灯片开始录制.pptx

从当前幻灯片开始录制即是从演示文稿中当前选中的幻灯片开始，向后录制音频旁白、激光笔势或幻灯片和动画计时在放映幻灯片时播放。

STEP01：打开演示文稿。打开"实例文件＼第17章＼原始文件＼菜品推荐.pptx"，在"幻灯片缩略图"任务窗格中单击第2张幻灯片，如下左图所示。

STEP02: **从头开始录制。**切换至"幻灯片放映"选项卡下，单击"录制幻灯片演示"
按钮，在展开的下拉列表中单击"从当前幻灯片开始录制"选项，如下右图所示。

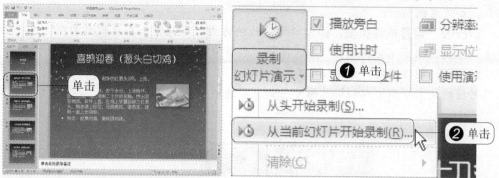

STEP03: **选择需要录制的内容。**弹出"录制幻灯片演示"对话框，勾选"幻灯片和动
画计时"复选框和"旁白和激光笔"复选框，如下左图所示，单击"开始录制"按钮。

STEP04: **录制幻灯片演示。**此时进入幻灯片放映视图，将从当前所选幻灯片处开始
录制，其录制方法与从头开始录制功能相同，如下右图所示。

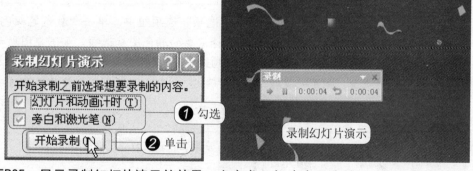

STEP05: **显示录制幻灯片演示的效果。**当完成幻灯片演示录制后，自动切换至幻灯片
浏览视图下，从当前选择幻灯片开始，至最后一张幻灯片均添加了相应的旁白声音及放映
计时，如下左图所示。

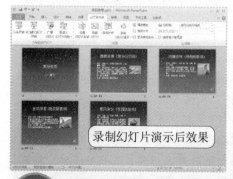

录制幻灯片演示后效果

> **知识点拨：快速删除当前幻灯片计时或旁白**
>
> 如果你对当前幻灯片中录制的旁白或计时不满意
> 时，可以单击"设置"组中的"录制幻灯片演示"
> 按钮，单击"清除"选项，在其下级列表中单击
> "清除当前幻灯片中的计时"选项或是"清除当前
> 幻灯片中的旁白"选项，即可删除当前幻灯片中的
> 计时或是旁白。

17.1.4　设置幻灯片的放映方式

原始文件：实例文件 \ 第 17 章 \ 原始文件 \ 菜品推荐 .pptx
最终文件：实例文件 \ 第 17 章 \ 最终文件 \ 设置幻灯片的放映方式 .pptx

幻灯片的放映方式包括幻灯片放映类型、放映幻灯片范围、幻灯片放映选项、幻灯片
的换片方式以及绘图笔颜色的默认颜色等内容，下面将介绍设置幻灯片的放映方式的操作。

STEP01: 打开"设置放映方式"对话框。打开"实例文件\第17章\原始文件\菜品推荐.pptx",切换"幻灯片放映"选项卡,在"设置"组中,单击"设置幻灯片放映"按钮,如下左图所示。

STEP02: 设置放映类型。弹出"设置放映方式"对话框,在"放映类型"选项组中,单击"在展台浏览(全屏幕)"单选按钮,如下中图所示。

STEP03: 放映幻灯片范围。在"放映幻灯片"选项组中,单击"从"、"到"单选按钮,在其对应的文本框中输入幻灯片编号,如下右图所示。

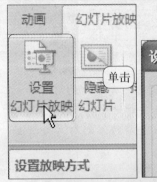
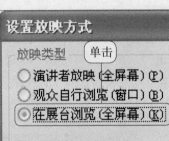
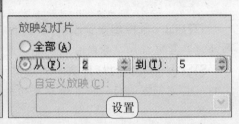

STEP04: 更改激光笔默认颜色。在"放映选项"选项组中,单击"激光笔颜色"下拉列表右侧下三角按钮,在展开的颜色列表中选择需要的颜色图标选项,如下左图所示。

STEP05: 设置换片方式。在"换片方式"选项组中,单击"如果存在排练时间,则使用它"单选按钮,如下右图所示,设置完成后,单击"确定"按钮,即完成了幻灯片放映方式设置。

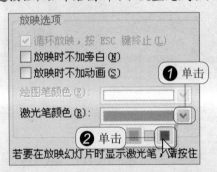
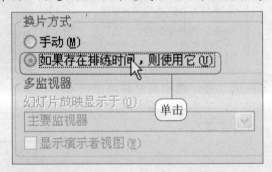

> **知识点拨:"设置放映方式"对话框中各选项组功能介绍**
>
> 放映类型:这个选项组中的选项用来决定演示文稿的放映方式,"演讲者放映(全屏幕)"主要用于可运行全屏显示的演示文稿,默认的就是使用该方式放映。"观众自行浏览(窗口)"则会在一个小窗口中放映,在该方式中不能单击鼠标进行放映,可以按 Page Down 或 Page Up 键来控制。"在展台浏览(全屏幕)",则用于自动放映演示文稿,即无人监管的情况。
>
> 放映幻灯片:这个选项组主要是让用户选择幻灯片放映的范围,其中,如果选中"自定义放映"单选按钮,则可以在下拉列表中选择已创建好的自定义放映。该单选按钮必须在演示文稿中创建了自定义放映才可用。
>
> 放映选项:这个选项组中的选项主要用于控制放映时的一些特殊设置处理,包括设置是否循环播放,是否使用旁白以及是否播放动画效果。
>
> 换片方式:这个选项组的选项主要用于控制放映幻灯片时,幻灯片的切换方式,"手动"则是单击鼠标进行幻灯片切换。

17.2 | 放映幻灯片

　　启用幻灯片的放映有两种方式，一种是启动幻灯片放映，放映整个演示文稿，另一种是自定义幻灯片放映，控制部分幻灯片放映，隐藏不需要观众浏览的信息。本节将介绍如何放映整个演示文稿和如何自定义幻灯片放映，巧妙控制演示文稿的放映。

17.2.1 从头开始放映与从当前幻灯片开始放映幻灯片

　　在 PowerPoint 2010 中启动整个演示文稿的放映，可以从头开始放映，也可以从当前选中幻灯片处开始放映演示文稿。下面将介绍放映整个演示文稿的操作。

1. 从头开始放映幻灯片

　　从头开始放映幻灯片，顾名思义就是从演示文稿的第一张幻灯片开始放映。

　　STEP01：从头开始放映。打开目标演示文稿，在幻灯片缩略图窗格中，选中第 2 张幻灯片，在"幻灯片放映"选项卡下的"开始放映幻灯片"组中，单击"从头开始"按钮，如下左图所示。

　　STEP02：查看放映效果。进入幻灯片放映视图下，当前放映的幻灯片为演示文稿的第一张幻灯片，如下右图所示。

2. 从当前幻灯片放映幻灯片

　　从当前幻灯片处开始放映幻灯片，就是从当前选中的幻灯片开始放映，也就是说进入幻灯片放映视图时，当前放映的幻灯片为当前选中的幻灯片。

　　STEP01：从当前幻灯片开始。打开目标演示文稿，选中第 2 张幻灯片，在"幻灯片放映"选项卡下的"开始放映幻灯片"组中，单击"从当前幻灯片开始"按钮，如下左图所示。

　　STEP02：查看放映效果。进入幻灯片放映视图，当前放映的幻灯片为当前选中的幻灯片，如下右图所示。

17.2.2 自定义放映幻灯片

原始文件：实例文件 \ 第17章 \ 原始文件 \ 菜品推荐.pptx
最终文件：实例文件 \ 第17章 \ 最终文件 \ 自定义放映幻灯片.pptx

　　自定义放映是最灵活的一种放映方式，非常适合用于具有不同权限，不同分工或不同工作性质的各类人群使用。自定义幻灯片放映则仅显示选择的幻灯片。因此，可以对同一个演示文稿进行多种不同的放映，例如，5分钟放映和10分钟放映。

　　STEP01：打开"自定义放映"对话框。打开"实例文件 \ 第17章 \ 原始文件 \ 菜品推荐.pptx"，切换"幻灯片放映"选项卡，在"开始放映幻灯片"组中，单击"自定义幻灯片放映"按钮，在展开的下拉列表中单击"自定义放映"选项，如下左图所示。

　　STEP02：新建自定义放映。弹出"自定义放映"对话框，单击"新建"按钮，如下右图所示。

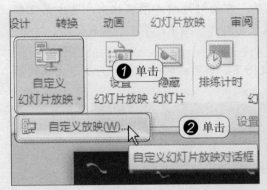
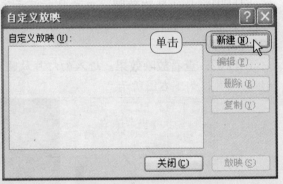

　　STEP03：选择添加自定义放映幻灯片。弹出"定义自定义放映"对话框，在"幻灯片放映名称"文本框中输入自定义放映名称，在"在演示文稿中的幻灯片"列表框中，按下Ctrl键选取要放映的幻灯片，单击"添加"按钮，如下左图所示。

　　STEP04：确认自定义放映幻灯片。在"在自定义放映中的幻灯片"列表框中列出了选择的幻灯片，如下右图所示，如果添加的幻灯片不符合自定义放映内容，可以选择幻灯片，单击"删除"按钮进行删除，还可以单击右侧的向上或向下按钮，进行幻灯片的放映顺序调整。设置完成后单击"确定"按钮。

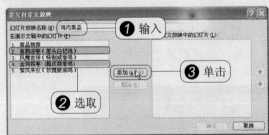
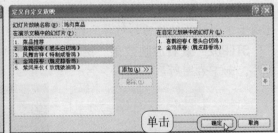

　　STEP05：查看创建的自定义放映幻灯片。返回"自定义放映"对话框中，在"自定义放映"列表框中显示了新建的"鸡肉菜品"自定义放映。若要新建下一个自定义放映，可以再次单击"新建"按钮，如下左图所示。

　　STEP06：选择自定义放映的幻灯片。弹出"定义自定义放映"对话框，在"幻灯片放映名称"文本框中输入自定义放映的名称，如"鸡肉菜品2"，在"在演示文稿文档中的幻灯片"列表框中，按住 Ctrl 键，选择第 3 张和第 5 张幻灯片，如下右图所示，单击"添加"按钮。

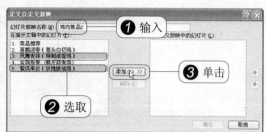

STEP07：确认自定义放映幻灯片。在"在自定义放映中的幻灯片"列表框中列出了选择的幻灯片，如下右图所示，设置完成后单击"确定"按钮。

STEP08：放映自定义放映。返回"自定义放映"对话框，在"自定义放映"列表框中列出了新建的自定义放映，选择需要放映的选项，如"鸡肉菜品"选项，然后单击"放映"按钮，如下右图所示。

STEP09：查看放映效果。此时进入幻灯片放映视图，它只放映该"自定义放映"选择的幻灯片，如下左图和右图所示。

助跑地带——中途停止幻灯片放映的操作

　　如果在放映演示文稿的途中，要退出幻灯片的放映，有 3 种方法，分别是用快捷菜单中的"结束放映"命令、用屏幕左下角按钮列表中的"结束放映"选项、按下键盘上的 ESC 键。

　❶ 使用快捷菜单命令中止幻灯片放映。在幻灯片放映过程中，在屏幕的任意位置右击，在弹出的快捷菜单中单击"结束放映"命令，如下左图所示，即可立即结束幻灯片放映。

　❷ 使用屏幕左下角按钮中止幻灯片放映。在幻灯片放映过程中，将鼠标指针置于屏幕左下角，将显示出按钮工具栏，单击 按钮，在展开的下拉列表中单击"结束放映"选项，

如下右图所示，即可立即结束当前演示文稿的放映。

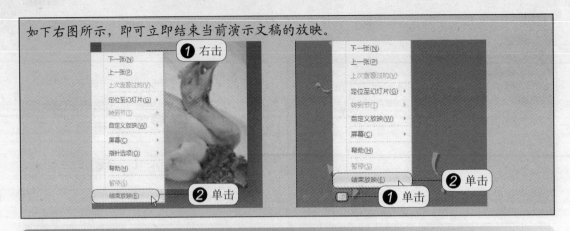

17.3 在放映幻灯片的过程中进行编辑

在演示文稿进行幻灯片放映状态后，可以一张一张按顺序播放，也可以根据实际需要，使用鼠标和键盘进行有选择性地跳跃播放。本节将介绍如何在幻灯片放映过程中快速切换或定位至指定幻灯片，如何在放映过程中切换至其他程序中，如何使用墨迹对幻灯片中重点内容进行标记。

17.3.1 切换与定位幻灯片

原始文件：实例文件 \ 第17章 \ 原始文件 \ 业务拜访礼仪.pptx

切换幻灯片就是指放映过程中幻灯片内容的转换，定位则是指快速跳转到特定的位置。在幻灯片放映过程中可以使用快捷菜单和幻灯片放映工具栏来实现幻灯片的切换与定位。若幻灯片按顺序切换，则只需单击鼠标左键即可。

STEP01：播放下一张幻灯片。 打开"实例文件 \ 第17章 \ 原始文件 \ 业务拜访礼仪.pptx"，进入幻灯片放映视图下，在幻灯片放映过程中，若要快速跳转到下一张幻灯片，可以右击屏幕任意位置，在弹出的快捷菜单中单击"下一张"命令，如下左图所示。

STEP02：查看跳转后放映的幻灯片。 此时跳转至当前幻灯片的下一张幻灯片中，如下右图所示。

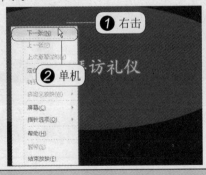

> ◎ **知识点拨：幻灯片中对象带动画的放映控制**
>
> 在幻灯片放映过程中，当幻灯片中的对象添加了动画效果，使用"下一张"或"上一张"命令来手动跳转幻灯片时，它将以对象动画为基准进行跳转，如在一张幻灯片中有多个动画，当单击"下一张"命令时，则在屏幕中放映当前幻灯片中下一对象的动画。

STEP03: 定位到第4张幻灯片。在屏幕上任意位置右击，在弹出的快捷菜单中单击"定位至幻灯片 >4 拜访前的物品准备"命令，如下左图所示。

STEP04: 查看跳转后放映的幻灯片。自动跳转到第4张幻灯片中，如下右图所示。

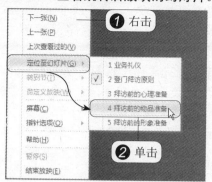 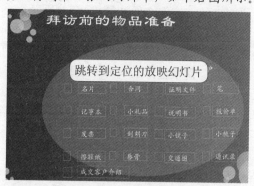

STEP05: 返回上次查看过的幻灯片中。若要快速返回上次看过的幻灯片中，请在屏幕任意位置右击，在弹出的快捷菜单中单击"上次查看过的"命令，如下左图所示。

STEP06: 查看跳转后放映的幻灯片。此时跳转至上次看过的第2张幻灯片中，如下右图所示。

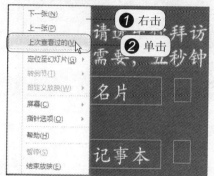 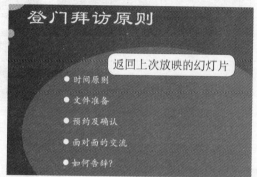

STEP07: 转换至上一张幻灯片中。若要返回当前幻灯片的上一张幻灯片，请在屏幕任意位置右击，在弹出的快捷菜单中单击"上一张"命令，如下左图所示。

STEP08: 查看跳转后放映的幻灯片。此时跳转至当前幻灯片的上一张幻灯片中，如下右图所示。

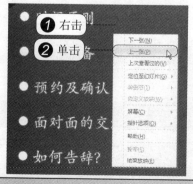 

> **知识点拨：禁止使用"幻灯片放映"工具栏和快捷菜单命令手动跳转幻灯片放映**
>
> 在放映幻灯片时，可以不让"幻灯片放映"工具栏和右键快捷菜单出现，只需单击"文件"按钮，然后单击"选项"选项，打开"Excel 选项"对话框，在"高级"选项中的"幻灯片放映"选项组中，取消勾选"鼠标右键单击时显示菜单"复选框和"显示快捷工具栏"复选框，单击"确定"按钮即可禁止使用工具栏和快捷菜单进行放映幻灯片的手动切换。

17.3.2 在放映的过程中切换到其他程序

原始文件：实例文件\第17章\原始文件\业务拜访礼仪.pptx

幻灯片放映一般都是全屏状态，想要使用鼠标切换至其他程序非常不方便，PowerPoint提供了在播放时切换到其他程序的功能。

STEP01：切换程序。 打开"实例文件\第17章\原始文件\业务拜访礼仪.pptx"，进入幻灯片放映视图下，在幻灯片放映过程中，若要切换至其他程序，右击屏幕任意位置，在弹出的快捷菜单中单击"屏幕＞切换程序"命令，如下左图所示。

STEP02：选取要切换至的程序任务按钮。 此时将在屏幕下方显示出"开始"菜单和任务栏，单击任务栏中的任务按钮，如"无标题－记事本"任务按钮，如下右图所示。也可以单击"开始"按钮，启动需要的应用程序。

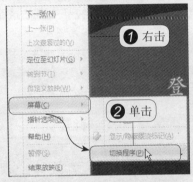
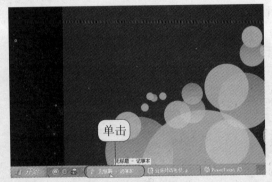

STEP03：切换至的应用程序窗口。 此时即切换至"无标题－记事本"应用程序窗口，如下右图所示。

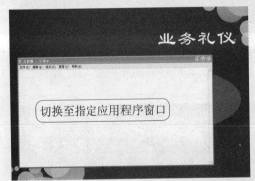

> **知识点拨：用键盘组合键Alt+Tab进行应用程序切换**
>
> 在幻灯片放映视图下，要切换现有应用程序窗口，可以使用Alt+Tab组合键，弹出应用程序选择窗口，每按一次将依次进行应用程序窗口的切换。可以在按下组合键时，连续按下几次组合键选择需要的应用程序窗口。

17.3.3 使用墨迹对幻灯片进行标注

原始文件：实例文件\第17章\原始文件\业务拜访礼仪.pptx
最终文件：实例文件\第17章\最终文件\使用墨迹对幻灯片进行标注.pptx

在幻灯片放映过程中，除了可以用鼠标切换幻灯片之外，还可以用鼠标在幻灯片上绘制形状或写字，从而对幻灯片中的一些内容进行标注。而用鼠标绘制的形状或写出的文本则被称为墨迹。在PowerPoint中不仅可以添加墨迹，还可以更改墨迹的颜色、形状，以及将墨迹保存在幻灯片中，以备日后查看。

STEP01：选择指针类型。 打开"实例文件\第17章\原始文件\业务拜访礼仪.pptx"，进入幻灯片放映视图下，定位到要添加注释的幻灯片，右击屏幕上的任意位置，在弹出的快捷菜单中单击"指针选项 > 笔"选项，如下左图所示。

STEP02：**更改墨迹颜色**。再次右击屏幕任意位置，在弹出的快捷菜单中单击"指针选项 > 墨迹颜色 > 强调文字颜色 6，深色，25%"命令，如下右图所示。

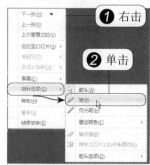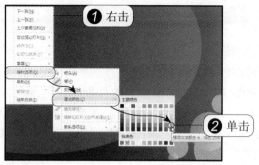

STEP03：**绘制墨迹注释**。此时鼠标指针呈橙色圆点状，可以在幻灯片中按住鼠标左键并拖动，绘制需要的墨迹注释，如下左图所示。

STEP04：**保留墨迹**。当退出幻灯片放映状态时，会弹出"Microsoft PowerPoint"对话框，提示是否保留墨迹注释，如下右图所示，单击"保留"按钮。

STEP05：**显示保留墨迹的效果**。返回幻灯片普通视图下，可以看到添加了墨迹注释的幻灯片中的墨迹依然存在，如下左图所示。当再次放映幻灯片时，该墨迹不能被清除。

> 💡 **知识点拨：清除幻灯片中的墨迹注释**
>
> 如果需要去除已添加的注释，可以右击屏幕上的任意位置，在弹出的快捷菜单中单击"指针选项 > 橡皮擦"命令，鼠标指针呈 ✎ 状，拖动鼠标擦除墨迹。还可以在快捷菜单中单击"指针选项 > 擦除幻灯片中所有墨迹"命令，一次性删除当前幻灯片中的所有墨迹注释。

17.4　共享演示文稿

如果希望与他人同时观看或是共同编辑演示文稿，可以使用多种方法来分发和提供演示文稿，如使用电子邮件发送演示文稿、将演示文稿更改为模板，将演示文稿创建为讲义，将演示文稿打包成 CD，将演示文稿创建为视频或是通过广播幻灯片放映向远程观众播放。

17.4.1 使用电子邮件发送演示文稿

原始文件：实例文件 \ 第 17 章 \ 原始文件 \ 菜品推荐 . pptx

在 PowerPoint 2010 中可以直接将当前演示文稿作为附件发送到目标邮箱中，与他人共享演示文稿信息。注意在使用电子邮件发送演示文稿前，需要使用 Windows 自带的邮件添加一个默认的邮件账户。

STEP01：将演示文稿作为附件发送。 打开"实例文件 \ 第 17 章 \ 原始文件 \ 菜品推荐 . pptx"，单击"文件"按钮，在展开的菜单中单击"共享"命令，接着单击"使用电子邮件发送"选项，然后单击"作为附件发送"按钮，如下左图所示。

STEP02：输入收件人信息。 自动启动邮件窗口，在其中提供了默认的发件人邮箱地址，并自动输入了主题及附件，请在"收件人"文本框中正确输入收件人的电子邮箱地址，如下右图所示。

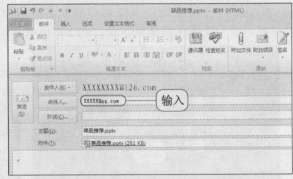

STEP03：输入邮件信息并发送邮件。 在邮件编辑文本框中输入邮件信息，完成邮件的编写后，单击"发送"按钮，如下左图所示，即可将当前演示文稿作为附件发送到收件人电子邮箱中。

> **知识点拨：将演示文稿作为PDF或XPS格式**
>
> 在 PowerPoint 2010 中可以将当前演示文稿先发布为 PDF 或 XPS 文件，再将其作为附件发送到指定的收件人邮箱中，其操作方法与将演示文稿作为附件发送的方法相同。只需依次单击"文件"按钮，"共享"选项，"使用电子邮件发送"、"以 PDF 形式发送"选项，即可将当前演示文稿作为 PDF 文件发送。

17.4.2 更改演示文稿类型为模板

原始文件：实例文件 \ 第 17 章 \ 原始文件 \ 菜品推荐 . pptx
最终文件：实例文件 \ 第 17 章 \ 最终文件 \ 更改演示文稿类型为模板 . pptx

如果希望以当前演示文稿为基准，创建大量相同风格的演示文稿，可以将当前演示文稿保存为模板。以后新建演示文稿时，选择从模板创建即可创建相同风格、相同外观的演示文稿。

STEP01: **更改演示文稿类型。** 打开"实例文件＼第17章＼原始文件＼菜品推荐.pptx"，单击"文件"按钮，在展开的菜单中单击"共享"命令，在"文件类型"选项组中单击"更改文件类型"选项，然后单击"模板"选项，如下左图所示。

STEP02: **选择模板文件保存位置。** 弹出"另存为"对话框，在"保存位置"下拉列表中选择模板保存的位置，然后输入文件名，如下右图所示，设置完成后单击"保存"按钮，即可将当前演示文稿的类型更改为模板类型。

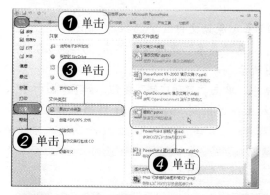

17.4.3 将演示文稿创建为讲义

原始文件: 实例文件＼第17章＼原始文件＼菜品推荐.pptx
最终文件: 实例文件＼第17章＼最终文件＼将演示文稿创建为讲义.docx

将演示文稿创建为讲义就是创建一个包含此演示文稿中的幻灯片和备注的Word文档，并且能使用Word设置讲义布局，设置格式和添加其他内容。将演示文稿创建为讲义，可以将其作为书面材料供观众学习参考。

STEP01: **创建讲义。** 打开"实例文件＼第17章＼原始文件＼菜品推荐.pptx"，单击"文件"按钮，在展开的菜单中单击"共享"命令，在"文件类型"选项组中单击"创建讲义"选项，然后单击"创建讲义"按钮，如下左图所示。

STEP02: **选择Word使用版式。** 弹出"发送到Microsoft Word"对话框，在"Microsoft Word使用的版式"选项组中，单击"空行在幻灯片旁"单选按钮，在"将幻灯片添加到Microsoft Word文档"选项组中，单击"粘贴"单选按钮，如下中图所示，单击"确定"按钮。

STEP03: **查看创建的讲义。** 自动启动Word应用程序窗口，根据演示文稿中的幻灯片自动生成如下右图所示的表格，并在表格中填入了幻灯片编号、幻灯片内容及空白行。

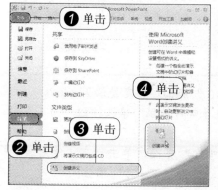

17.4.3 广播幻灯片

原始文件：实例文件 \ 第17章 \ 原始文件 \ 菜品推荐.pptx

广播幻灯片是PowerPoint 2010新增的一项功能，它用于向可以在Web浏览器中观看的远程查看者广播幻灯片。而远程查看者只需要一个浏览器或一部电话即可浏览，不需要安装程序（如PowerPoint或网上会议软件），并且在播放时，用户可以完全控制幻灯片的进度，观众只需在浏览器中跟随浏览即可。

STEP01：**创建讲义**。打开"实例文件 \ 第17章 \ 原始文件 \ 菜品推荐.pptx"，单击"文件"按钮，在展开的菜单中单击"共享"命令，在"共享"选项组中单击"广播幻灯片"选项，然后单击"广播幻灯片"按钮，如下左图所示。

STEP02：**启动广播**。弹出"广播幻灯片"对话框，单击"启动广播"按钮，如下中图所示。

STEP03：**显示连接广播服务进度**。自动进入正在连接到PowerPoint广播服务进度界面，如下右图所示。

STEP04：**添加Windows XP用户账户**。弹出".NET Passport向导"对话框，提示将.NET Passport添加到Windows XP用户账户，如下左图所示，单击"下一步"按钮。

STEP05：**显示下载进度**。切换至"正在从Internet下载信息"界面，将显示此向导正在从服务提供程序下载信息进度，如下右图所示。

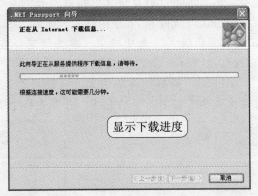

STEP06：**选择电子邮件**。进入"有电子邮件地址吗？"界面，指定登录Windows Live ID站点和服务的电子邮件地址，单击"是，使用现有电子邮件地址"单选按钮，如下左图所示，然后单击"下一步"按钮。

STEP07：**确认已注册邮箱**。进入"您已经注册了吗？"界面，单击"有，使用我的Windows Live ID凭据登录"单选按钮，如下右图所示，单击"下一步"按钮。

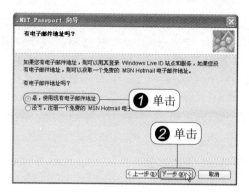 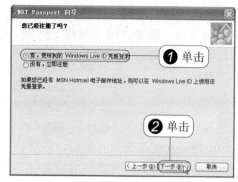

STEP08: 输入电子邮件地址及密码。进入"使用您的Windows Live ID凭据登录"界面，在"电子邮件地址"和"密码"文本框中输入相应的信息，如下左图所示，单击"下一步"按钮。

STEP09: 完成Windows XP用户账户设置。进入"已就绪！"界面，提示"您的Windows XP用户账户已设置为使用以下.NET Passport"，如下右图所示，设置完成后单击"完成"按钮。

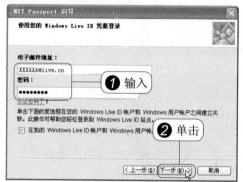 

STEP10: 显示连接进度。返回"广播幻灯片"对话框中，显示正在连接到PowerPoint广播服务的进度，如下左图所示。

STEP11: 开始放映幻灯片。连接完成后，在"广播幻灯片"对话框中显示远程查看者共享的链接，如下中图所示，可以复制链接，将其发送给远程查看者，单击"开始放映幻灯片"按钮。

STEP12: 放映幻灯片。此时进入幻灯片放映视图，可以开始放映当前演示文稿中的幻灯片，如下右图所示。

STEP13: 结束幻灯片广播。当按下ESC键退出幻灯片放映状态时，会在应用程序中显示黄色警告工具栏，提示"您正在播放此演示文稿，无法进行更改"，如下左图所示，然

后单击"结束广播"按钮。

　　STEP14：确认结束广播幻灯片。 弹出 "Microsoft PowerPoint" 对话框，提示 "若继续操作，所有远程查看器都将被断开。是否要结束此广播？"，如下右图所示，单击 "结束广播" 按钮。

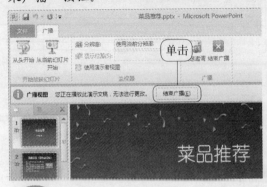
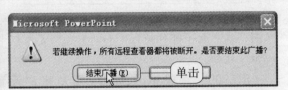

17.4.5　将演示文稿打包成 CD

原始文件：实例文件 \ 第 17 章 \ 原始文件 \ 菜品推荐 .pptx
最终文件：实例文件 \ 第 17 章 \ 最终文件 \ 春节菜品推荐

　　将演示文稿打包就是创建一个包以便其他人可以在大多数计算机上观看此演示文稿。此包的内容包括演示文稿中链接或嵌入项目，如视频、声音和字体，还包括添加到包中的所有其他文件。避免在放映时出现数据丢失等情况。

　　STEP01：打包成 CD。 打开 "实例文件 \ 第 17 章 \ 原始文件 \ 菜品推荐 .pptx"，单击 "文件" 按钮，在展开的菜单中单击 "共享" 命令，在 "文件类型" 选项组中单击 "将演示文稿打包成 CD" 选项，然后单击 "打包成 CD" 按钮，如下左图所示。

　　STEP02：添加文件。 弹出 "打包成 CD" 对话框，在 "将 CD 命名为" 文本框中输入 CD 名称，在 "要复制的文件" 列表框中显示当前演示文稿名称，若要添加其他文件，请单击 "添加" 按钮，如下右图所示。

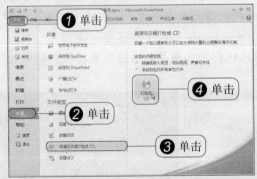
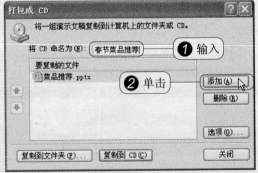

> ◎ **知识点拨：删除要复制的文件**
> 　　若要删除 "要复制的文件" 列表框中现有的文件（不需要添加到 CD 文件包的文件），请在 "打包成 CD" 对话框中，选中不需要的文件，然后单击 "删除" 按钮即可。

　　STEP03：选择要添加的文件。 弹出 "添加文件" 对话框，选择要添加的文件，如下左图所示，然后单击 "选择" 按钮。

STEP04：打开"选项"对话框。 返回"打包成CD"对话框，此时在"要复制的文件"列表框中显示了新添加的视频文件，若还需要添加文件，用相同的方法添加即可，若要增加打包的CD文件的安全性，可以为其添加密码，可以单击"选项"按钮，如下右图所示。

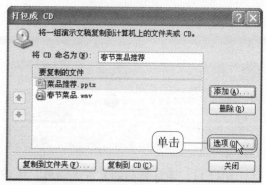

STEP05：增强安全性和隐藏保护。 弹出"选项"对话框，在"增强安全性和隐私保护"选项组中的"打开每个演示文稿时所用密码"和"修改每个演示文稿时所用密码"文本框中输入密码，单击"确定"按钮，如下左图所示。注意，在本小节中的密码为123456。

STEP06：确认打开权限密码。 弹出"确认密码"对话框，在"重新输入打开权限密码"文本框中再次输入密码，如"123456"，单击"确定"按钮，如下右图所示。

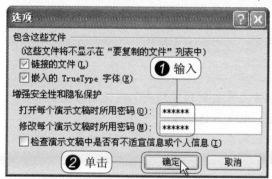
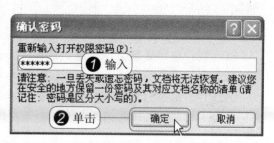

STEP07：确认修改权限密码。 弹出"确认密码"对话框，在"重新输入修改权限密码"文本框中再次输入密码"123456"，如下左图所示，单击"确定"按钮。

STEP08：复制到文件夹。 返回"打包成CD"对话框，单击"复制到文件夹"按钮，如下右图所示，若计算机直接连接了CD刻录机且放入了CD刻录光盘，单击"复制到CD"按钮，可直接将演示文稿刻录到CD。

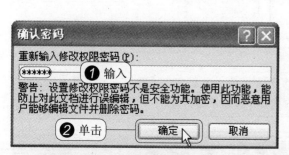
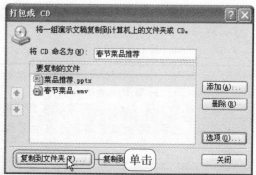

STEP09：输入文件夹名称。 弹出"复制到文件夹"对话框，在"文件夹名称"文本框中输入名称，然后在"位置"文本框后单击"浏览"按钮，如下左图所示。

STEP10：选择保存位置。弹出"选择位置"对话框，在"查找范围"下拉列表中选择目标文件夹，如下右图所示，单击"选择"按钮。

STEP11：确认复制到文件夹信息。返回"复制到文件夹"对话框，此时在"位置"文本框中显示了选择的保存位置路径，勾选"完成后打开文件夹"复选框，如下左图所示，单击"确定"按钮。

STEP12：复制时包含所有链接文件。弹出"Microsoft PowerPoint"对话框，提示程序会将链接的媒体文件复制到你的计算机，直接单击"是"按钮，如下右图所示。

STEP13：显示复制文件进度。弹出"正在将文件复制到文件夹"对话框并复制文件，复制完成后，用户可关闭"打包成CD"对话框，完成打包操作。

STEP14：显示打包后的文件夹内容。在打包完成后，自动打开目标文件夹，在该文件夹中显示了打包的文件及相关文件，如下右图所示。

知识点拨：异地播放演示文稿

在将演示文稿打包后，将其所在文件夹复制到其他计算机中，无论这台计算机是否安装PowerPoint程序，都可以正常播放演示文稿的内容。只需双击其中的"菜单推荐.pptx"文件。

17.4.6 将演示文稿创建为视频文件

原始文件：实例文件 \ 第17章 \ 原始文件 \ 菜品推荐.pptx

精编版

最终文件：实例文件 \ 第17章 \ 最终文件 \ 春节菜品推荐.wmv

　　在PowerPoint 2010中新增了将演示文稿转变成视频文件功能，可以将当前演示文稿创建成一个全保真的视频，此视频可通过光盘、Web或电子邮件分发。创建的视频，它包含所有录制的计时、旁白和激光笔势，还包括幻灯片放映中未隐藏的所有幻灯片，并且保留动画、转换和媒体等。

　　创建视频所需的时间视演示文稿的长度和复杂度而定。在创建视频时可继续使用PowerPoint应用程序。下面介绍将当前演示文稿创建为视频的操作。

　　STEP01: 创建视频。打开"实例文件 \ 第17章 \ 原始文件 \ 菜品推荐.pptx"，单击"文件"按钮，在展开的菜单中单击"共享"命令，在"文件类型"选项组中单击"创建视频"选项，如下左图所示。

　　STEP02: 选择视频分辨率。在右侧"创建视频"选项下，单击"计算机和HD显示"选项，在展开的下拉列表中选择视频文件的分辨率，如下右图所示。

　　STEP03: 录制计时和旁白。如果要在视频文件中使用计时和旁白，可以单击"不要使用录制的计时和旁白"下拉列表按钮，在展开的下拉列表中单击"录制计时和旁白"选项，如下左图所示。如果已为演示文稿添加计时和旁白，则选择"使用录制的计时和旁白"选项即可。

　　STEP04: 开始录制幻灯片演示的计时和旁白。弹出"录制幻灯片演示"对话框，勾选"幻灯片和动画计时"复选框和"旁白和激光笔"复选框，如下右图所示，单击"开始录制"按钮，它与前面介绍的录制幻灯片演示操作相同。

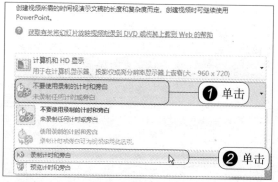
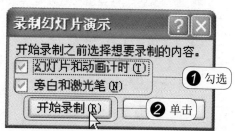

　　STEP05: 开始录制幻灯片演示。进入幻灯片放映状态，弹出"录制"工具栏，在其中显示当前幻灯片放映的时间，用户可以使用前面学习的幻灯片手动控制来进行幻灯片的切换、跳转，并将演讲者排练演讲的解说及操作时间、操作动作完全记录下来，如下左图所示。

　　STEP06: 开始创建视频。当完成幻灯片演示录制后，在"文件"菜单中的"创建视频"

选项下，则选中了"使用录制的计时和旁白"选项，如下右图所示。然后单击"创建视频"按钮。

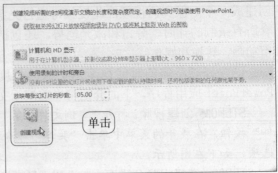

STEP07：选择视频文件保存位置。 弹出"另存为"对话框，在"保存位置"下拉列表中选择视频文件保存的位置，在"文件名"文本框中输入视频文件名称，如下左图所示，单击"保存"按钮即可。

STEP08：显示制作视频进度。 此时在 PowerPoint 演示文稿的状态栏中，将显示演示文稿创建为视频的进度，如下右图所示。当完成制作视频进度后，则完成了将演示文稿创建为视频的操作。

助跑地带——将幻灯片保存为图片

原始文件：实例文件 \ 第17章 \ 原始文件 \ 菜品推荐 .pptx

最终文件：实例文件 \ 第17章 \ 最终文件 \ 菜品推荐

在 PowerPoint 2010 中可以直接将演示文稿中的所有幻灯片保存为一张一张的图片，能有效地避免他人更改幻灯片中的信息。

❶ **选择文件保存类型。** 打开目标演示文稿，单击"文件"按钮，单击"共享"命令，单击"更改文件类型"选项，单击"JPEG 文件交换格式"选项，如下左图所示。

❷ **选择保存位置。** 弹出"另存为"对话框，在"保存位置"下拉列表中选择图片保存位置，然后单击"保存"按钮，如下右图所示。

❸ **选择导出演示文稿幻灯片。**弹出 "Microsoft PowerPoint" 对话框，提示想要导出演示文稿中所有幻灯片还是只导出当前幻灯片，如下左图所示，单击"每张幻灯片"按钮。

❹ **提示每张幻灯片以独立文件方式保存。**弹出 "Microsoft PowerPoint" 对话框，提示该演示文稿中的每张幻灯片都以独立文件方式保存到文件夹，如下右图所示，单击"确定"按钮。

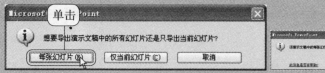

❺ **查看存为图片的幻灯片效果。**打开保存幻灯片图片的目标文件夹，在其中显示了当前演示文稿中所有幻灯片图片，如下左图所示。

将幻灯片保存为图片效果

> 💿 **知识点拨：将幻灯片保存为可移植网络形**
>
> 在 PowerPoint 2010 中还可以将演示文稿中的所有幻灯片保存为打印质量高的可移植网络形格式，保证幻灯片的图片质量。其操作方法是打开目标演示文稿，单击"文件"按钮，在展开的菜单中单击"共享"选项，然后单击"更改文件类型"选项，接着单击"PNG可移植网络形格式"选项，即可将幻灯片保存为质量高的图片。

同步实践：录制"田园风情"放映并将其发送给远方的好友

原始文件：实例文件 \ 第17章 \ 原始文件 \ 田园风情.pptx
最终文件：实例文件 \ 第17章 \ 最终文件 \ 田园风情.pptx

本章主要介绍了幻灯片放映前的准备工作，如隐藏幻灯片、排练计时、录制幻灯片演示、放映幻灯片控制技巧，以及与他人共享演示文稿的各种方法。通过本章的学习后，可以演示录制演示文稿，并与他人分享演示文稿。下面结合本章所述知识点，介绍如何录制田园风情的演示，并将其发送给远方的好友。

STEP01：从头开始录制幻灯片演示。打开"实例文件 \ 第17章 \ 原始文件 \ 田园风情.pptx"，切换到"幻灯片放映"选项卡，单击"设置"组中"录制幻灯片演示"按钮，在展开的下拉列表中单击"从头开始录制"选项，如下左图所示。

STEP02 选择要录制的内容。弹出"录制幻灯片演示"对话框，勾选"幻灯片和动画计时"复选框和"旁白和激光笔"复选框，如下右图所示，单击"开始录制"按钮。

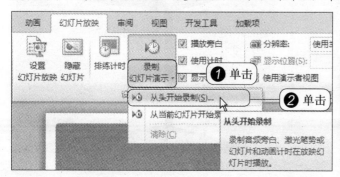

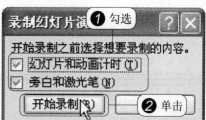

STEP03: **开始录制幻灯片放映**。进入幻灯片放映状态，弹出"录制"工具栏，开始记录幻灯片放映时间，如下左图所示。

STEP04: **单击鼠标左键放映下一张**。在幻灯片放映状态下，在屏幕任意位置单击鼠标左键，相当于单击下一张幻灯片，自动播放当前幻灯片的下一张动画对象，如下右图所示。

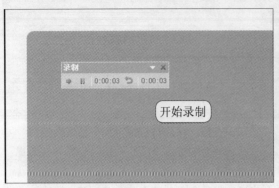

STEP05: **使用命令切换至下一张幻灯片**。单击"幻灯片放映"工具栏中的 ➡ 按钮，如下左图所示。

STEP06: **播放下一张幻灯片**。此时将播放下一张幻灯片，如下右图所示。

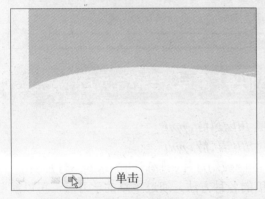

STEP07: **定位至目标幻灯片**。若要跳转到第 3 张幻灯片中，可以单击"幻灯片放映"工具栏中的 按钮，在展开的下拉列表中单击"定位至幻灯片 >3 稻田水稻"命令，如下左图所示。

STEP08: **查看跳转到目标幻灯片的动画**。此时幻灯片将播放如下右图所示的幻灯片切换动画，跳转至目标幻灯片中。

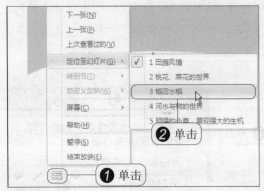

STEP09： 更改激光笔类型。若要在幻灯片中添加墨迹注释，请在"幻灯片放映"工具栏中单击 按钮，在展开的下拉列表中单击"笔"选项，如下左图所示。

　STEP10： 绘制注释墨迹。此时鼠标指针呈红色圆点状，在要添加注释的对象上，按住鼠标左键并拖动，即可绘制注释墨迹，如下右图所示。

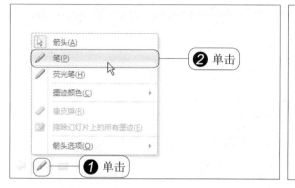

STEP11： 将鼠标指针还原为箭头状。在屏幕任意位置右击，在弹出的快捷菜单中单击"指针选项 > 箭头"命令，如下左图所示，即可将鼠标指针还原为箭头状，退出墨迹注释绘制状态。

STEP12： 继续录制其他幻灯片。在屏幕上任意位置单击，即可继续放映下一张幻灯片对象动画，如下右图所示。

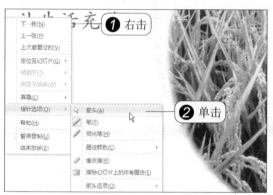

STEP13： 结束幻灯片演示录制。当完成幻灯片放映演示后，将弹出"Microsoft PowerPoint"对话框，提示是否保留墨迹注释，如下左图所示，单击"保留"按钮。

STEP14： 查看录制幻灯片演示效果。自动切换至幻灯片浏览视图下，在每张幻灯片的下方显示了幻灯片放映时间，并在幻灯片中添加了旁白声音图标，如下右图所示。

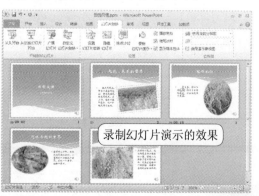

STEP15：将演示文稿作为附件发送。完成幻灯片放映演示的录制后，单击"文件"按钮，在展开的菜单中单击"共享"命令，然后单击"使用电子邮件发送"选项，接着单击"作为附件发送"按钮，如下左图所示。

STEP16：填写收件人信息及信件内容。进入邮件编辑窗口，在"收件人"文本框中输入收件人的电子邮件地址，在信件文本框中输入信息内容，完成信息的编辑后，单击"发送"按钮，如下右图所示，即可将当前演示文稿作为附件发送给好友。

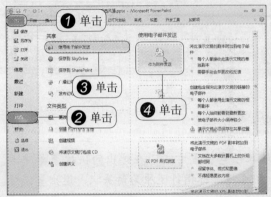 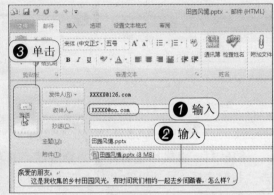

网上炒股开门红——同花顺用法详解
作者：赵红梅 等编著
ISBN：978-7-111-30166-0
定价：39.00

网上炒股开门红——大智慧用法详解
作者：颜盟盟
ISBN：978-7-111-30116-5
定价：39.00

网上开店创业实用教程
作者：胡敏 等编著
ISBN：978-7-111-30113-4
定价：36.00

轻松玩转相机
做精彩摄影达人

ISBN：978-7-111-29104-6
定价：59.80元

ISBN：978-7-111-29196-1
定价：59.80元

ISBN：978-7-111-29149-7
定价：59.00元

ISBN：978-7-111-28467-3
定价：35.00元

专业成就人生
立体服务大众

www.hzbook.com

填写读者调查表 加入华章书友会
获赠精彩技术书 参与活动和抽奖

尊敬的读者：

感谢您选择华章图书。为了聆听您的意见，以便我们能够为您提供更优秀的图书产品，敬请您抽出宝贵的时间填写本表，并按底部的地址邮寄给我们（您也可通过www.hzbook.com填写本表）。您将加入我们的"华章书友会"，及时获得新书资讯，免费参加书友会活动。我们将定期选出若干名热心读者，免费赠送我们出版的图书。请一定填写书名书号并留全您的联系信息，以便我们联络您，谢谢！

书名：_____   书号：7-111-(_____)

姓名：	性别：□ 男 □ 女	年龄：	职业：
通信地址：		E-mail：	
电话：	手机：	邮编：	

1. 您是如何获知本书的：

□ 朋友推荐   □ 书店   □ 图书目录   □ 杂志、报纸、网络等   □ 其他

2. 您从哪里购买本书：

□ 新华书店   □ 计算机专业书店   □ 网上书店   □ 其他

3. 您对本书的评价是：

技术内容   □ 很好   □ 一般   □ 较差   □ 理由_____
文字质量   □ 很好   □ 一般   □ 较差   □ 理由_____
版式封面   □ 很好   □ 一般   □ 较差   □ 理由_____
印装质量   □ 很好   □ 一般   □ 较差   □ 理由_____
图书定价   □ 太高   □ 合适   □ 较低   □ 理由_____

4. 您希望我们的图书在哪些方面进行改进？

_____
_____

5. 您最希望我们出版哪方面的图书？如果有英文版请写出书名。

_____
_____

6. 您有没有写作或翻译技术图书的想法？

□ 是，我的计划是_____   □ 否

7. 您希望获取图书信息的形式：

□ 邮件   □ 信函   □ 短信   □ 其他_____

请寄：北京市西城区百万庄南街1号 机械工业出版社 华章公司 计算机图书策划部收
邮编：100037 电话：(010) 88379512 传真：(010) 68311602 E-mail: hzjsj@hzbook.com